日本はなぜ旅客機をつくれないのか

前間孝則

草思社

日本はなぜ旅客機をつくれないのか　◎目次

プロローグ　四〇年ぶりの国産旅客機

第一章　ジェットエンジン自主開発路線の挫折

第二章　帯に短したすきに長しの自衛隊機C1、F1、PS1

第三章　殿様商法のＹＳ11

第四章

刀折れ矢尽きた小型機MUシリーズ

第五章　ＹＸ／Ｂ７６７、偉大なるボーイングの下請け

第六章　夢ははるか遠くへ、次期支援戦闘機ＦＳＸ

エピローグ

国産旅客機は飛ぶか

プロローグ　四〇年ぶりの国産旅客機

国産旅客機を開発か

いまからさかのぼること四〇年前、日本の高度経済成長がスタートしてまもない昭和三七年（一九六二年）八月三〇日、国産初の旅客機ＹＳ11の初飛行は、新聞、テレビ、週刊誌などマスコミでいっせいに報じられて注目を集めた。国民も政府も、そして産業界も大いに沸き上がってこれを歓迎し、やがて輸出も果たして国際舞台にも登場した。

誰もが、零戦などを作り上げて華々しかった戦前・戦中の「航空機王国」と呼ばれた時代を反射的に思い浮かべながら、その復活に向けた歩みが始まるのではないかとひそかな期待をもって受け止めていた。それ以後、日本は奇跡的ともいわれる経済発展によって「経済大国」「技術大国」への道をひた走り、ＧＤＰ（国内総生産）世界第二位の大国となった。その間、ＹＳ11の後継機ＹＳＸを開発するチャンスは幾度かあって、騒がれたりもしたが、いずれも決断するまでにはいたらず、鳴かず飛ばずの状態が今日まで続いてきた。

そんな日本の航空機産業に、二〇〇一年一一月二四日、ビッグニュースが駆け抜けた。この日の「日本経済新聞」朝刊の一面トップに、「国産旅客機を開発へ　ＹＳ11以来四〇年ぶり」との大きな見出しが躍ったのである。

「経済産業省と三菱重工業や川崎重工業などの航空機メーカーは一〇〇席級の民間旅客機を開発する。防衛庁が開発中の次期輸送機、哨戒機の主翼や操縦システムなどを転用することで、約二〇〇〇億円と見込まれる開発コストを四分の一程度に削減できると見ている。二〇一〇年代の実用化を目指す。実現すれば、日本初の国産旅客機ＹＳ11以来四〇年ぶりになる」

かねてから日本の航空機産業が大いに期待を寄せていた、海上自衛隊が保有する対潜哨戒機P３Cの後継機PXと、航空自衛隊の輸送機C１の後継機CXの開発を、防衛庁は二〇〇一年度から同時スタートさせていた。両機の開発費は合わせて三四〇〇億円を予定し、主翼や水平尾翼など機体の一部を共有化することで、その費用を二〇〇億円から三〇〇億円削減するという計画だった。

「開発コストを四分の一程度に削減できる」はあまりにも非現実的な数字だが、それはともかく、防衛庁にとっては三〇年ぶりのこの大型機の自主開発で、しかも、二機種同時に開発するのははじめてのことである。それだけに、この千載一遇のチャンスを生かして、一〇〇席から一五〇席クラスの民間旅客機YSXも同時開発すれば、かねてから問題とされてきた巨額の開発費を大幅に削減できて〝一挙三得〟になるというシナリオである。

YSXの開発着手は日本の航空機産業にとって悲願であっただけに、沈滞ムードが長く続いてきた業界にとって久しぶりの明るいニュースとなった。小型旅客機市場に詳しい業界関係者は総じて醒めた見方をしていたものの、大方は驚きをもって受け止めていた。

これまで、高等練習機T２や支援戦闘機F１、対潜哨戒機PS１、輸送機C１などといった自衛隊機や、三菱重工の約一〇席のビジネスジェット機MU３００は自主開発して手がけてきても、六〇人乗りのYS11クラス以上の民間旅客機となるとリスクが高くてとても手が出せないでいたからだ。

あるといえば、「寄らば大樹の陰」で米ボーイング社が主導するB７６７やB７７７の共同開発プロジェクトに参加したくらいのものである。それも共同開発とは名ばかりで、業界自身も公言しているように、事実上は下請けといったほうが正確で、そうした状態に二〇年近くも甘んじてきて、なすすべがなかった。

今度の機会を逃せば、これからも当分の間、民間旅客機の開発チャンスは到来しそうにもない。それだけに、業界関係者は大いに期待して見守っていた。

オールジャパン体制は実らず

ところがその五日後の一一月二九日、千載一遇のチャンスはもろくも消え去ったのである。

経過はこうである。この年の五月三一日、防衛庁はＰＸ、ＣＸの技術開発に向けて提案を要求し、これに応えて、航空機メーカーの三菱重工、川崎重工、富士重工の大手三社が、わが社ならこうした方式で開発をやりますよ、という計画プランの提案書を作成して、七月三〇日に提出した。

これは三社が、ＰＸ、ＣＸの二機種の機体開発を、主契約企業として担当したいと名乗りを上げたことであり、各社から提出されたこの計画プランをもとに、防衛庁が検討して、一一月二九日のこの日に、どのメーカーと契約を結ぶかを発表することになっていた。

結果は、両機とも川崎重工を主契約企業とし、三菱重工と富士重工が下請けとして協力することが決定されたのである。

設計を転用した中途半端なやり方では、とても世界の競争には勝てない。むしろ、それらの技術を活用して新たに設計しなければならないと、あらためて理解したのだった。

記者の質問に対して、防衛庁は、業界が期待した旅客機の開発について、われ関せずとばかりに「特に考慮していない。機体を中心に考えた」と素っ気ない説明を行った。防衛庁からすると、ＰＸとＣＸの開発は何年も前から予定されていた計画で、地道な基礎研究も積み上げてきている。「唐突に国産旅客機に転用したいと横恋慕されて振り回されて、とばっちりを被ってはたまったものじゃない」というのが本音である。

いまから四〇年近く前、まったく同じような例があった。YS11の後継機であるYSXと現在のC1とを同時並行で設計を進め、最大限の共通化を図って開発コストを下げようと、ぎりぎりまで検討を進めたことがあった。しかし、両機の仕様に隔たりがありすぎた。無理に共通化すると、かなりの歩み寄りと妥協を強いられて、ともにしわ寄せを被り、中途半端なものになってしまうことがわかって、断念せざるを得なかった。

そうした事例もあって、防衛庁にすれば、二機種の共有化だけでも初の試みで大変なところを、性格の異なる民間の旅客機も念頭に置いて設計するなど、あまりにリスクが高すぎると判断したのだった。

この時点で、両機種を転用して国産旅客機も開発するという、昭和二七年、航空機の生産禁止が解除され戦後の航空機産業が再開されて以来の一大構想は消えた。

かねてから経済産業省は、両機種の主契約指名を競う三社と防衛庁に対して働きかけて、先のように国産旅客機の開発に転用する計画を提案し、航空機メーカーの結束と基盤強化を図ろうと、合意の取り付けに動いていた。経済産業省の構想は、三社が共同出資して両機種開発の母体となる新会社を設立し、ここにおいてその技術を転用して旅客機も開発するというもので、「オールジャパン体制が望ましい」とする目論見のもとに描いた青写真であった。

この構想に業界最大手の三菱重工と第三位の富士重工は乗ったが、第二位の川崎重工は首を縦に振らなかった。その理由は、戦闘機が得意な三菱重工、練習機やヘリコプターが得意な富士重工と違って、川崎重工は大型の対潜哨戒機やヘリコプターが得意であり、現有機のP3CとC1の主契約者でもあったが、それらはすでに生産が終わっていた。それだけに、これまでの経験と実績をもとに、これらの後継機となる今回の二機種についても主契約の獲得が確実視されていた。

少なくとも受注直前にあるこの時点において、川崎重工は経済産業省の提案に乗るメリットは少ないと判断したのだった。なにも、二〇年ぶりに獲得できる大きな仕事の主契約者を自ら降りて、三社連合で分けあうことはないとしたのである。

川崎重工が現在、主に生産している自衛隊機は中等練習機のT4だけであるが、それも先が見えていて、これが終了すれば、あとに大きな仕事がなくなる。航空機メーカーとして今後とも発展維持していくためには、合計一二〇機を生産する予定のこの二機種の主契約を獲得して独占したいという、企業としてはごく当然の経営判断を下したのだった。

受注が難しいと見ていた三菱重工と富士重工は、経済産業省の提案は渡りに船で、これによって仕事が増え、そのうえ大型機の技術が修得でき、国産旅客機の生産もできる。得な点ばかりで損はない。だから、経済産業省の提案に全面的に賛成して乗ったのだった。

いまから一〇年余り前、自主開発が当然視され、防衛庁もメーカーも意気込んでいた次期支援戦闘機FSXが、アメリカの横槍によって、ゼネラル・ダイナミクス社製F16を改造する日米共同開発となった。それ以来、日本の航空機産業にはめぼしい大型の開発プロジェクトが立ち上がっていなかった。

軍用機の開発費は一九七〇年代頃から膨らみ続け、そのコスト増が一機当たりの価格の上昇に反映されている。たとえば日本がライセンス生産した主力戦闘機F15や対潜哨戒機P3Cは一〇〇億円を超す金額となった。既存機を改造したFSXでも一機が一一九億円にもなっている。二〇〇四年に実戦配備がほぼ決まったアメリカの空軍戦闘機F22にいたっては約二三〇億円といわれている。そのため生産機数は計画当初の数分の一に減らされている。

このように軍用機が高額化したことで、一九六〇〜七〇年代と比べて、生産する機数も開発する機種の数もめっきり減った。そのうえ、東西冷戦の時代が終焉して、軍備開発競争にともなう新技術の開発もスローダウンしたため、手持ちの兵器をより長く使おうと、戦闘機ですら耐用年数を従来の倍近い三〇年にも延ばすことが当たり前となった。このため、日本も含めた世界の軍用機メーカーの開発機会も仕事量も一気に減少したのである。

こうした状況に追い込まれた日本の航空機産業の将来を考慮したとき、経済産業省としても、局面を打開すべくなんらかの方策を打ち出す必要に迫られていた時期だった。それだけに、この「オールジャパン体制」を作り上げて民間旅客機を開発することで、変化に乏しくてメーカー自身の手で局面を打開できないこの業界の飛躍のきっかけにしようとしたのだが、それが果たせなかったのである。

三菱重工、旅客機開発へ

それでは、一一月二四日の日本経済新聞の一面トップを飾った「国産旅客機を開発へ」の記事はなんだったのか。

防衛庁の主契約企業の決定が間近に迫って、思惑どおりに進まない経済産業省の役人が、一か八かの賭けに出て、わざと記者にリークして、大きく取り上げられることで、なんとか逆転に向かう流れを作り出せまいかと試みたようであるが、結果は空振りに終わってしまった。

ところが、それから一ヵ月後の一二月二七日、今度は「朝日新聞」朝刊の一面に「三菱重工、旅客機開発へ」と題する見出しが大きく掲載された。前日、東京・丸の内にある三菱重工本社で、二〇〇二年度から四ヵ年の中期経営計画が発表され、記者が三〇人ほど集まった。その席で、西岡喬社長は「航空宇宙、エネルギー、環境などの成長分野に経営資源を集中する従来の路線を継承する」とともに、「赤字は絶対に許さないが、事業全体の撤退はない」と述べ、進めてきた改革の手応えをかみしめるように「当社には底力がある。技術者は再び自信を取り戻した」と力強く語った。

ひととおり社長の発表が終わったところで、記者とのやりとりがあった。国産旅客機に関する記者の質問に答えて西岡社長は、航空機事業は重要な成長分野の柱と位置づけられるだけに、「自力でなんとか（民間旅客機を）まとめあげるところまでもっていきたい」と語った。

この言葉を、朝日新聞の記者は「三菱重工、旅客機開発へ」と受け止め、一二月二七日の見出しとなり、「二〇〇五年から二〇一〇年度には、航空機メーカーから機体を一括受注して完成機の技術を確立し、一〇年度以降に自社開発機の営業活動に入りたい」との考えであるという記事になったのである。しかし、後日、三菱重工の関係者に確認すると、「旅客機開発へ」を否定した。「社長が願望を込めたつもりで語った『自力でなんとか……』の言葉を、文字どおり、そのまま受け取られたのでしょう」と説明した。たしかに、このとき三大新聞をはじめとする大勢の新聞、雑誌、テレビ関係の記者が出席していたが、「国産旅客機開発へ」と受け止めて断定的に記事を書いた新聞は、朝日の他には見当たらない。

西岡社長の発言の背景には、先のＰＸ、ＣＸにからんで、経済産業省がオールジャパン体制を構想して、少なくとも三菱はそれに乗る決断を下していたという事実があり、そのことを引きずっていることはいうまでもない。

三菱重工は、開発が終了して平成八年度から量産が始まっているＦ２（ＦＳＸ）を平成一九年度までに合計一三〇機を生産するが、その後にめぼしいプロジェクトがない。将来を見据えたとき、なんとしても仕事量が確保できるかなり大規模なプロジェクトを生み出さなければ工場は遊び、ただでさえ、コスト削減、スリム化、リストラで少なくなってきている航空宇宙部門の従業員数をさらに減らさざるを得なくなる。一朝一夕には人材が育たないこの世界だけに、問題は深刻なのである。

業界ではこんな言葉がささやかれていた。

「このままでは、あと一〇年もすれば、PX、CXの主契約に決まった川崎重工が航空機部門を拡大していって、逆に人員が減っていく三菱重工がじり貧となって、これまでつねに独走して保ってきた業界第一位の座から滑り落ちるのではないか」

そんな背景があり、戦後の三菱重工で航空機部門初の技術系出身の社長となった西岡だけに、「自力でなんとか」との思いを強くにじませたのであろうし、それだけ危機感も強いのである。

だがそんな三菱の現実も、この五、六年は足元を固めておく堅実経営に徹していて、経済産業省や防衛庁、航空宇宙技術研究所などから、「積極的な投資はしないし、前向きに新しいことに取り組もうという姿勢が感じられない。とにかく損をしない経営ばかりが目につく」との批判が強い。

先のPX、CXの契約決定にまつわる経済産業省や防衛庁および各社による駆け引き、それにともなうニュースの意図的なリーク、願望にともなう誤報など、久しぶりに大見出しのニュースが新聞紙上を賑わした航空機産業である。今後、両機のプロジェクトが進行すれば、国の予算で大型機を生産する設備投資も行え、さらに、開発が終了して量産に移る段階で、大量に投入していた設計技術者が余ることになる。彼らは旅客機と共通する輸送機あるいは大型機の設計経験を積んでいるだけに好都合である。それらを活用して一〇〇席クラスの民間機を開発する下地もできてくる。消極姿勢の防衛庁をどのような形で引き込み、しかも財政的な裏付けを確保できるかが、YSX実現の一つの鍵となろう。

経済産業省が小型機開発を決断

ＹＳＸの開発着手に向けて、業界全体が一致結束できず、経済産業省と防衛庁が協力体制をなかなか作り出せない状況から、新たな可能性を模索する動きも起こってきた。

一〇〇席クラスの民間機ともなると開発費も巨額になり、人員も多くなって大がかりになるので、なかなか決断が難しいが、もっと小型ならば、そのハードルも低くなるし、市場の可能性もあるのではないかとする計画である。経済産業省の主導で進められ、平成一五年度予算の概算要求が出揃った二〇〇二年八月末、かねてからちらちらと情報が漏れ伝わっていた新たな計画の概要が明らかにされた。

二〇〇三年度から五年間で、官民共同による三〇席から五〇席の小型ジェット旅客機を研究開発するというもので、ＹＳＸとは別の計画であり、ＣＸ、ＰＸの転用あるいは技術の活用をするという計画とも別のものである。このクラスならば開発費が少なくてすみ、五〇〇億円と見込んでいるが、資金は官民が折半で負担する。

「いま世界の主流である国際共同開発も視野に入れていますが、もちろん、日本が主導する形です」と経済産業省の担当者は語る。

現在、小型機市場で激しいつばぜりあいを演じて、新型機の開発が盛んなのは七〇席から一二〇席クラスに移ってきている。それ以下は、すでに開発されて各社の機種が出揃ってはいるので、やや熱の入れ方が弱くなっていると見たのである。日本が試作機を完成させる頃には、これらの機種は一〇年から一八年が経過していることになって、世代が古くなるので、そこで、もっと高性能で燃費もよい新世代の機体を送り込むならば、難しい市場への食い込みも可能かもしれないとする狙いである。

後発ながら、この市場に参入して大成功している二大メーカー、カナダのボンバルディア社もブラジルのエンブラエル社もともに小型ジェット機は三〇席前後のクラスからスタートしている。

ＹＳＸで想定していた計画と同様に、民間が主体となって進める予定だが、予算が認められれば、来年度早々にも、独立法人の新エネルギー・産業技術総合開発機構（ＮＥＤＯ）が、この計画に参加したい企業、団体を公募する方式となる。

計画では、得意とする材料加工技術や複合材をふんだんに使うなどして軽量化し、空気抵抗の少ない主翼の設計などを駆使して、燃料消費も従来型の機種より二〇パーセントも改善させたいとしている。

開発するうえでの大きな問題は、国際共同開発では主翼や胴体などの「大物」を担当してきているとはいえ、機体の一部分でしかないだけに、搭載するコックピット内の操縦装置や操縦性、高い整備性、そしてなにより、全体をまとめあげるシステム統合技術のノウハウをどの程度もち得ているかである。

その後、試作の完成までに一定量の受注が見込めれば、二〇〇九年から民間主導で商業生産に入る予定である。仮に、このクラスで商業化に踏み込めば、この業界の鉄則であるシリーズ化となることはいうまでもない。続いて、さらに大型の七〇席クラス、一〇〇席クラスも開発していくことになるので、かなりの覚悟がいる。

計画では、この五年間で試作機（実証機）を二機作り、参加企業は公募の方式をとるが、中核を担うのは、先のＹＳＸのいきさつから予想できるように、三菱重工であることは間違いない。

この計画を進めるため、初年度の二〇〇三年度予算として経済産業省は一二億円を要求した。バイオテクノロジーやナノテクノロジー、ＩＴ（情報技術）など、近年もてはやされて、国としても力を入れる姿勢を鮮明にしている花形分野がひしめく省内の予算要求の項目群の中にあって、最終的に絞り込まれた三〇件の一つに入ったのである。

平沼赳夫経済産業相も、来年度の要求は「三年から五年で製品化できるプロジェクトを重点に項目を絞り込め」と発破をかけており、市場内の時期もあるので、着手することになれば、試作機開発はかなり急ピッチで進む可能性がある。

さて、この開発計画の今後の見通しだが、まだ不確定要素はあって、拙速の感はあるものの、経済産業省と三菱重工との間では頻繁に打ち合わせを重ねてきており、三菱重工は意欲的である。裏を返せば、それだけ危機感が強いことを示している。

一方、この事業には、ＹＳＸの開発母体となる日本航空機開発協会（大手機体メーカーなどが参画する財団法人）や航空宇宙技術研究所なども加わっている。

想像するに、現在の日本の航空機メーカーの技術力からして、ある程度の水準の試作機は作れるだろうが、もっとも問題となるのは販売力である。さらに、販売後のプロジェクト・サポート体制も含めた世界戦略を築き上げることができるのかという問題もある。その難しさについては、経済産業省の担当者も率直に認めている。どれだけ、新たな需要を掘り起こせるか。今後の五年間に、数十機程度のまとまった受注が得られて、量産の決断がつき、弾みがつくか否かが最大のハードルである。

すでに、民間機市場は、一二〇席以下の各クラスでも寡占化が進んでおり、いまやボンバルディア社とエンブラエル社の二社に収斂した観がある。これまで、数十席クラスの小型機を生産し、一定の市場を占めて実績を誇っていたオランダのフォッカー社やスウェーデンのサーブ・エアクラフト社、英ＢＡｅシステムズ、米レイセオン社、独フェアチャイルド・ドルニエ社が、いずれも業績悪化して、この数年に次々と生産中止に追い込まれたり、買収されていったからである。一九九〇年代後半以降、空前の売れ行きとなっていることの分野にもかかわらず、生産中止に追い込まれていることは、採算をとることがいかに難しいかを物語っている。

そんな逆風の中の開発計画だけに、先行きを危ぶむ声も多い。先の二社の市場を崩せず、「結局は、試作機の開発だけで終わってしまうのではないか」と見る向きは多い。

民間機事業では重要な要素でありながら、日本の実績がほんのわずかでしかない販売体制やサービス体制をどうつくるかは、売り込みには不可欠だが、それは次の段階の話となろう。

これまで十数年、ＹＳＸ構想では、何度も計画が立てられながら、官民やメーカーの足並みがそろわず、あるいは財務省（大蔵省）の理解が得られずに、すべてがつぶれていった現実がある。今回、仮にこの計画が進んでいくとしたら、これまでの経過からして、経済産業省も含めた航空機業界の将来に対する危機感がいままで以上に強いことを物語っているといえよう。

機体三社をまとめる人物がいない

一方、長くこの業界に身を置くベテランの関係者は総じて将来の見通しについては悲観的である。自らも数々の自主開発プロジェクトを中核にあって担ってきた業界のある有力者は残念そうに語った。

「いまこの業界には、三菱、川崎、富士の三社をまとめあげられる人物がいないのです。一〇年前に、三菱には飯田庸太郎さん（当時三菱重工会長）という経営トップがいて、業界のまとめ役でもあった。その飯田さんが各社を調整してまとめあげようと努力したが、まとまらなかった。いまは、各社が自分の企業の経営だけで精一杯で、とても業界全体としてどうするかといったところまでいかない。各社が勝手なことをいっているだけで……」

それとあわせて、構想を打ち上げた経済産業省に対しては強い調子で批判した。
「たしかに、CXとPXを開発したあとの技術力や設備は、二〇年あるいは三〇年に一度の大きなチャンスとなります。だが、業界としてまとまって民間旅客機を開発しましょうと経済産業省が呼びかけても、どの経営者も信用はしていないですよ。前科がいくつもあって、経営者ならみんなその経緯をよく知っていますからね。

これまで通産省（現在の経済産業省）は航空機産業に関して、いろいろな策も打ち出してきたが、いずれも援助が中途半端だった。YS11のときが典型で、日本ジェットエンジン株式会社を設立したときも、途中で放り出してしまった。無責任きわまりなくて、今回のように呼びかけても、業界は不信感が強くて、もう信用しなくなっています。だから、いうことを聞かないのですよ。また、途中で梯子《はしご》を外されて裏切られるのではないかと。

たとえ、いまの（経済産業省の）航空機武器宇宙産業課課長が国産旅客機をやると意欲をもって進め、業界がついてきたとしても、彼らの任期はせいぜいが四年ですよ。ところが、国産旅客機を開発して販売するとなると、YS11の例からしても、最低でも一〇年のスパンで見ないといけないし、事業として発展させていくならば、二〇年のスパンで将来を見ていなければならない。しかも、やり始めたら、継続しなければまたYS11の二の舞です。リスクが大きくて、赤字の出る危ういプロジェクトを引き継いだ後任の担当者が責任を問われて首になる。だから結局、途中で放り出してそれで終わりです。もちろん経済産業省の担当者らも一所懸命やっていて、彼らにも言い分があります。いくら計画を立てて実現に向けて働きかけても、財務省という大きな壁があって、予算要求が受け入れられなければ、そこで終わりで、その繰り返しです。

とにかく、国として日本の航空機産業をどう育成していくのか、その長期的な展望に立っての基本姿勢を打ち出して、制度的なバックアップ体制を確立することが必要です。ヨーロッパのエアバスとはいかないまでも、ボーイングやエアバスがやらない数十席から一〇〇席クラスの旅客機を日本として取り組むのだ、航空機産業を戦略産業として育成していくんだという決意とあわせて、国としてのコンセンサスがないとだめでしょう。少なくとも、開発する技術力は十分にもっているのですから」

経済産業省が笛を吹いても、具体的な開発プロジェクトがすぐに立ち上がって仕事が生まれるというわけではない。ところが、防衛庁ならば、確実に仕事が発注されるわけだから、先の川崎重工が「オールジャパン構想」に乗らなかったのも無理はないのである。また、その背景には、世界の小型旅客機市場も、大型機におけるボーイング社とエアバス・インダストリー社との激しい競争と似てきて、この数年で一気に寡占化が進み、二社に絞られてきたという事情もあった。

相互不信と批判が蔓延

ＹＳ11を開発した頃と比べて、世界経済は大きく変わり、技術も目覚ましい発展を遂げた。日本を取り巻く諸条件や国際情勢も大きく変化し、経済システムも変わって新たな段階に入っていった。それにつれて、ほとんどの産業も自らを変化させ、旧来の姿から脱皮して、グローバルな時代に対応する経営行動をとっている。

この三〇年間に起こった大きな節目やブームを捉えると、一九七三年の石油ショック、それ以降の低成長時代の減量経営、日本の輸出の大幅な伸長、そして海外進出、ハイテクブーム、一九八五年の円高不況、バブル経済とともに巨額の貿易黒字の発生、そしてバブル崩壊後の長期の不況、グローバル化、アジア諸国の台頭、先進諸国の産業の空洞化、リストラの進行、IT（情報技術）ブーム、そして構造改革の旗が振られ、各産業では大企業の合併による業界再編が一気に進むなど、どれをとっても大きな経済変動ばかりである。

数十年も前に起こったYS11の失敗事例など、他産業ならば、ほとんど意味をもたないほど遠い昔へと過ぎ去った古き時代のこととして、失敗要因をとっくに克服し、もっと高い次元での経営活動に移行している。

地理的条件や自然条件に大きく左右される農業や漁業、林業など第一次産業ならいざ知らず、航空機産業は、れっきとした最先端技術を扱う、変化の激しいハイテク産業である。いつまでも失敗した過去の地点にとどまって一歩も前進できず、足がすくんで尻込みしている産業など、他分野ならば、しのぎを削る国内、国際競争の荒波にもまれて、もうとっくに消滅しているはずである。〝親方日の丸〟の防衛需要で確実な利益と一定程度の仕事が保証されていて、新規参入がほとんどゼロのこの業界だから存続できるというものだ。欲を出してリスクを冒すような事業にさえ手を出さなければ、少なくともこれまでは、企業は安泰だったのである。

いま、航空機メーカーの開発や生産の現場はもちろんのこと、防衛庁、経済産業省、公的研究所や大学などを取材して、少し突っ込んだ話になると、先の業界有力者のように、自らの産業のふがいなさを嘆き、互いが互いを批判しあう言葉ばかりが返ってくる。

航空機メーカーの現場ではこんな不満と危機感が満ち満ちている。

「経済産業省や防衛庁がいまの航空機産業をどう考えていて、今後どうしていこうとしているのかさっぱり見えてこないし、展望も見えてこない。支援も、生かさず殺さずの程度で、中途半端でしかない。

ますます厳しい時代となっていく今後、このままでは先行きが危ない」

欧米先進国の航空機産業も、国の強力な支援と援助がなければ成り立たない現実を、業界の人間はよく知っているのだ。

そうした批判を受ける経済産業省や防衛庁、文部科学省の航空宇宙技術研究所はといえば、こう口をそろえる。

「メーカーは自分たちの事業に対する前向きな姿勢も熱意もない。損をしないそろばん勘定ばかりの経営姿勢に終始していて、起業家精神に欠けている。こちらがけしかけても乗ってこない。これでは新しい計画をぶち上げようとしてもうまくいくはずがない」

また大学の研究者については、こんな意見が大半である。

「狭い専門のたこつぼから一歩も出ようとしないで、論文を書くための、欧米の最先端的な研究ばかりを追いかけて、自分たちの研究室でコンピュータを使って計算し、こぢんまりと実験をしているだけだ。日本全体としてこの産業をもり立てて、実際的なプロジェクトにコミットしていこうという姿勢や熱意はもちあわせていない。産官学が一体となって、という気概がまるでない」

欧米と比べて日本は航空機の研究開発に関する政府の援助が著しく少ないために、官公庁である経済産業省や防衛庁、公的研究機関は大胆な施策がとれず、メーカーの自発性を促して研究開発費を注ぎ込ませて、それと連動させて計画を進めていくしか手がないのである。

他産業ではグローバルなメガコンペティション（大競争）の時代を迎えて、そこで打ち勝つ企業体制を築き上げようと、さまざまな経営施策を打ち出し、大胆な企業改革に乗り出している。そんなビジネス情報が日々巷《ちまた》には飛び交っている。それにひきかえ、航空機産業では経営トップからの将来のシナリオも示されず、現状の停滞を打破するためのこれといった目新しい施策や大胆な取り組みもなく、将来に向けての展望も見いだし得ない。

このため、航空機分野ではどこへ行ってもお互いの不信感や批判ばかりが蔓延していて、いっこうに局面が打開できず、袋小路にはまり込んでいる。また、将来展望やその道筋を誰も示そうとせず、率先して動き出そうともしない。誰かが動き出すのを待っているだけで、みんなが歯がゆさとジレンマに陥っている。いろいろな産業を取材するが、最先端技術といわれる事業分野で、これほど消極的な産業もめずらしい。

航空機産業の特異性

航空機産業は、自動車や家電などとは性格が大きく異なっている。自動車や家電ならば、まだ日本が貧しかった時代には、国内市場だけを相手に、コツコツと技術や品質を高めていって、次第に事業規模を拡大していく。やがて、高まってきた資本力、技術力、品質、生産量を武器にして輸出を果たし、それによって得た利益を注ぎ込んで、次には海外へと工場進出を果たす。そこで成功すれば、一躍国際企業としてグローバルな展開を行っていくことになる。いずれもこうした段階を一つひとつ踏んで次第に事業を拡大していき、発展させていくプロセスがある。

ところが航空機事業の場合は、アメリカは別として、国内市場が小さいにもかかわらず、開発費が巨額なために、立ち上げから大きな資本力を必要とする。それと同時に、いきなり世界の市場を相手にしなければならない。このため、日本の他産業がとってきたような、ワンステップずつプロセスを踏んで規模を拡大していく手堅い手法が許されないのである。

しかも、航空機は人の命にかかわるので、安全がなにより優先され、メーカーの信用と実績が最大限重んじられる。だが、この二つの要素は、時間をかけて発展させ、証明していくしかない代物である。さらには、進歩の激しい最先端の技術をたえず追いかける研究開発が不可欠なだけに、高いリスクがともなう。これに、軍用機の場合は国防の問題もからみ、政治的あるいは国際情勢にも大きく左右される。一方、民間機の場合は、世界経済の変動に大きく左右されて、販売、生産の山と谷は極端である。

どれ一つをとっても、難しい問題ばかりで、こうした問題のすべてをクリアしなければ、航空機事業を成功へと導くことができない。だから、巨額の資金が必要であるにもかかわらず、銀行はどこも金を貸さない。航空機事業の中身を知れば知るほど、銀行家は、「こんな危ない事業に貸す金はない」と投資を断るのである。

ということは、家電や自動車と違って、乗り越えるべきハードルが最初から何倍も高いのである。日本はアメリカなどのように起業家精神が育ちにくい国で、リスクの高い巨大事業には金融機関は見向きもしないし、経営者も躊躇しがちである。そのため、おのずと国の援助を当てにせざるを得ず、となると、国防政策とのからみなど、政治的要素も複雑にかかわってくるだけに、総合的戦略なしには、事業として立ち上げ、継続して発展させていくことは難しい。事実、ヨーロッパ各国の航空機産業も、アメリカの航空機産業に押されて、軒並み、倒産の危機に立たされていたが、エアバスのように、設立当初から各国政府が一貫した姿勢で全面的に援助して、辛抱強く支援し続け、いまではボーイングに対抗する勢力にのし上がっている例もある。

その意味では、日本のように縦割り行政で官僚支配が強く、官尊民卑の意識も強く、旧態依然たる日本的システムがなにかにつけて足を引っ張り、経営合理性がゆがめられる国での航空機事業には厳しいものがある。

食い物にされてきた航空機産業

さらには、太平洋戦争での敗戦と、その後、アメリカ主導で復活することになった軍需産業（防衛産業）としての航空機産業に対する国民のアレルギーや武器輸出禁止、憲法解釈の問題もある。加えて、ジャーナリスムや野党の皮相な防衛論議と防衛問題の本質をないがしろにしたままの近視眼的な批判が今日まで続いてきた現実もある。

こうした歴史的現実をいまなお引きずる、軍事面での歪んだ日米関係もある。つねにアメリカのコントロールの下に置かれ、肩代わりを強いられる日本の防衛戦略によって、防衛生産の自立的歩みが許されない。たとえば、十数年前のＦＳＸの決定時に見られたように、たえず米政府の強い圧力や強要に左右されて、一貫した方針をもち得ず、軍用機の自主開発路線もたびたび挫折を繰り返してきた。防衛庁が進めようとした、長期的な計画を立てて航空機産業（防衛産業）を育成していくシナリオもたびたび崩されてきた。なにしろ、これまで防衛庁は、アメリカが強要する兵器の購入を拒んだことは一度たりともないのである。

航空機（軍用機）の自主開発かそれとも米機の導入（ライセンス生産を含む）かの選択においても、いつも、その時々の経済環境に左右されたり、場当たり的な日米の政治的取り引きの道具に貶《おとし》められてしまって、防衛戦略の基本はつねに曖昧でしかない。

防衛庁やエアライン（航空会社）が新機種を導入するたびに、時の権力者である首相クラスを含む政治家や商社、代理人のフィクサー、米軍用機メーカーなどが暗躍し、水面下で凄まじい売り込み工作を繰り広げて利権の獲得合戦を展開した。ロッキード事件やグラマン事件などの疑獄事件がたびたび発生し、航空機産業は食い物にされてきた。その結果、航空機産業に対する国民の強い不信感を招くことになった。

このように軍用機の購入や防衛庁自体が、一部政治家の利権の道具として利用され、ご都合主義にいつも翻弄されている。あるいは、互いの癒着や慣れ合いから、国としての防衛思想や防衛戦略の確立、航空機産業（防衛産業）をいかに育成していくかといった基本方針はつねに二の次、三の次となっていっこうに定まらず、一貫した政策をとれないまま今日にいたっているところに、この産業の不幸がある。

このようなことも含めて、航空機メーカーも長期的な見通しに基づく計画や大胆な経営戦略を展開し得ず、起業家精神も醸成されないまま〝親方日の丸〟に安住して現在にいたっている。さまざまな制約条件から生じた数々の失敗事例や事件による後遺症がトラウマとなり、あるいは構造的な問題を乗り越えられず、その呪縛から解放されていないのが現実である。

それればかりか、航空機産業の「オールジャパン体制」の創出といった大きな政策決定をすべきときに、そのつど過去のトラウマが頭をもたげてきて、航空機メーカーや政府、防衛庁の判断を後ろ向きにさせ、尻込みさせてきたのである。それは、欧米先進諸国から見ると不思議な光景で、「なぜ日本はＧＤＰ（国内総生産）が世界第二位で、これだけの経済大国、技術大国になって久しいにもかかわらず、航空機産業だけがだめなのか」と強い疑問が投げかけられるわけである。

先の経済産業省の構想がつぶれたことを報じた「次期大型機　消えた大連合」と題する記事を掲げた「日経産業新聞」でも、やはり過去の失敗が尾を引いていることを次のように指摘している。

「メーカーの共同出資で設立し、ＹＳ11、輸送機Ｃ１を開発しながら失敗に終わった旧日本航空機製造

（一九七二年にＹＳ11の生産を中止）を連想させる。ただ、実現していれば変化に乏しい日本の航空機産業が再編に向かうきっかけになった可能性もある」

歌を忘れたカナリヤ

本書の趣旨は、いまだにトラウマを乗り越えられない日本の航空機産業の現在の重要課題を、メルクマールとなった過去の具体的なプロジェクトや事件を通して取り上げて、その問題の所在を明らかにし、そこから脱皮する方向を示唆することにある。

だがその前に順序として、航空機を開発し生産するメーカーおよび産業は、いかなる性格を有するのかを概観し、世界の航空機産業の変遷と最近の情勢や、戦後日本の航空機産業の歴史的性格や特徴を踏まえておく必要がある。加えて、戦時中は一〇〇万人を擁し、ピーク時には年産二万九〇〇〇機を生産した日本の航空機産業が、敗戦でＧＨＱ（連合国軍総司令部）から航空禁止を命令され、昭和二七年になって解禁となる、その間の歴史も簡単に紹介しておこう。

戦前はあらゆる技術分野において欧米から後れをとっていた日本にあって、戦艦「大和」などを作った造船と並んで日本の産業をリードした航空機産業だが、敗戦によって「航空禁止」となり、〝空白の七年〟を迎えることになった。

昭和二七年三月、東西冷戦が深刻化するなか、「航空解禁」となって再出発することになるが、そのときからちょうど半世紀を迎えた今日から振り返るとき、日本の航空機産業は鳴かず飛ばずの「歌を忘れたカナリヤ」ではないだろうかと思えてくる。

かつての航空機、たとえば、「零戦」や「隼」「紫電改」といった戦闘機が、欧米の最新鋭機と空中戦を演じて活躍し、国民を魅了した時代があった。その背景には、いうまでもなく、米、英、独、仏など欧米列強に追いつき追い越せで鼻息の荒かった陸海軍が、強力に後押ししたということがあった。

あまりに語られすぎて伝説化し、一人歩きしてしまった「零戦」の例をもちだすまでもなく、戦前日本の技術や産業の内実においては、航空機産業は付け焼き刃ともいえる脆弱な基盤の上にあって、量産技術も品質管理も幼稚なレベルでしかなかったが、それでも目一杯の背伸びをして航空機の開発・生産に邁進し、少なくとも性能面では欧米諸国に肩を並べ、なかには超えるものもあった。

無謀な日米開戦へと突き進み、やがて、無惨なまでの敗戦を迎えたが、壊滅的な打撃と混乱の時代を乗り越えて立ち直り、勤勉さに基づく旺盛な経済活動によって経済大国にのし上がった。

資源をもたざる日本だけに、「科学技術立国」を目指し、わずか二十数年にして奇跡的な復興と発展を遂げ、ほとんどの産業分野で日本は世界のトップに躍り出た。にもかかわらず、なぜか航空機産業だけは、いまだに二流の水準でしかない防衛生産とボーイングの下請け生産に甘んじている。

二一世紀の世界を見渡すとき、ベンツとクライスラーの大陸を越えた大合併に始まったこの数年における自動車産業の一大再編と似て、欧米の航空機産業もまた、一九九〇年代には「半世紀に一度」といわれる巨大合併や吸収による業界再編の嵐が吹き荒れた。ところが、日本の航空機産業は無風状態で、各メーカーはまったく蚊帳の外でしかなく、世界ではきわめて影の薄い存在でしかない。

飛行機野郎の遺伝子

いまから一〇〇年近く前の草創期に活躍したライト兄弟、アンリ・ファルマン、グレン・カーチス、ルイ・ブレゲ、ルイ・ブレリオ、さらに時代が下ってチャールズ・リンドバーグなどは、飛行機なるものが危険な〝フライング・マシン＝空飛ぶ機械〟であることを知っていた。彼らの長年の夢である大空を飛ぶことを実現させるためには、自らの命を賭けねばならないことも十分すぎるほど知っていた。そのスリリングで野心的な行為そのものを目的として冒険飛行に挑戦し、またそのことを大いに楽しんだのである。

こうした、草創期に登場した向こう見ずの飛行機野郎や一発狙いの冒険家たちが活躍した時代は、四半世紀ほどで終わりを告げた。飛行機が急激に発展して技術が一挙に高度化し、開発・生産するには巨額の資金と大きな工場設備が必要になってきたからだ。野心が見え見えであったにせよ、度重なる失敗にもめげず、実現に向けて手作り的な試作を重ねていく不屈の闘志と情熱だけでは、もはやこの世界では勝ち抜いていけなくなってきたのである。

工場で働く男たちをまとめあげ、なおかつ官僚的な巨大組織である軍に取り入るおべんちゃらや、彼らを説得して注文を獲得する忍耐強さや政治力をもち、銀行から巨額の金を引き出させる企業経営者としての才覚が必要な時代に入ったのだった。

だが、そうした才覚をもち、成功を収めて巨大な航空機メーカーへと発展させていった企業家たちも、やはり、草創期に活躍した飛行機野郎のチャレンジ精神を目に焼き付けており、このスピリットがこの世界に生きるものにとっては不可欠な要素であることを十分に知っていた。新しい時代に入っても彼らには、巨大なリスクをいとわぬ起業家精神が遺伝子のように組み込まれていたのだった。

航空機開発が、その時代時代の最先端技術をたえず取り込んで、つねにより高い性能を求め続けることを宿命とした、失敗あるいは倒産と背中合わせの、きわめてリスキーな巨大事業であることを、彼らは知り尽くしていたのである。そして、その危険を避けては、この世界で生き残れないことも、彼らは知っていた。

こうした一九二〇年代から四〇年代を彩った欧米航空機メーカーの創業者たち——ドナルド・W・ダグラスやウィリアム・E・ボーイング、エルンスト・ハインケル、フーゴー・ユンカース、クラウディウス・ドルニエ、レロイ・R・グラマンたちは、草創期の飛行機野郎たちの向こう見ずな姿勢を引き継ぎつつ事業経営を展開していったのだった。そして、有名なエアラインの経営者の多くは、かつて飛行機野郎だった。

ビジネスが緻密化してくる戦後、そして現代においても、欧米の航空機メーカーの経営者たちは、はばからず言い切っている——この事業は「スポーティーゲーム」である。すなわち、ギャンブルであると。

パイオニア精神とチャレンジングな姿勢をなにより誇りとする欧米航空機メーカーのトップたちは、日本のサラリーマン経営者のように、昇りつめて手に入れたその地位を守ることに汲々とすることがない。自らが思い定めた目標を実現するために地位を賭けて討ち死に覚悟で立ち向かっていく荒々しいまでの経営姿勢がある。

組織がより巨大化して企業の安定性が強く求められる現在においても、やはり、欧米の航空機メーカー、すなわちロッキード・マーチン、ノースロップ・グラマン、ボーイング、エアバスなどの経営者には、こうしたチャレンジ精神がいまも貫かれている。そこが日本の航空機メーカー首脳と決定的に違う点である。

リスクいとわぬ起業家精神

たとえば、あの大ボーイングの場合、企業の命運を賭けて、より速くて巨大な航空機の開発に突き進み、押しも押されもしない民間機の王者になっていた一九七〇年代でさえも倒産の危機に見舞われた。競争試作した超大型の米軍輸送機の受注失敗に加えてＳＳＴ（超音速旅客機）の開発も中止となり、さらに巨額を注ぎ込んで開発したＢ７４７ジャンボジェット機は、折からの石油危機にともなう世界不況によって売れ行きがかんばしくなかった。なにしろ、Ｂ７４７はエアラインから「席はガラガラで空気を運んでいるみたいだ」と皮肉られて受注が伸びず、ボーイングは倒産の危機に立たされた。それを、大リストラでかろうじて切り抜けたのである。ロッキードもまた、一九七一年に事実上倒産していた。

そして現代では、エアバスが、開発費が一兆数千億円にもなる巨大なリスクを十分に知りつつも、Ｂ７４７-４００（三七三～五六八人乗り）を上回る五五五～八〇〇人乗りの超大型旅客機Ａ３８０の開発をスタートさせた。ところが、ボーイングはその向こうを張って、「これからはソニッククルーザーの時代である」とし、これまでの旅客機より二割近く速いマッハ〇・九八の、ほぼ音速で飛ぶ革新的なコンセプトの開発計画を提示したのである。

ジャンボ機の場合、大量の乗客を確保できる大都市間だけを飛ぶことが多く、その後、地方都市に向かうときは座席数の少ない旅客機に乗り換えなくてはならない。これでは、スピードが要求されるこれからのビジネスマンにとっては不便である。この解決策として、直接、中規模の地方都市にまで乗り入れて時間を節約する、中型で高速のソニッククルーザーを開発するというのである。

ソニッククルーザーが技術的に、あるいはマーケットの獲得という点において成功するか否かは、評価が大きく分かれるところであり、見通しは不透明である。だが、それでも、ボーイングはあえて新たな賭けに出て、民間機ビジネスの新たな局面を切り開いて需要を創出しようとしているのである。

こうした現代におけるエアバスとボーイングのつばぜりあいを見るとき、リスクや採算性をいとわず挑戦する両社の経営姿勢に、やはり同様の精神が脈々と流れていることがうかがい知れる。

それはちょうどF1レースの事情と似ている。日本の自動車メーカー、ホンダ（本田技研工業）がF1に参戦したのは一九六〇年代半ばからだが、当分のあいだは外国人ドライバーがハンドルを握っていた。一九八〇年代後半になって、ようやく世界で戦える日本人のF1ドライバーが誕生し、檜舞台で一定レベルの活躍をすることになった。

そのとき、彼らには、夢にまで見たF1ドライバーの栄光の座を追われることを怖れたためか、完走することを目的とした守りの姿勢の走りが見え隠れしていた。このため、作り上げたマシンはかなりの水準にありながらも、討ち死に覚悟でたえずトップを狙い、果敢に挑む外国人ドライバーらの厚い壁は突き破れず、つねにそこそこの順位に甘んじていた。リスクを怖れていては、F1レースの「世界の壁」はいつまでたっても打ち破れず、注目を集めることも頂点に立つこともできないことを教えていた。

経済大国、技術大国日本がなぜ

日本の航空機産業は、まだ貧しい時代だった昭和二七年の「航空禁止」が解除された頃から、経済大国、技術大国へといたるこの半世紀の間、わずかな例――六〇人席のYS11と一〇席前後のMU2およびMU300、四席のFA200――を除いては、ほとんどその姿勢は変わっていないのである。

たしかに日本の主要産業を見渡すとき、ハイテク分野を含めたほとんどの工業製品が世界の市場を席巻するか、あるいは伍するまでに発展している。なかでも、航空機の開発生産を支えて基礎となるコンピュータ技術、機械技術、精密加工、メカトロニクス、エレクトロニクス、先端材料分野などをひときわ得意としており、こうしたモノ作りにおいては間違いなく世界の最先端を走っている。

バブル経済下で「ジャパン・アズ・ナンバーワン」ともてはやされ、日本の主要産業がアメリカに勝った勝ったと有頂天になっていた時期においてすら、航空機産業は世界に伍していけず、いまもまだ低迷していて、きわめて影の薄い存在でしかない。

二〇〇〇年の世界主要国の航空宇宙産業の売上高を比較すると、日本の売上高が一兆二七〇〇億円（GDP比率は〇・二七パーセント）、アメリカはその一一・五倍（同一・四八パーセント）、イギリスは二・二倍（同一・九三パーセント）、フランスは一・八倍（同一・七四パーセント）、ドイツは金額において日本とほぼ同じで、GNP比は〇・六七パーセントである。

また航空宇宙産業の貿易収支では、先進諸国のなかで日本だけが一方的な赤字で、その額は二〇〇〇年が二九〇〇億円、一九九八年が五六〇〇億円にもなっている。そのほとんどは、日本のエアラインがボーイング社やエアバス社から購入する旅客機やその部品、防衛庁が購入する米軍用機、ライセンス生産した米軍機の部品の輸入代金などで占められている。

アメリカに次ぐ経済大国であり、技術大国でもありながら、これほど影が薄い日本航空機産業の現状を説明するのによく指摘されるのが、次の三つの理由である。

（1）日本は敗戦によってGHQから「航空機の研究、生産の禁止」が命令された。日米安保条約および対日平和条約の締結によって、ようやく昭和二七年四月になって「航空禁止」が解除された。その空白の七年間に、ちょうど航空機はレシプロ（プロペラ）からジェット化の技術革新が進み、開発費は巨額となって、市場は独占されてしまっていた。戦前にレシプロ機しか生産してこなかった日本は、この間に取り残され、いまだに追いつけない。

（2）欧米先進諸国と違って日本は憲法第九条の制約から、おのずと防衛力および軍用機の開発・生産が制限され、武器輸出三原則からも制約を受けていて、航空機工業を発展させることができない。

（3）欧米では、最初に国の国防予算で軍用機を開発して、その技術を民間機に転用することで巨額となる開発費を補っている。だが、日本はそれをできずにきたためにハンディキャップがある。

これら三つは、日本の航空機産業の現状を説明するとき、ある程度の理由にはなっても、決定的な理由ではない。なぜなら、（1）が理由になるなら、昭和三〇年代以降になって日本に登場し、発展したアメリカ生まれのコンピュータや半導体、原子力発電も欧米に追いつけない製品となっているはずだ。さらに、民間機には（2）の理由が当てはまらない。また、日本と同じように（3）の条件が得られなくても、民間機を開発して国際的なビジネス展開をしている国々はいくつもあるからだ。

たとえば、日本と同じ敗戦国で、やはり同じように「航空禁止」が命令された国にドイツがある。地理的条件に違いはあるが、いまでは、欧州共同事業の形態をとるエアバス社の中核メンバーであり、フランスと並んでこの事業をリードしている。さらには、欧州の主要国とともにユーロファイター（欧州戦闘機）の開発を行って、戦後の早い時期から装備の面でアメリカ離れを進め、自立の道を歩んでいる。

欧米航空機メーカーの大合同

一九七〇年に設立されて長く赤字続きだったエアバスは、二〇〇一年の新規確定受注数が三七五機となって、一〇〇席以上の民間旅客機市場の五三パーセントを占め、〝民間機の王者〟ボーイングに伍するまでに発展している。

さらには九〇年代に入り、EU（欧州連合）の動きとも連動して合同しつつある欧州航空宇宙産業の大再編では、ドイツ政府のバックアップを受けつつ、ダイムラー・ベンツ社が中心となって航空宇宙関連メーカー（機体、エンジン、エレクトロニクス）が大統合され、ダイムラー・クライスラー・エアロスペース社（DASA）を誕生させた。

もともと欧州各国では、すでに航空宇宙関係の機体、エンジン、エレクトロニクスといったそれぞれのメーカーが一国で一、二社に集約されていた。一九九〇年代後半には、それらが合体を重ねて総合的な航空宇宙メーカーとなり、さらには、国の枠を超えた単一通貨ユーロの誕生にもたとえられるような、航空機産業における「欧州の一体化」が急進展している。

DASAは一九九九年一〇月、フランス最大の航空宇宙メーカーであるアエロスパシアル・マトラ社と合併し、ヨーロピアン・エアロノーティック・ディフェンス・アンド・スペース（EADS）を設立すると発表した。その年の一二月にはスペインの最大手の航空宇宙メーカーで、共同事業体のエアバスを構成するCASA社も合流を表明し、二〇〇〇年七月にEADSは正式に設立された。これにより、EADSは欧州四ヵ国で構成されるエアバス社をほぼ手中に収めたことになり、ボーイング社、ロッキード・マーチン社と肩を並べる世界三強の航空宇宙（防衛）メーカーにのし上がった。この結果、欧州では、やはり合併を重ねてきた英国最大の航空宇宙メーカーであるブリティッシュ・エアロスペース（BAe）とEADSの二社にほぼ集約された。

これら一連の動きは、かねてから模索していたEU経済閣僚会議および欧州航空宇宙工業連合会（AECMA）が一九九六年半ばに、「世界の挑戦に応ずる」として発表した報告書「欧州宇宙産業の統一政策に向かって――展望と戦略」の将来構想案に基づいている。

このなかでは、一九九〇年代に入って、合併により巨大化した米航空機メーカーに対抗していくためには、欧州各国の航空宇宙メーカーが大合同して一社に統合した「欧州航空宇宙会社」を創設して生き残っていく道しかないと結論づけている。

現在では、その前段階としてこの二社に集約されたとの見方がされるが、最終的にはこの二社が統合される、あるいはＢＡｅがアメリカのメーカーと組む可能性もあると見られている。もし、後者の動きが現実となると、両大陸にまたがる欧州とアメリカの大連合が成立することになる。

二〇〇一年七月、こうした一連の動きを加速させたのが、欧州四ヵ国を代表する航空宇宙メーカーで構成されている官民が一体化した共同企業体だったエアバスが、単一の株式会社に衣替えしたことである。一〇年以上も前から取り沙汰されてきたことが実現の運びとなったのである。

ところで、こうした国の枠を超えて欧州が大合同するきっかけとなったのは、一九九〇年代半ばからドラスティックに進行した「半世紀に一度」ともいえるアメリカ航空宇宙産業（国防産業）の大型合併による大統合である。

アメリカでは一九九〇年代半ば頃から、売上高が四〇〇〇〜五〇〇〇億円から二兆円クラスで、誰もが知る七、八〇年の歴史をもつ名門の巨大航空機（宇宙・ミサイル）メーカーが次々に大型合併を繰り返してきた。その結果、一九八〇年には二〇社あった大手航空機メーカーが、ロッキード・マーチン、ボーイング、ノースロップ・グラマンの三社にほぼ集約されてしまった。日本の自動車メーカーでたとえれば、現在一一社あるメーカーがトヨタ、ホンダ、日産の三社に集約されるようなものである。

世界の市場を席巻する米・欧の二大勢力が、二一世紀に向けた時代の変化に対応するため、半世紀に一度の一大変革を終えようとしている。となると、これらの世界的な動きに対応して、日本の航空機産業（防衛産業）は今後どのような戦略を推し進めるのかと問われることになる。

ところが日本の航空機産業に目を移すと、世界に吹き荒れる合併、統合の嵐とはまったく無縁で、不思議なほどなにごともない。そればかりか、奇妙と思えるほど無風状態が続いている。

世界需要の二、三パーセントしか占めていない日本市場でありながら、〃親方日の丸〃の防衛需要に大きく依存し、残りの民需の多くもボーイングの下請けによる稼ぎである。しかも、それらの売り上げを、機体大手メーカーの三菱重工、川崎重工、富士重工、中堅の新明和、日本飛行機など五社、エンジンでは石川島播磨重工、川崎重工、三菱重工の三社で分けあい、ひしめきあっている。このようなきわめて奇妙な光景が見受けられる先進国は日本だけである。

アメリカ国防産業の「最後の晩餐」

ところで、欧米航空宇宙メーカーの劇的再編は、一九九〇年前後の社会主義政権の崩壊によって東西冷戦体制がゆるみ、軍事的緊張が緩和されて主要各国の国防予算が削減されたことから始まった。

一九九三年に入ると、冷戦後の体制を模索するアスピン米国務長官や国防総省首脳は、航空機・国防関連の各社の首脳を集めた晩餐会において、突き放すような口調で伝えた。

「もはやみなさんを養うだけの予算をアメリカ政府はもち得ない」

「最後の晩餐」とも呼ばれたこのときの異例の発言を機に、長年続いてきた産軍の蜜月時代は終わりを告げ、アメリカ国防産業（航空宇宙産業）の再編が始まった。

なにしろ、アメリカの国防予算に占める装備の調達費が大幅に削減され、一九九〇年に八一九億ドルだったものが一九九六年には四八九億ドルとなり、実に四割も減ったことになる。それとあわせて、巨額を要するものとなった新機種の開発はほんのわずかとなって、その契約選定にもれたメーカーはすぐさま存続が危ぶまれることになった。

時代状況の変化に応じて、生き残りを模索するようになったとき、アメリカのメーカーには、日本の重工業メーカーのように、財閥や銀行系列や伝統にこだわったり、経営首脳陣が面子《メンツ》に固執する姿はない。パイが小さくなった時代を生き残るための合理的な経営戦略が貫かれるだけである。

社会主義諸国の崩壊で始まった激動の一九九〇年代、戦闘は、半世紀近く続いた東西冷戦から、湾岸戦争のような地域紛争へと移行し、アジア諸国の台頭、ＥＵの誕生と続いた。こうしたなかで米、欧の航空宇宙メーカーの集約化など劇的な動きが加速したのである。

さらに世界の全産業レベルで起こっているリストラや巨大企業同士の合併、主要産業の世界的再編、そして近年の情報化――ＩＴ（情報技術）革命による産業の変貌が起こり、韓国や台湾、さらに大国である中国の産業化と技術のキャッチアップが急速に進み、日本の産業の空洞化が深刻化しつつある。

ところが、半世紀に一度ともいえる激動の一九九〇年代を迎えても、日本の航空宇宙メーカーの姿はほとんど変わらず、局面を打開するこれといった経営戦略も打ち出せないまま今日にいたっている。航空機産業の総売り上げの六割を占める防衛需要では、防衛庁調達本部の発注にからむ不正事件に見られるように、時代錯誤の〝親方日の丸〟そのものに安住する官民一体の高コスト体質を露呈させている。

その一方、大手機体メーカーやジェットエンジン・メーカーの母体は総合重工業メーカーであるが、かつての稼ぎ頭であった造船やプラント、ボイラー、鉄構物、産業機械などが国内の中堅メーカーやアジア新興国の追い上げにあって採算を悪化させ、構造不況業種となりつつあるなか、航空宇宙部門は、防衛需要と官需に支えられて着実に利益をあげ、その結果、全売り上げに占める比重を増してきている。

しかし、少量生産の航空機は、労働集約的な性格をもつため、造船や家電、半導体などと似て、人件費の安い韓国や中国がボーイングの下請けとして力をつけつつあり、背後から足音も聞こえてくる。ことに国土が広い中国は航空輸送が適していて、その発展は最近の著しい経済の拡大と比例している。ボーイングが発表した今後二〇年間における民間機の需要予測では、世界一の伸び率を示すものと見られ、大いに期待されている。それだけに、ボーイングやエアバスは中国を将来の有望市場として位置づけていて、売り込みをしやすくするためにもより緊密な関係を深めようと、日本と同じような下請け生産、そして共同開発事業をより盛んにしようとしている。

日本の航空機産業はいまだに「戦後」

戦略と将来展望なき日本の航空機産業の体質は、湾岸戦争時の資金的協力や、一九九九年に成立したガイドライン法案、二〇〇一年九月のニューヨークでの同時多発テロに端を発して、アフガンに出兵した米軍の後方支援として自衛隊を派遣したことに象徴されるのである。ということは、独立国であり、経済大国でありながら、国防に関しては自立的な姿勢も判断も、国としてのポリシーももち得ず、防衛戦略はすべてアメリカの手にゆだね、無条件で追随してしまう政府の基本姿勢そのものに似ているということである。自主開発と決めていたＦＳＸがアメリカのごり押しで、不本意な日米共同開発となった一九九〇年代以降、その傾向は目を覆うばかりなのである。

アメリカの強要にしたがい、複雑化した新たな防空システムや情報システムの導入を図って、そのシステムの構築に翻弄されている防衛庁だが、それらは自らの頭で考え開発したものではない。いずれも与えられたもので、アメリカのロシア、中国、北朝鮮に対する極東戦略を肩代わりする、あるいは補完する役割が大きいだけに、形だけはもっともらしいシステムができあがるが、内実がともなわず、実はそのために軍事面での空洞化が進行している。

この空洞化は、防衛庁の制服組も含めて官僚化が著しく進んでいるうえに、IT化の急進展にともなう情報集中処理や画像処理などが広く導入されてきて、直接的に手を汚さない戦闘が「現代戦」と喧伝され、想定される地域や部隊の現場が見えにくくなってきている事情も関連している。

そもそも航空宇宙分野の開発事業は巨額を要するうえ、他産業と比べて高いリスクがともなうのは自明であるだけに、民間機開発についていえば、どうしても無駄金になる恐れがあり、その責任を問われかねない財務省としては、予算化に慎重にならざるを得ず、確実性の高いボーイングの下請け的共同開発しか認めてこなかった。経済産業省でも、省内における重点強化の優先順位は低かった。メーカーもまた、政府の手厚い援助がなければ、失敗したときにすべてを背負い込まなければならないため、〝石橋を叩いて〟損をしない経営に徹してきた。また、防衛庁はたえずアメリカの極東戦略に組み込まれた形での、受け身の防衛戦略しか策定してこなかった。

このため、気がつくと日本は、自らの力と頭で時代の局面を切り開いていく戦略もカードももち得ない国になってしまった。その意味で、自立の道を確実に歩みつつあるヨーロッパ諸国とは大きく異なる。ただただ事なかれ主義で決断を先送りし、〝親方日の丸〟の道を歩んできた半世紀にわたるツケが回ってきたのだ。この体制にどっぷり浸かってきただけに、航空機産業の病根は深く、一朝一夕には打開策を見いだすことができない。それだけに、日本の航空機産業（防衛産業）が解決できないまま抱え込んでいる基本的あるいは構造的な問題を、いま一度、明らかにして、解決の方策を検討する必要がある。

二〇〇二年の現在、国内の自動車や電気、通信、産業機械、鉄鋼、造船など、広くさまざまな日本の主要産業を見渡すとき、唯一といっていいほど世界のトップレベルに達していないのが航空機産業といえるだろう。日本の航空機産業だけはなぜか「いまだに戦後である」としかいいようがないのである。そんな姿を不思議に思う人々からたびたび「なぜ日本では航空機産業だけがこうなんですか」と質問を受けるが、それは一般の国民にとっても素朴な疑問であろう。

第一章　ジェットエンジン自主開発路線の挫折

敗戦から戦後へ、航空技術者を再結集

七年の空白期間を経て、航空機生産が再開されようとしたとき、もはやプロペラ機に替わってジェット機が世界の主流となることは自明であった。第二次大戦中に急進展したレシプロエンジンからジェットエンジンへの技術革新が、戦後になって一気に加速したからである。

その間、日本に対する占領政策も一八〇度の方向転換が行われた。敗戦から半月後の昭和二〇年（一九四五年）九月二日、GHQは司令第一号で陸海軍の解体と軍需生産の全面停止、および軍需会社を徹底的に解体する方針を明らかにして実行に移した。次いで、二二日、「降伏後における米国の初期対日方針」を発表して、財閥解体なども含めた「日本の非軍事化と民主化」を推し進め、二四日には、日本国籍の民間飛行機も飛行禁止となった。

ところが、東西冷戦が激化してきた昭和二二年頃からアメリカの対日方針は徐々に転換をし始め、昭和二五年六月二五日に朝鮮戦争が勃発したことで決定的となった。アジアへの共産主義の浸透を食い止めるために「反共の砦」として日本を位置付け、軍需（軍用機）生産を復活させて再軍備へと向かう「逆コース」の道を突き進むことになったのである。

昭和二五年八月には警察予備隊が創設され、のちにこれを保安隊と改称し、昭和二九年六月には、さらに発展的に改組した防衛庁が創設されて、陸、海、空の三軍方式による自衛隊が発足した。まったく装備も技術もない自衛隊に対して、アメリカは米軍機の支給や技術支援などによって早急な育成を図ろうとした。

「待ちに待ったはじめての本格的なジェット戦闘機F86（米ノースアメリカン社製）を手がけられる」「ア

メリカのＴ33ジェット練習機（米ロッキード社製）を実際に作ることができる」

昭和三〇年一月、これら二機種のライセンス生産が決まった三菱と川崎の技術者らは胸をときめかしていた。当初は技術力や生産設備も整っていないため、部品を輸入して組み立てるノックダウン生産から始めて、次第に国産化率を上げていくことになった。

昭和三二年四月の日米第三次協定によってＦ86が最終的には合計三〇〇機、Ｔ33が二一〇機、生産されることになった。国産化率は次第に高まって、最終的にはそれぞれ六〇パーセント、六五パーセントとなる。

Ｆ86を生産した三菱航空機名古屋製作所の当時の機体設計課長だった東條輝雄は、インタビューに答えて次のように振り返る。

「私たちが手がけたのはノースアメリカン社製のＦ86でしたが、戦前となにが違っていたかといわれると、理論面での空気力学や材料力学が変わるというわけではない。でも、アメリカのメーカーの設計手法や工作法、それに品質管理などについてはまるっきり異質なやり方だった。一〇年の空白を一日も早く埋めて追いつこうと、みんな意欲を燃やしたので、活気に満ちあふれていました」

東條も主要メンバーの一人だった零戦の開発では、主任設計者の堀越二郎以下、二〇人程度の陣容で可能だったが、そんな時代とは大違いであった。航空機は精密化、複雑化していて高い信頼性が要求され、開発費も桁違いに巨額化していて隔世の感があった。

ちなみに、東條は東條英機の次男で、昭和一二年に東京大学航空学科を卒業し、堀越二郎のもとにあって零戦を設計した。その後、戦時中にかけては設計主務者となってリーダーシップをとり、陸軍の大型機である四式重爆撃機キ67「飛龍」やキ67を輸送機にしたキ97中型輸送機、特殊な防空戦闘機キ１０

9などを設計した。
東條は戦後の航空禁止の時代には、神奈川県にある旧三菱重工の川崎機器製作所で、主に自動車の設計を手がけていたが、航空解禁となって、全国の事業所に散らばっていた他の航空技術者と同様に、昭和二九年夏、名古屋製作所に再結集することができたのだった。

戦前の日本とは雲泥の差

一方、戦前は航空機生産で三菱と互角に渡りあって業界を二分していた中島飛行機は、軍用航空機の専業メーカーであったため、総合重工業メーカーである三菱重工のように造船や産業機械、橋梁、ボイラー、プラント、発電設備などの部門を有しておらず、敗戦で航空禁止となったとき、業種転換を図ったが、維持できる人員はかなり少なかった。そのため、三菱と比べて航空関係の人材を散逸させてしまった。

残った技術者らは分割された企業でゼロから出発して試行錯誤を重ね、ナベやカマといった日用品の生産から始めて、次第に高度な工業製品へと移行していった。国内に持ち込まれた欧米の製品を真似して製作し、自転車やタイプライター、ミシン、スクーター、船舶用エンジン、自動車、バス、電車、繊維機械など、さまざまな製品を生産し始めることになる。

「武士の商法」とはいえ、彼らは優秀な技術者だけに、それぞれが手がけた製品はまたたくまに実用化に成功した。だが、兵器開発に特有の性能第一主義のやり方が身についてしまっているだけに、コスト的には問題が多かった。航空再開の頃には、これら製品の生産・販売も軌道に乗りつつある段階で、GHQにより一二社に分割された旧中島飛行機を再び合同させて、今日の自動車メーカーである富士重工を築き上げたわけである。

　念願の航空機に手を染めることができると意気込んだ技術者たちだったが、東條の述懐にもあるように、品質管理や量産の考え方、部品の標準化や体系化された各種のスペック（規格）、そしてマニュアル類の充実ぶりには目をみはるばかりだった。

　さらに、旧三菱や旧中島飛行機より規模においても人材においても下回った旧川崎航空機は、敗戦後、航空機の再開は難しいと判断して解散することも視野に入れていたため、多くの人材が散逸した。航空再開時には技術者を再び集めたが、かなり見劣りするものだった。

　また新明和興業（のちに新明和工業）に改称した旧川西航空機は川崎よりもさらに人、設備ともに貧弱だった。

　だが、こうした日米航空機メーカーの圧倒的な格差を、戦前の航空機技術者は頭では認識しつつも、もう一方ではひそかに、「われわれ技術者も、戦時中のようながんばりを見せれば、なんとかなるのではないか」と思っていた。

　戦前の名機といわれた零戦や「二式大艇」「紫電改」「九七戦」「九六艦戦」「隼」「飛燕」「百式司令部偵察機」「彩雲」「疾風」などを作り上げた彼ら技術者は、まだ三〇代終わりから五〇歳そこそこであって、まだまだ情熱とエネルギーが十分に残っていた。最初から負け犬のごとく諦めてしまうわけにはいかなかった。

　この頃ともなると、航空解禁の空気のなかで、戦前、人気の高かった航空雑誌が次々と復刊あるいは創刊され、それまで禁じられていた戦中の日本軍機に関する記事が自由に書けるようになって、ことさらその優秀性を書き立てて読者の興味を買っていた。

その筆頭はなんといっても三菱重工の堀越二郎が設計した零戦だった。無敵を誇った太平洋戦争前期の時代に零戦とドッグファイトを演じた米軍のパイロットたちが、口々に零戦の優秀性を絶賛したり、敗戦直後、川西航空機の菊原静男が設計した「紫電改」がアメリカに持ち帰られて、米軍機と模擬空戦を行うと、どれよりも上回っていたといった情報などが伝えられた。また、中島飛行機の内藤子生が設計し、時速六五三キロを記録した超軽量小型の艦上偵察機「彩雲」が偵察飛行中に「われに追いつくグラマンなし」と打電したことが伝えられたりした。

このほかにも、似たような日本軍機を絶賛する記事が頻繁に登場し、当時の設計者の自宅には編集者が次々と押し掛けて、開発物語を聞き取っていった。そのなかには、雑誌を売らんがためのかなり脚色した自画自賛の記事も少なくなかった。兵器として、あるいは軍用機全体としてのバランスの悪さや弱点は伏せられて、際立っている一部の性能だけが強調されたりする手前味噌な記事もしばしば見受けられたが、設計者や製作や整備に携わった関係者、パイロットたちは悪い気持ちはしなかった。

戦前は三六五日体制で航空機作りに全力投球した人たちは、そのあとにやってきた航空禁止の七年間、専門の航空機は取り上げられ、陸に上がった河童となり、敗戦による虚脱感と合わせて、気持ちのもって行き場のない日々を送っていた。

それだけではない。飛行機ファンは別としても、国民の一般的な認識としては、前近代的で後れた日本の科学技術や品質管理、大量生産思想のなさが、進んだアメリカの科学技術と物量作戦の前に敗れたのであり、航空機技術もその例に洩れない。だから、日本はこの反省に立って、戦後は科学技術の発展に全力をあげなければならない。

そんな国民の冷たい視線も強く意識しながらの海軍の航空技術者たちの手になる『機密兵器の全貌

——わが軍事科学技術の真相と反省（Ⅱ）』では、自らの思いを以下のように吐露している。

「科学者の、時には生命までも焼き尽くさねばならない、高度の科学研究の夫々《それぞれ》の成果が、近代戦争の勝敗の運命を決する重要な鍵であるにも拘《かか》わらず、戦争そのものは、なんと無謀と侵略を夢見る人たちの手によって、無残にも粗雑に、時には恫喝《どうかつ》と暴力とを以てしてまで推し進められ、その挙句、一敗地にまみれては、『稚拙だったわが戦時科学技術』の汚名の下に、一切の技術の成果は暗から闇に押し流され、国民の大多数はこれをすら顧みることさえしなくなってしまう。だが一体、そのままで良いのだろうか」


航空解禁となったそのときもなお、大国アメリカに伍して名機を作ってきたという自負とともに、無念の思いも強く残り、かつての「見果てぬ夢」がくすぶっていた。

「たとえアメリカと同水準の最新鋭のジェット機開発は無理としても、ほどほどのレベルのものならわれわれの経験と能力でなんとかなるのではないか。いや、世界がジェット機時代に入っているいま、かつて航空機を手がけていた自分たち、航空技術者がなんとかしなければ、日本の航空機生産は永遠に失われてしまうかもしれない。いまならまだ間に合う」


この時期、程度の差こそあれ、こんな気負いに似た意気込みが、このあと各社でリーダーシップを握るかつての航空技術者には強かった。

航空技術者の悔しさ

さらに、あからさまには口にしないものの、戦時中に体験した無念の思いがあった。

絶対的な権力を握る陸海軍の参謀クラスの横暴さが目立ち、強い権限をもちつつも技術に疎い軍の用兵側が、航空機開発の現実を理解しないまま、無計画な思いつきで九〇の型式と一六四もの変種機を設計させ、作らせた。それによって技術者は振り回されて大変な消耗を強いられた。このため、メーカー側の技術者らは、そんな陸海軍の用兵側を「モデル狂」と皮肉っていた。

その結果、日米開戦以降、零戦の次の世代にあたる、性能をアップした数多くの新鋭機を試作したにもかかわらず、まともに量産されたものはほとんどなかった。三菱航空機の社長だった岡野保次郎は述べている。

「もともと量的にも質的にも不足していた技術者を小さな貧弱なグループに分割せざるを得なかった。その結果、設計と生産に支障をきたし戦局の要求に応じることができなかった」

硬直化した軍が、生産現場に対して、技術的に筋の通らない、理にかなわない浅知恵や気まぐれで無謀な要求を次々と突きつけたり、陸海軍が原材料の奪い合いをして、体制が脆弱な生産ラインをなおさら混乱させ、品質も生産性も低下させていた。

しかも、陸海軍の官僚化した狭量なセクショナリズムや確執、面子争いから反目しあって歩み寄りがなかった。陸海軍はお互いの手の内を知られたくないとして、どこの航空機およびエンジンメーカーに対しても、一つの工場をわざわざ両軍の二つに分けることも要求し、さらに高い塀でそれぞれを囲い、入口の門も別々にさせた。ところが、両工場の生産ラインに流される、たとえばエンジンなどは同一設計で、搭載される機体に応じて取り付け部分を、陸軍用と海軍用によって多少違えているだけなので、ほぼ同じものが、別々に生産されるといった、生産効率を著しく落とす愚かしい姿があった。メーカーの技術者にすれば、吹き出したくなるような実態だった。陸海軍にとって共通の敵であるアメリカと戦う以前に、仲間内で足を引っ張りあって国全体としての生産効率を落としていたのである。

三菱航空機名古屋の機体工場の責任者であった守屋学治は当時をこう振り返っている。

「陸軍と海軍の仲が悪くて、三菱は両方をやっていたので、所長は板ばさみになっていつも大変苦労したものです。工場内も陸と海の交流はまったくなく、生産形態もまったく別々でした」

こうした姿は、戦後の航空機行政において見られた通産省、運輸省（現在は国土交通省）、防衛庁の主導権争いやエゴ、面子の張りあいや足の引っ張りあい、官僚体質からくる二重行政と似ていて、結局は、航空機産業を育成するうえでマイナスに働いている。

そんな非効率的な体制だっただけに、技術者や生産現場はより必死になってがんばることになるのだが、戦後、日本の戦時体制や爆撃の効果を調査した米戦略爆撃調査団に関係したジェローム・コーエンはこう述べている。

「日本は欧米に伍していくだけの研究能力も、素材も、技術もなかった。（中略）航空機産業に携わる人間が航空機操作の伝統や訓練をまったく欠いていた点を考えれば、日本の航空機産業がこれだけのレベルに到達したということは驚きである」

航空技術者にすれば、こうした理不尽で劣悪な条件下にあって、知恵を絞り出し、ときには体を壊すまで奮闘したにもかかわらず、その努力が有効には生かされなかった。しかも、日本の敗戦の要因が航空技術者の非力にあったと決めつけられ、さらには戦争の片棒を担いだ当事者としても批判され、悔しさのもって行き所がなく、後味の悪い思いを倍加させて歯噛みしたのだった。

ジェットエンジンをものにする

財閥解体で分散した旧中島飛行機の一つ、大宮富士工業（のちに富士重工に合同）には、戦前、百式重爆撃機キ49などを設計した渋谷巌がいた。渋谷は東條や内藤、高山捷一などと同期で、秀才を多く輩出した年といわれる昭和一二年に東京大学航空学科を卒業した「花の十二年組」の一人で、このとき設計部長だった。

渋谷はインタビューに答えて次のように述べている。

「後れてしまっている日本の技術水準を引き上げるためにも、総合的な技術を必要とする精密なジェットエンジンの開発は重要だし、ぜひともわれわれの手でやりたいと思った。戦前の中島時代に航空機に手を染めたものとしては、会社の利益を度外視してもこれを進んでやるべきだという意気込みでした」

もともと渋谷は機体屋であって、エンジン屋ではない。戦前の主流であったプロペラ機と戦後の主流となってきたジェット機との大きな違いは、なんといってもエンジンである。プロペラ機は往復運動を原理とするピストンエンジンでプロペラを回して飛ぶが、ジェット機は回転運動による高速ジェット噴射の燃焼ガスでもって飛ぶ。そのため、構造も、機構も、ポイントとなる技術もまるっきり違っていた。

ジェットエンジンは終戦間際に、陸海軍およびその委託を受けた航空機メーカー各社が、数種を手がけたが、実際に初飛行にまでこぎつけることができたのは、海軍の永野治技術少佐らが中心となって海軍航空技術廠が開発したネ20だけだった。それだけに、各社のジェットエンジン技術は無きに等しかった。

「日本がジェット機時代に追いつくには、まずジェットエンジンをものにしなければ話にならない」

渋谷は機体屋ではあったが、こうした認識のもとにジェットエンジン開発の必要性を強調し、旧中島飛行機のエンジン部門だった富士精密工業の協力を得て、昭和二八年に入ると、いち早く通産省の補助金三二〇〇万円をもらってスタートさせたのだった。

そして、欧米の文献を研究し、また米極東空軍から得た情報などを総合して、昭和二九年の末には、小型のＪＯ１と呼ぶジェットエンジンをまたたくまに開発したのである。敗戦からわずか一〇年、航空解禁から三年もたたず、しかも技術も情報も乏しいなかでの開発だけに、快挙といえたが、あくまで地上で運転してみせる試作品でしかなく、機体に搭載して飛ばす水準にまではいたらなかった。

そんな体験から渋谷は語っている。

「ジェットエンジンを作るということはそんなに生易しいものではない。本格的に取り組むなら、膨大な国の補助と強力な組織をもたないと、とてもじゃないが、ものになる代物ではない大事業だということを痛感しました」

日本ジェットエンジン社の創設

ところが、取り組みの時期に差はあれ、富士重工と同じようにジェットエンジンの将来性に目を付けて開発に乗り出そうとするメーカーは多く、航空解禁とともに、石川島重工など各社が開発計画を立案しつつあった。そして、大宮富士重工と同じように、通産省が立てた航空機産業の育成計画にのっとって、助成金の申請をしたのだった。

通産省は昭和二七年一一月、すでに国会で成立をみた航空機製造法が施行されると、九月に設置されていた航空機生産審議会に対して、「我が国航空機工業の再建振興方策について」の諮問第一号を出していた。これに基づき、翌二八年六月、審議会から、航空機産業を育成するための数々の内容を盛り込んだ答申が提出され、そのなかの重要な案件として、「ジェットエンジン試作研究に関する特別措置」があり、次のような要望が含まれていた。

「全額または一部政府出資の、ジェットエンジン試作機関を設立し、外国技術の導入により、急速に必要な技術の培養確立を図ること、諸般の情勢に照らし有効適切、且《か》つ経済的な手段と考えられるので、その実現について速やかに研究せられたい」

各社からジェットエンジン開発の申請を持ち込まれた通産省は、これでは、ただでさえ少ない助成金が分散されて、実現が望めないとして、各社が共同出資して会社を作るよう指導した。これにより、昭和二八年七月、富士重工、新三菱重工、石川島重工、富士精密（旧中島飛行機から分社）の四社が共同出資した日本ジェットエンジン株式会社（ＮＪＥ）が発足した。資本金は一億六〇〇〇万円で、各社から出向してきた従業員らの数は最盛期に一八〇人を数えた。世代からして、部長以上の役職者はほぼ戦前の航空技術者であった。部品は各社の工場を使って作り、ＮＪＥとしての事務所も確保した。

ここで注目しておきたいことは、ＮＪＥが天下りを迎えなかったことだ。ＮＪＥのように通産省の補助金を念頭に置き、さらには防衛庁からの発注を期待しつつ設立した会社の場合には、通産省ＯＢや防衛庁に顔が利く役人を役員に迎えるのが常識であったが、そうはしなかった。

ＮＪＥを構成する各社はいずれも、戦中に軍部の横暴でメーカーが言いなりにならざるを得ず、さんざん苦労させられ、非合理な要求に振り回された経験があったため、そのようなことは二度と繰り返したくないとの思いが強くあったからだ。

各社が寄り集まって設立するＮＪＥの形態は、その一七年前にイギリスで設立されたジェットエンジン会社のパワージェット社がモデルになっていた。ジェットエンジンの特許をもつフランク・ホイットルが、世界で最初に本格的なジェットエンジンの開発を行おうと、出資者を募って設立した会社で、いまでいうベンチャー企業だった。

ところで、このＮＪＥに関しては少し詳しく触れる必要がある。それは、ジェットエンジンがジェット機時代の要であるからだけではない。日本としていかに航空機事業を発展させていけばよいか、その試金石として、航空再開後、はじめて旧航空機・エンジンメーカーが結集して興した会社であり、取り組んだ最初の開発プロジェクトであるからだ。

もしこのＮＪＥの事業が成功していれば、世界から遅れてスタートした日本の航空機製造ではあるが、かなりの可能性を宿すことになっていたはずだ。その意味で、きわめて重要なプロジェクトでもあったのだ。

ともあれ、ＪＯ１を富士重工から引き継いで、トラブルを重ねながらも、運転、実験を進めて、そのかたわらで新たなエンジンの開発計画を練った。Ｊ１と名付けられた新エンジンの計画はＪＯ１のほぼ四倍のパワーとなる推力三トンを目指し、暗黙ながら、通産省から一〇億円程度の助成を期待できるものとの感触を得て計画が進められた。その舞台裏はというと、通産省の担当者が「先に各社共同で会社を設立し、モノを作り始めて既成事実を作っておけば、大蔵省の予算の承認も下りやすい」とけしかけていたのだった。ところが一転して、助成が実現しなくなってしまった。

通産省の空手形

航空解禁からまもない頃には、「ジェットエンジン工業の育成こそ、日本の航空機工業を発展させるためには不可欠」として、大きな目標に掲げ、意気込んだ通産省だが、大蔵省の予算承認の壁は破れず、また、それを打ち破るほどの情熱はもちあわせていなかった。さらには、欧米におけるジェットエンジン開発の実状を知るにつけ、躊躇し始めて、見方を変えてきた。

ならば、先の「ジェットエンジン試作研究に関する特別措置」での答申にあった「外国技術の導入により、急速に必要な技術の培養確立を図ること」にも謳ったアメリカ製のエンジンをライセンス生産したほうが無難で、しかもすぐ実用に供することができると判断したのだった。

NJEはすでに発足して事務所や工場を確保し、大勢の人間が各社から出向してきて作業も進めてきた。「外国技術の導入」ではなく、それより金のかかる国産のジェットエンジンを自分たちの手で開発すると決めて進んでいた。ところが、もっとも当てにしていた補助金は出資されないことが決まったのである。彼らは通産省に裏切られ、「屋根に登ったが、梯子を外されてしまった」と嘆いた。また「通産の空手形」と批判した。

航空解禁とともに通産省が掲げたジェットエンジン工業の育成政策は、すでにジェット機時代に入っていた世界の主要国から、「これ以上、置いてきぼりを食わないため、ぜひとも日本も取り組まねばならない」とする決意のもとに生まれたものだった。

だがこの時点で、通産省は、ジェットエンジン工業がどんなものか、ほとんど知り得ていなかったのである。やがて欧米での実状がわかってくると、「これは一筋縄ではいかない、きわめて高度で難しい工業だ。ましてや、三トンクラスともなるとなおさら危ういし、事業に必要な資金は相当な額になる」と判断した。直接的には大蔵省が予算を承認しなかったことがあるにしても、失敗した場合には責任が問われることになる。それを恐れて、逃げ腰になったのだった。

戦後の航空機政策を振り返ると、このように場当たり的で、一貫性を欠いた政府・通産省の決定が重要な局面で何度も見受けられ、日本の航空機産業を発展させるうえで足を引っ張り、このことが大きな影を落としていることがわかる。航空機産業の育成は、それこそ「百年の計」で臨まなければならない事業だけに、通産省の政策は勢いをそぐこととなり、今日の低迷をもたらす原因となっていることは否めない。

世界各国でジェットエンジンの開発が進められ、生産も盛んに行われている。永野や渋谷からすれば、「戦前は大した航空機も作っていなかったスウェーデンやカナダまでがすでに推力が一・三六トンクラスのジェットエンジンを自力で開発し、先の米製F86に搭載して実際に飛ばし、生産に移行している。日本は、少なくとも戦前は、ネ20を搭載した『橘花』を、独、英に次いで自力で飛ばしたではないか」といった思いが強かった。

簡単ではないにしても、日本にできないことはない。ジェット機時代の到来は必然であって、将来を見据えれば絶対にやるべきだ。いま着手しなければ、ただでさえ、七年の空白で置いてきぼりを食っているのが、さらに引き離されて取り返しがつかなくなる――そのような考えから、NJEを発足させたのだった。

ジェット練習機T1用のエンジン

通産省の突然の心変わりのために、NJEはお先真っ暗となって、苦渋の方針転換をせざるを得なくなった。ジェットエンジンは将来性があるとはいえ、当時はまだ日本の高度成長時代にはほど遠く、資金繰りの厳しいこの時代の親会社がNJEに出資できる金額は限られている。

このため、計画は二転、三転し、本来ならば、より大型の実用性を狙った次期エンジンを試作すべきだが、身の程をわきまえて、最初に手がけたJO1と同じクラスにとどまるJ1を小型にした高性能エンジンを目指す選択をして開発費を抑えざるを得なかった。「日本にもジェットエンジン工業を」との将来に向けた夢を抱きながらスタートさせたＮＪＥだったが、発足からわずか一年で大きくつまずき、早くも事業は後退することになった。

そんな折、新三菱重工の堀越二郎が防衛庁航空幕僚監部の高山捷一二等空佐からの情報をもたらした。

「防衛庁が一トン余クラス（推力）のエンジンを搭載するジェット練習機を計画している」

この頃、防衛庁には旧陸海軍の技術者やパイロットが採用されていた。彼らは戦前、日本の軍用機が油漏れやエンジンの焼き付きなど頻繁に故障していたのにさんざん悩まされた体験をもっていて、それが当たり前と思い込んでいた。ところが、米軍の教育指導で触れたＦ86やＴ33などは故障しないので感心し、米軍機にぞっこん惚れ込むパイロットが多かった。このため、ＮＪＥが作ろうとするジェットエンジンや富士重工が受注して国産開発することになるこの初等ジェット練習機を嫌う傾向もあって、米軍機の導入を望む意見も強かった。

それに、自衛隊を援助・指導する米軍の幹部らは、米軍用機メーカーと深く結びついていて、盛んに米製軍用機を推奨したり、また圧力をかけてきた。資金や機材、さらには人的な面も含めてなにからなにまでアメリカの援助で装備を整え、体制作りをしてきた防衛庁だけに、その組織の頂点に立つ内局の文官たちは受け身の姿勢に終始していて、米軍の意向に反する方針は打ち出さない空気だった。

そんななかにあって、「国防の将来を見据え、非常時における武器の確保なども考慮して、軍用機は国内調達が基本である。必要以上に米軍に頼るのは好ましくない」と一貫して主張する高山は、防衛庁にあって、日本の軍用機開発に指導性を発揮した制服組の急先鋒でもあった。

ところで高山は、防衛庁にとって最初の国産開発となるＴ１を担当し、国産のジェットエンジンを搭載することも決めて指導する役割だっただけに、ＮＪＥにとっても大きな意味をもつ重要な人物だった。

そればかりか、以後に続く昭和三〇年代から四〇年代にかけて、防衛庁がもっとも意欲的に国産開発を推し進めた時代、第二章で取り上げるP2J対潜哨戒機、PS1対潜哨戒機、T2高等練習機、F1支援戦闘機など一連の国産機の開発を先頭に立って牽引した航空技術者である。

また高山は、元海軍航空本部の技術少佐で、まだ形も整っていなかった防衛庁の軍用機の導入あるいは国産開発の方式はいかにあるべきかを打ち出して制度として確立し、その基礎を形作った元技術将校である。それだけでなく、防衛産業としての航空機産業をより発展させて自立の道を歩むためには、いかなる路線を選ぶべきかをつねに主張し続け、のちに防衛庁の技術研究本部技術開発官や航空幕僚の空将を務めることになる人物だけに、その人となりについて紹介しておく必要がある。

それとあわせて、防衛庁における軍用機の導入や開発のシステムがどうなっているのかも、T1の例を通して紹介しておく必要があろう。

零戦を担当した元海軍技術士官

高山は、昭和一二年、東京大学航空学科を卒業して海軍に入り、海軍航空技術廠や航空本部、軍需省航空兵器総局などを歴任して、技術士官として新鋭機の開発にあたるだけでなく、軍用機の装備計画や生産行政の全般についても経験した。その間、開発段階にあった零戦や爆撃機「銀河」などの指導審査を担当した。いわば、欧米から大きく後れていた戦前日本の航空技術が急速に発展し、少なくとも性能面では追いついたといわれる、もっとも華々しかった良き時代に、海軍機の開発全般を担当していた中枢の航空技術者である。

先の永野もやはり海軍の航空技術廠や航空本部でエンジンを担当してきたが、三年後輩となる高山は機体が専門で、両者は同じ機種を担当することも多く、なかでも試作段階にあった零戦のお守り役として、昭和一五年夏、ともに中国大陸に出張を命じられてトラブル対策にあたった。

このとき、零戦は初陣を果たし、その大戦果はのちのちまで語り継がれることになる。長い航続距離を有する零戦の試作機一三機が重慶に進出して、中国軍が配備する諸外国の戦闘機二七機を相手に華々しい活躍を演じて全機を撃墜し、自陣は四機が軽く被弾した程度で全機が帰還した。

その報を知った海軍首脳は、この新しい試作機が実証して見せた空戦性の優秀さに歓喜して、空軍力に自信を深め、一年余ののちに迫る日米開戦までその存在と性能を隠して温存するのである。

昭和一六年一二月の開戦後、零戦は、しばらく敵なしの圧倒的強さを発揮するが、こうした体験と自信が、その後の高山の国防に対する考え方や抑止力に対する基本認識を形作っていた。

「兵器の質の高さが抑止力の大きさに比例するのです。だから、優秀な独自の兵器を国産開発して、技術、性能においてつねに質的優位を維持し続けることで、抑止力を高めて有効な防衛力を保持するのが基本です。零戦が諸外国から輸入した中国軍の全機を撃ち落とした例が、質的優位を維持することがいかに有効であるかを示した典型例といえるでしょう」

昭和二九年一〇月、高山は、発足まもない防衛庁に入り、航空自衛隊二等空佐に任命され、翌月には航空幕僚監部（空幕）装備部技術第一課勤務となった。翌三〇年一月には、まだ組織として形を成さず、職員数もわずかな防衛庁技術研究所（技研　昭和三三年に技術研究本部に改称）を兼務することを命じられ、T1の開発を主導することになった。

現在、高山は八七歳で、もちろん現役を退いているが、学生時代にボートや柔道で鍛えたせいか、いまなお矍鑠《かくしゃく》としていて年をまったく感じさせないほど若々しい。いまも技本などには顔を出して、若い世代とやりとりし、アドバイスもしている。制服組の急先鋒となると、勇ましい言動ばかりを想像しがちだが、高齢になっても、世界でもっとも権威のある航空・軍事・宇宙関係の雑誌「アビエイションウイーク&スペーステクノロジーズ」の重要と思える記事を翻訳して若い防衛庁関係者に配布するといった地道な作業を自ら買って出てきた。一方、社団法人「日本航空宇宙工業会」の顧問も長く務めてきた。

なにかと時の政治状況やマスコミからの批判、あるいはアメリカからの強い干渉、さらには自らの組織の論理で主張や姿勢がしばしばふらつき、方針を曖昧にしがちな防衛庁にあって、歯に衣を着せぬ言動とその一貫した姿勢は、若い技官たちから大きな信頼と尊敬を受けている航空技術者でもある。

だがそんな高山も、「せっかくつけてきた国産開発の道筋も、最近ではだんだんに薄れてきて、軍用機、民間機ともだいぶ外れてきた」とつぶやく。

防衛庁入りした動機は、大阪アルミに勤めていたとき、「設立された防衛庁は戦闘機と練習機が主体だと知り、私は海軍時代にこの両機を主にやってきたから、これはどうしても入らなければいかんと思ったし、海軍時代の先輩（上官の技術武官）たちがみんな入っているだろうとも思ったので、案内書がきたとき、すぐに出した」という。と同時に、「民間企業は民間企業であり、やっぱり飛行機の仕事がやりたかった」と正直に語る。

華やかなりし戦前の航空機全盛の時代を全力で駆け抜けた強烈な体験が体に染み込んでいる、根っからの飛行機屋であり、筋金入りの海軍航空技術者である。

抑止力のある防衛力

ところがいざ防衛庁に入ってみると、先輩たちはおらず、いちばんに駆けつけたようなものだった。

その当時を、高山はこう述懐する。

「上に誰もいなくて仕事がやりにくいので、あとから元海軍の技術武官の永盛義夫さん、野邑末次さん、鈴木順二郎さんらを特別採用してもらい、加えて、バランスをとるうえでも元陸軍の技術武官三人も採用されて、これで仕事がやりやすい体制となった」

このように、旧海軍の上官にあたる航空技術武官や同僚らを誘って体制固めをしたのであるが、高山を含めて、いずれも東京大学航空学科卒業のエリートであった。

防衛庁に入った高山が、旧海軍での経験をもとに、初期の段階から強調し続けてきた、「抑止力をもつ防衛力」とは次のような認識でもあった。

「外国機を導入してライセンス生産するほうが安上がりだという考え方がありますが、これではすでにハードウエアとしての兵器の中身がわかってしまっていて、手の内が相手に知られているということなので、金をかけた割には値打ちが下がってしまい、有効性をもたない。もっと相手がすくむような、抑止力をもった兵器であるためには、やはり、手の内が知られない国内開発の兵器であることを基本方針とすべきです。そのためには、開発、生産能力もつねに向上させ、維持し続けることが必要なのです」

高山は、開発予算を獲得するとき、事あるごとに大蔵省や通産省の担当官相手に、軍事力の概念を、素人にもわかりやすいように、水に浮かぶ氷山を描いた一枚の図で表現して力説した。

水面上に出ているわずかな部分が、ハードウエアとしての軍用機そのものとパイロットと整備員の力量である。水面下に隠れていて、つねに支えているのが、整備・補給能力などの水準で、さらにその下部に生産能力としての航空機産業の工業力があり、さらにその下の基礎には防衛庁や民間企業の研究開発能力があるというものだ。軍事力、国防力とはこれらすべてを含めたものであると主張する。

「だからといって、なにもかも国産でなければいかんというわけではないのです。大事なものだけは国産でやって技術を育て上げ、温存していくのが大事です。また、大計画を進める場合には、すぐには追いつかないですから、導入も必要です。おいおいチャンスを見ては国産に切り替えていく現実的な考え方をもっていれば、将来の姿もだいぶ違ってくるのです。とにかく、いざというとき、外国依存が許されなくなったときにお手上げになるような導入の仕方はだめなのです。そういう気持ちでこれまで仕事をしてきたつもりです」

高山にいわせると、昭和二九年頃から始まった防衛庁の装備計画は、ゼロからスタートするのだから、F86、T33などの旧式機で十分事足りたという。それに、アメリカも日本を全面的にバックアップして強くし、友好国としてある程度の軍事力をつけさせようとの方針もあって、ライセンス料もきわめて安かった。だから、かなり経済的でありながらも、相応の防衛力をそろえることができた。

そのことを踏まえつつも、はじめてジェット機に乗ることになる自衛隊のパイロットの訓練体系では、段階的に練習機を乗りこなしていって、最後にマッハに迫るF86戦闘機にまで達することになるが、そのための教育訓練用として、高等練習機T33の前段階に日本初のジェット練習機T1を位置づける必要があり、その開発を決定したのだった。

T1の設計プロポーザル

防衛庁が兵器を自主開発するときのシステムは原則として、まず、使う側の陸海空の自衛隊から、「こうした兵器が欲しい」という要求が出されてスタートするが、この内容は、各自衛隊の組織の中枢となる幕僚監部の装備部（あるいは技術部）で調査検討されて、将来の装備計画に基づいて作り上げられる。このあと、T1ならばまず、航空自衛隊の幕僚長がこの要求となるオペレーショナル・リクアイアメント（作戦上の必要性）を、東京・目黒にある防衛庁の研究部門の技本に提出する。

この要求が果たして実現可能かどうかを、日本の技術開発能力や外国の現状などから、技本の各専門の研究者が検討するフィージビリティ・スタディ（事前調査）を行い、各自衛隊と双方でやりとりがされて、より現実的で開発可能な水準に煮詰めていくため、妥協やさらなる性能の引き上げがなされたりする。

一方、防衛庁の長官官房には装備品の調達や補給などを行う「内局」の装備局があって、研究開発については開発計画官が全体の取りまとめ役となっている。だが、T1を自主開発する頃は、こうした開発のシステムが人材も含めて十分に機能しておらず、高山は要求を出す側の航空幕僚監部と、これを受けて検討する技研の両方を兼ねていた。

要求を作るに際しては、防衛庁側だけで一方的に決めるのではなく、メーカー側の知恵やノウハウに基づく提案を受けて、突きあわせながら検討していくことになる。昭和三〇年二月、空幕装備部として高山は、新三菱重工、川崎航空機、富士重工、新明和興業の四社を呼んで説明し、ジェット練習機の実現の可能性についてそれぞれに研究を依頼した。

この時点ではじめてT1計画が公式に示されたのだが、各社に与えられた研究のための期間はたった二週間で、構想した要目表や三面図、概略の計算などの資料が提出され、これらをもとに、防衛庁は来年度に試作費の予算三億円を計上した。

一二月末、装備局は再び四社を呼んで、翌年三月末日までにT1に関する設計提案（プロポーザル）を提出することを求めた。

戦前、各社とも数多くの軍用機を製作してきたとはいえ、本格的なジェット機の設計はほとんどはじめてだけに、苦労させられることになる。特に、各社の設計者を悩ませたのは制限マッハ〇・八五の値だった。この速度領域はちょうど衝撃波が発生しやすいだけに、この悪影響を避けようとすると、常識的には翼は極端に薄くして空気の抵抗を少なくし、しかも、これまでにほとんど経験のないジェット機特有の後退翼の採用も視野に入れなければならない。ところが、そのためのノウハウをもち得ておらず、ほとんど外国の文献を頼りに机上の計算による手探りで設計を進めていくしかなかった。

期限となり、三菱を除く三社から提出されたプロポーザルをもとに、空幕装備部と技研が検討し、同時に提出された事業計画書は内局航空機課がそれぞれ審議、検討を行った。

T1の主契約者は富士重工

決定を前にした六月、各社の発表会はまず技研で行い、続いて空幕、さらに最後は内局でも行った。高山はそのときの審議過程について解説する。

「決定に関するこの審議の方式は前例になると思われたので、この三部門内でそれぞれ行った。しかも、各社に、変な審査をして自分たちの意向が伝わらなかったという気持ちを起こさせてはいけないので、公平を期するため会議の始まる前に、各社、三〇分ずつ自社のプロポーザルについて説明する機会を設けて、それがすんでから技研が評価した。しかも、評価要素はすべて説明した」

その結果、七月、もっとも評価の高かった富士重工を試作契約者とすることに決定した。「T1F1」と命名された富士重工の案の特徴は、予想とは異なる厚比（翼幅と翼厚の比）一六パーセントの厚翼を採用した日本初の後退翼で、「野心的な設計」だった。

ところで、もっとも力をもっていると見られた三菱だが、実は、プロポーザルを提出はしたが、競争を辞退していたのだった。その内幕を高山は語った。三菱重工の担当責任者である東條輝雄と富士重工の内藤子生を同時に呼んで説得していたのだった。

「三菱も劣らず立派なプロポーザルを出してきたが、私は必ず次の戦闘機は三菱が主力となってやってもらうことにしているし、将来も三菱が中心となってやってもらわないと困るのだから、ここはひとつ富士重工に譲ってほしい」

東條も文句なしに納得し、内藤もいうまでもなかった。高山は振り返る。

「この二人とも、大学時代の同じクラスですから、わかった、わかったということで、すんなりおさまりました。この頃は、技研も空幕も人材がいないし、体制はまったく整っていなかったので、融通も利いたし、技研と空幕装備部の両方を兼ねていた私がほとんど一人でやった。ある意味では大変やりやすかったし、昔の海軍流を持ち込んで、こうでなくちゃいけないと、相当、自分の考え方で進められた」

ちなみにＮＪＥの渋谷巌（富士重工）もまた高山と同じクラスだった。

いまでいえば、馴れあいの決定というべきだが、なにもかもはじめてで、体制らしきものもできておらず、航空機産業（防衛産業）の将来を見据えながら適材適所の交通整理が必要だった。

契約を獲得した富士重工は川崎や新明和と違って、プロポーザルを作るのに、自社に発注されるか否かわからないながらも、自社の負担で木製のモックアップ（実物大模型）を作ってさまざまな角度から研究してその結果を盛り込んでいた。

そればかりか、すでにライセンス生産で製作していた初等練習機メンターＴ34の領収にくる米軍やビーチエアクラフトのパイロット、技術者をつかまえては、いろいろと見てもらい、意見を訊いていた。

パイロットのほうも面白がって、率直に「いい・悪い」をアドバイスし、それを取り入れてプロポーザルを練り上げていったのだった。高山は語る。

「実際にモックアップを作って作成したプロポーザルは運用の面も含めて、川崎などの机上のプランとはかなりの開きがあった。少し金はかかるだろうが、そこまで意欲的な取り組みをした富士重工の内藤らに軍配が上がったというべきだろう」

米軍事顧問団の干渉

防衛庁の体制が不十分ななかでの、日本初のジェット練習機の審査ではあったが、契約企業はすんなり決まった。ところが、この過程で、米軍との間にひと悶着があったことを高山は明かした。

T1の要求性能がほぼまとまった頃、高山は松前房雄防衛部長から促された。

「やっぱり、マーグJ（MAAG-J　米軍事顧問団）には世話になっているんだから、一応、説明に行っといたほうがいいだろう」

もともと高山は、「日本の国の予算で自国の練習機を作るのだから、なんのためにわざわざマーグJまで説明に行かなければならんのか」と思っていただけにわだかまりがあった。それでも、上官の源田実に話すと、「行っとけよ」と諭され、気を取り直した。たしかに、マーグJはアメリカから無償供与されたF86やT33の教官として手伝いに来てくれていたし、航空自衛隊が発足するときにも、機材の面で支援もしてくれたのだからと思いつつ、高山は出かけることにした。

マーグJに着くと、長である大佐クラスをはじめとしてたくさんの教官や技術関係者が出てきた。いったい日本がどんな練習機を計画したのかと、冷やかし半分の彼らを前に、高山はT1の開発計画を説明した。

「パイロットの訓練をするとき、アメリカから供与を受けた系列は、まずメンターＴ34から入ってＴ6、Ｔ33に進み、最後にＦ86へといたる。メンターＴ34は生産されたばかりで、Ｔ33、Ｆ86はジェット機だし、Ｔ6は旧式のプロペラ機だからＴ33との間がどうしても適当ではない。このため、Ｔ34から今回のＴ1にして、そのあと少しＴ33に乗ってあとＦ86にいく系列にする。

　新しい訓練体系を考えると、どうしてもＴ34とＴ33の間にジェット練習機のＴＩが必要になる。外国の訓練系列を調べても、やはりここにもう一つ中間段階のジェット練習機をもってくるのが妥当だと判断して、いま計画を始めようとしている」

　ところが、マーグＪのメンバーは高山の考えを頭から受け付けない姿勢だから、まともに話を聞こうとはせず、もっぱらアメリカがすでに使っている別の米軍機名をあげて推奨した。

「アメリカにはＴ37といういい練習機があるから、それを使ったらどうか」との返答がもっぱらだった。マーグＪはまったく聞く耳をもたず、折りあいがつかないまま、「一応、この件はアメリカ本国の方に回しておく」ということになった。

　これでは話にならんと、高山はいったん引き返すことにした。しかし、半年たっても返事はこず、しびれを切らして、今度は防衛部長とともに正式にマーグＪと空幕との間で会議をもってもらうことにして、再び顔を合わすことになった。だが、ここでもやはり、最初はＴ37を使ったらいいとの話が繰り返された。これでは埒《らち》があかないとみた高山はきっぱりと言い放った。

「あなたがたがＦ86、Ｔ33の機材を供与してくれたり指導をいろいろとしてくれていることは十分に感謝しているが、このＴ1練習機は日本の訓練体系を実施するために日本の予算で開発しようというのだから、それに対してマーグＪがとやかくいう権限はあるのですか。この件とは別じゃないか」

「いや、それはそのとおりで、当然、そういうのはない」

そういいながらも、日本側の考えに賛同するかというとそうではなく、会議はうやむやに終わったが、防衛部長は「向こうも、そういったのでいいだろう」となって、計画どおりＴ１の計画を進めていくことになった。こうした一つの事例を引きあいに出しながら、高山は、マーグＪの態度よりもむしろ防衛庁の体質について指摘する。

「とにかく、防衛庁の偉い人たちは、ことごとくマーグＪの許可を得てからというセリフだった。それが慣習としてできてしまっていた」

高山は最終の会議の前、パーティーなどで何度か顔を合わしていた頭の切れる米大使館のハリントン中佐にこの経緯を話し、意見を訊いていた。すると、「いや、そんな権限はマーグＪにはないし、Ｔ37をどうこうということもない。日本が独自の考えでやればいいことだ。私からも、マーグＪに伝えておくことにする」と理解を示してくれた。

高山はハリントンが事前に電話で連絡を入れてくれていたから、最後の会議がなんとかすんなりいったのだろうと受け止めていた。そんな米軍とのやりとりを振り返りながら高山は述懐する。

「特に最初の頃は、マーグ、マーグでいやな空気もありましたよ……」

アメリカの顔色をうかがう

高山が洩らす日本の防衛力整備計画をめぐっての一つのエピソードをあげたが、アメリカの顔色をうかがうことは、Ｔ１に限らず、あらゆる面にわたっていた。占領政策の延長と、朝鮮特需に替わってとにかく仕事が欲しいと願ったことに応じるようにしてアメリカ側が出してきた再軍備であり、米製軍用機の無償供与およびライセンス生産である。

アメリカ側からすれば、「資金も機材も、人材も提供して、なにもかもが立ち後れている日本の防衛庁を、ゼロから手取り足取りで指導して、早くまともな装備をもつことができるようにして、一日も早く西側陣営の一翼を担う国に仕立てあげてやろう」という思いが全面に出ていたし、また驚くほど親切でもあった。

裏返せば、ジェット機一つもち得ていない日本の防衛庁のいうことなど、子供の浅知恵でしかない。すべてわれわれのいうことをそのまま素直に聞いて、従っていれば効率もいいし、問題も起こらないのだといいたげな、自信満々な態度で、それが当然といった強圧的な姿勢だった。

しかし、問題はこうした米軍側の姿勢というよりも、むしろ、防衛庁側にあった。

防衛庁の上層部は、つねにアメリカの顔色をうかがい、なにもかも米軍におもねるだけであった。アメリカ大陸と違って四方を海に囲まれた四つの島で構成される特殊な地理的条件ももつ日本の防衛をいかに形作っていくかを、自らの頭で考え、生みだしていかなければならないはずである。

防衛庁には、長い物に巻かれろ、あるいは、日本は大国アメリカの意向に添った形でつねに従っていれば問題も起こらないし、事は無難に収まって、それなりに進んでいくとする、なにかにつけてアメリカに依存することを当然とする基本的な姿勢があった。

この傾向は、日本が経済大国となり、防衛力も整ってきて、防衛庁の規模も大きくなり、航空機産業の力も水準も上がってきた、あとの時代になっても弱まることはなく、むしろ逆に、アメリカに依存し、従属を深める姿勢が強まっているとさえいえる。

世界の常識からいえば、自分の国を守ることに関して、その国が自立的に物事を考えて、国としての方針を打ち出すのは当たり前のことである。

なにかと独走しがちなイメージが強い防衛庁の制服組だが、この点に関しては、戦前に実戦を体験してきた気骨のある旧陸海軍の技術士官たちが、かつての経験とノウハウをもとに、防衛庁の空幕技術部門にあって力量を発揮していた時代のほうがまだまともだったといえよう。

高山は強調する。

「『結局、自分の国は自分で守らねばならない。軍事的にも経済的にも一国に依存しすぎると自由がなくなる』という世界の常識をしっかりと受け止めるべきであるし、かつて、南ベトナムを支援していたアメリカが、最後には見捨てて引き揚げてしまった例を出すまでもなく、いつ当てが外れるかもしれない」

いま日本は、アメリカと同盟関係を結んで友好的な関係にあるとはいえ、過去の歴史を振り返って見て、それが永遠に続くかどうかは保証の限りではない。

いまから五十数年前、日本は、理性的に考えれば、国力、技術水準、軍事力のどれ一つをとっても到底勝ち目のないアメリカを相手に、〝鬼畜米英〟で一丸となり、無謀なまでの戦いを正面から挑んだのである。

その歴史的変転を体験し、空軍力としての軍用機を支えてきた元海軍技術者としての高山からすれば、いまは緊密な信頼関係にある日米関係とはいえ、それが今後とも不動で永遠であるかのごとく思い込んで疑うことなく従属する姿勢は、あらゆる不測の事態に備えておく心構えが必要と教える軍事学の基本を忘れているとしか映らないのである。あるいは、国防を預かる資格がないと見ているのかもしれない。

トラブル続きのJ3エンジン

ともあれ、このように戦前を振り返れば、T1に搭載するエンジンを開発する日本ジェットエンジン（NJE）の主要メンバーは、防衛庁の中核をなす技術部門のメンバーと旧知の仲だけに、計画担当者と話し合い、成功すれば搭載してもらうことを暗黙の了解にして、それに合致する推力一・二トンのJ3エンジンを開発することになった。

J3の開発計画のスケジュールもまた機体とほぼ並行して進められ、昭和三〇年五月に「試製ジェット原動機計画要求書（案）」が空幕技術一課によって作成され、同年一二月に庁議で試作が決定されて、昭和三一年三月末に、NJEと試作に関する契約を行った。機体と違ってエンジンはNJEしか試作できるメーカーはないため、競争とはならなかった。

防衛庁でJ3を中心となってまとめたのは中村治光と田中稟三で、並々ならぬ熱意をもって取り組んでいた。

失望から一転、また光が見えてきて気を取り直し、設計、製作は順調に進んだが、昭和三一年一一月から始まった運転試験では、いたるところで重大なトラブルが発生し、さんざんだった。コンプレッサーの羽根が吹き飛んだり、燃焼器、タービン、制御装置なども壊れ、何度も何度も作り直した。故障の多さでは、海外からの技術情報が閉ざされて暗中模索で取り組んだ戦中のネ20とさほど変わらなかった。技術者も音を上げそうになるほど次から次と問題が起こったのだった。

昭和三一年一二月には、一号機の領収運転を終えて防衛庁に納入されたが、問題だらけで手を焼かされた。改良を重ねて、ようやく安心して使えるようになるまでには二年半ほどを費やした。

国産ジェットエンジンＪ３

　Ｊ３を搭載する機体のＴ１Ｆ１は、エンジンより一年早く富士重工で国産開発が始まり、昭和三二年一〇月末に試作機が完成し、翌年一月には英ブリストル製「オルフェース」エンジンを搭載して初飛行に成功した。ほぼスケジュールどおりのわずか一年三ヵ月で試作機を完成させるスピード開発で、旧中島飛行機の面目を保った。ところが、肝心のエンジンがトラブル続きでその完成待ちとなってしまった。

「日本のジェットエンジン工業を育てるためには、この機会を逃しては二度とチャンスはなくなる」

　エンジンが遅れたからといって、すでに決定されている国の防衛計画をあとへとずらすわけにはいかない。もし納期に間に合わなければ、外国製のエンジンを輸入して引き当てられて、Ｊ３は宙に浮いて使い道がなくなる。そうなればＮＪＥは間違いなくつぶれるし、この事業は失敗に終わる。

　Ｔ１Ｆ１の開発は順調に進んでいただけにＮＪＥは焦った。

「なんとしてもＴ１Ｆ１に搭載してもらえるように

間に合わさなければ」

だが、あまりのトラブル続きに防衛庁も「これ以上は待てない」として、「外国製エンジンの導入もやむなし」の決定が下され、英ブリストル社のエンジン「オルフェース」が搭載されることになった。しかし、この決定もある程度は予想されていたのである。

舞台裏としては、機体メーカーの設計提案では、T1F1に搭載するエンジンはJ3であるとされていて、防衛庁から承認もされていたが、その完成は、機体の試作機ができあがるまでにはとても無理であろうと思われていたのである。機体とエンジンの両方とも試作品ならば、両者を組み込んだ状態で試験飛行すると、それぞれで発生するさまざまなトラブルや不確定要素が入り混じって、どちらが原因なのか判別するのが難しくなる場合が出てくる。こうなると、トラブル対策も難しくする場合もあるため、安全策として、すでに量産されて性能が安定している外国製エンジンを積んだという理由もあった。J3の開発はそれほど簡単にはいくまいと見ていたのである。

「やはり日本では、実用に供するジェットエンジンの開発は無理なのか」

そんな空気がNJE内にたちこめた。T1F1の第一期分の二〇機、さらに第二期の二〇機もブリストルのエンジンが搭載された。だが、最後の第三期となる二〇機（TIF1）にはかろうじてJ3が間に合って搭載されることになったのだった。

ジェットエンジンから手を引く各社

こうした問題続きの現状を踏まえつつ、昭和三四年初め、通産省の行政指導であとからNJEに加わった川崎航空機も含めた五社の首脳で話し合いがもたれた。防衛庁が安定調達の観点から、J3の生産

ジェット練習機Ｔ１Ｆ１

を責任が曖昧になりがちなそれまでの寄り合い所帯から一社に集約して、品質も納期もコストも保証していく体制作りを要求してきたこともあったからだ。

　この時点での防衛庁の計画では、少なくともＪ３を今後、五〇基近く発注する予定であったが、これを引き受けるメーカーは、それまでの実状からして、何年にもわたり赤字になることは必至であった。輸入エンジンとの釣りあいから、おのずと納入価格が抑えられていたからである。

　話し合いの結論はこうだった。

「出資五社のうち、ジェットエンジン部品生産に比較的豊富な経験と設備を有し、かつ工場を隣接する石川島重工業株式会社にＪ３の製造権を渡し、これに対してＮＪＥは技術協力を行い、出資各社は製造に協力する」

　五社間でさまざまなやりとりや駆け引きがあったが、単刀直入にいえば、石川島を除く四社はＪ３、そしてジェットエンジンの生産から手を引いたのだった。

さんざんトラブルに悩まされたＪ３の経験から、「ジェットエンジンは難しく、とても日本のメーカーが安易に手を出してなんとかなる代物ではない」と判断したのだった。加えて、「金がかかるし、あまりにリスクが高い。それに、かなり先まで採算がとれそうになかった」からだった。

三菱重工、川崎重工、富士重工、富士精密の四社は、ジェットエンジンはひとまず諦めて、得意とする機体分野に絞り込んで、より力を入れ、利益もあげていこうと決断していた。

三菱重工の守屋学治は述べている。

「戦前は三菱としてエンジンの方が売上で機体より上でしたが、戦後、エンジン事業では石川島播磨重工の後塵を拝していますが、その理由は、戦後日本ではじめてジェットエンジンの共同開発に踏み切り設立された日本ジェットエンジン会社の開発したＪ３エンジンの生産を民間会社に移管する話があったとき、三菱（当時は中日本重工）はＦ86Ｆの生産設備投資で大変な状況にあった。その時ジェットエンジンに対し当時の金で一億円欲しかった。それを土光さんが出すと言ったけれど、三菱は言わなかったからです」（『名航工作部の戦前戦後史』）

もともと川崎は、Ｔ33のエンジンであるＪ33のオーバーホールといった確実な仕事をしていたので、自主開発するＪ３のようなリスクの大きなプロジェクトを敬遠する姿勢だった。

一方、富士精密は、この頃欧米で盛んに喧伝されていた「戦闘機はもう古い、これからの軍備はミサイルである」とする時代風潮のなかで先取りして、ジェットエンジンをやるより、ミサイルおよびロケットに進出すべきだとして、東京大学の糸川英夫とともにロケットの開発に力を入れることになった。

ちなみに、糸川は防衛庁とはいっさい関係をもたない方針だったので、富士精密は東京大学の研究ロケットの生産部門と併立して、防衛需要の部門を設置した。

もちろん、通産省がジェットエンジン事業の補助金を予算化できなかったことも手を引く要因の一つだったことはいうまでもない。

土光敏夫の決断

こうして各社がジェットエンジンから手を引く経営判断を下すなかで、石川島だけがなぜ引き受ける決断を行ったのか。石川島は戦前の実績からしてジェットエンジンと共通する回転体で発電用の蒸気タービンなどを得意としていたし、日本初のネ20を、海軍からの発注で生産していた。それになにより、他社と違って、機体には進出しておらず、もしこのジェットエンジンから手を引けば、航空機分野から完全に撤退することになる。その意味では、今後とも航空分野を手がける意志があるならば選択の余地がなかった。

このとき防衛庁の航空幕僚監部だった木原武正が当時の経緯を述べている。

「日本ジェット（ＮＪＥ）は生産工場ではない。どこかの会社に頼む外ないのだが、こんな危ない会社を引き受ける会社はない。結局、永野さんが『俺が引受けるしか仕方がなかろう』と言った。あの声は今も忘れることができない。多分、そのためには社内の意向のとりまとめに永野さんは相当苦労したろうと思うが、この辺、矢張り永野さんは日本ジェットエンジンの総帥だと思った」（『航空工業再建物語』）

また永野の部下であった今井兼一郎は述べている。

「私は（ＸＪ３の開発に関して）防衛庁は一社にまとめたいと考えていたと思います。技術的な内容からいえば、永野さんに対する個人的な信用でしょう。それから、あとは土光さんの熱意でしょう。土光さんの、新しい工場を買ってやるという熱意を見て、『石川島に』と言うことになったと思います」

このあと、石川島のジェットエンジン部門は数年にわたり赤字が続いた。しかし、その後は利益もあがり、いまでは日本のジェットエンジン市場の七割を占めるまでにいたっている。ちなみに、残りの三割は、こののち、再びこの分野に力を入れる決定をした三菱と川崎が占めている。

日本のジェットエンジン工業は、この自主開発したＪ３をめぐっての経営判断が、その後の伸長を決定づけたのである。だが、これこそが本書の冒頭で指摘した航空機産業ならではの不安定な性格そのものであり、経営の難しさでもあった。同時に、大きなリスクがともなうもので、ギャンブル的な産業であることを教えていた。

これがわれわれの実力

結果から見れば、ＮＪＥの果敢な挑戦はドンキホーテ的ともいえよう。自らの実力を客観的に見極められず、過信して、なかば挫折の憂き目にあったのだから。だが、失敗を恐れて無難な路線しか選ばない現在の日本の航空機産業から見れば、勇気ある大胆な挑戦だったといえよう。民間企業が共同出資して、ＮＪＥを立ち上げ、しかも、よくありがちな通産など役所からの天下りを排して取り組んだのだからだ。

Ｊ３の時代のジェットエンジン開発費が、現在の数十分の一であり、まだ世界の市場も可能性を残していたから踏み出せたという見方もある。だが、それ以上に、戦前からの技術者たちのジェットエンジンに賭ける意気込みが上回っていた。

ところで、開発の前半ではトラブル続きで悩まされたＪ３だが、後半の、防衛庁に納める量産エンジンを生産する頃ともなると、順調に進んだ。数々の改良が功を奏したからだが、なぜそれが可能となったのか。

実は、石川島は、F86に搭載されているエンジンJ47を開発したGE（ゼネラル・エレクトリック）とライセンス契約を結び、昭和三三年一月頃から生産を開始していたのだった。それ以前の昭和三〇年夏以降、GEからはJ47に関する図面や製造工程表、組立や運転、品質管理のマニュアル、技術スペック（規格）などが次々と届いた。技術が進んだGEの図面や技術スペックから学ぶところは大きかった。早速、J3でネックになっていた製造方法や材料などに、J47の生産で習得した技術が移転され、問題が解決される場合が少なくなかった。またJ47の生産にともなって購入した工作機械なども活用できたのだった。やはり、日米のジェットエンジン技術の格差は大きかったのである。

J3の開発を通してそんな現実を見せつけられた永野は、NJEで苦闘した五年間を振り返りながら述懐している。

「私はJ3を見ながら時どき思う。〝これが我われの実力である。これ以上でもなければこれ以下でもなかった。これが我われの姿であった〟と」（『信頼運動ニュース』「J3百台完成記念によせて」）

ライセンス生産に転換

はるか先を行く欧米に追いつこうと、果敢に挑戦はしてみたものの、結果はきわどい滑り込みで、なんとか防衛庁機に使ってもらえることになった。だが、防衛庁側からすれば、こんな薄氷を踏むような国産ジェットエンジンの開発力では、国の防衛計画の中核をなす軍用機の生産が危うくなる。任せるわけにはいかない。

音速に満たないマッハ〇・八八程度のT1ジェット練習機は、その名のとおり、はじめてジェット機に乗るパイロットの訓練用として使われる。いわば、ジェット機の入門用である。これが高等練習機となると、エンジンに対する要求性能はもっと高くて厳しくなる。ましてや、実戦配備される主力戦闘機ともなると、ソビエトや中国が配備する最新鋭のミグ戦闘機などが相手として想定されているため、世界でも最高水準の性能が要求され、さらに難しくなる。

そんなジェット機用のエンジンを自主開発するなど、技術的、予算的にもとても無理であることはJ3の開発経過が如実に物語っていた。

それだけではない。仮に日本のジェットエンジン工業を育成するため、巨額を注ぎ込んで、設備も陣容も拡充して開発に成功したとしても、それがアメリカやヨーロッパで開発されたエンジンとの競争に打ち勝って世界の市場で売れるかという問題がある。

なにしろ、当時、欧米では、ジェットエンジン開発には約一〇〇億円の費用がかかるといわれていた。この開発費を償却するにはせいぜいが数百台しか必要としない防衛庁向けの国産機だけでは無理で、やはり輸出する必要がある。そうなると、武器輸出の問題ともからんで野党や国民からの批判も高まり、困難が生じる。

仮にそれが認められたとしても、日本の数十倍もの企業規模と技術力を誇る欧米の巨大ジェットエンジンメーカー、英ロールスロイスや米GE、米プラット・アンド・ホイットニー（P&W）を向こうに回して太刀打ちできるか。なにより、航空機は高い信頼性が要求されるので、それまでの信用と実績、技術力がまっ先に問われるし、世界中にサービス網を敷いて人員も配置しなければならない。

果たして、世界のエアラインや軍が、信用も実績もない日本の航空機やエンジンを買うであろうか。

このことは、ほぼスケジュールどおりに富士重工が自主開発したT1AおよびJ3を換装したT1Bにもそっくり当てはまることだったが、いまもって乗り越えられない大きな壁でもある。

しかし、軍用機の原則は、高山も強調するように、いざ事が起こったとき、速やかに部品の調達が可能でなければ飛ばすことができない。その意味では、海の向こうから輸送してもらう外国製は不確定要素がともなうし、政治的なこともからんで、迅速に事が運ばないことも十分にあり得る。そうしたことを考慮すると、やはり国産がベストである。

こうした軍用機の原則は十分にわかっていても、防衛庁は国産エンジンの開発は時期尚早としてこれ以後、採用するジェット機にはすべて外国製のエンジンを搭載することになって、次の自主開発エンジンへの取り組みはかなりあとの話になるのである。

導入した軍用機のほとんどは、日米安保の相手国であるアメリカのメーカーからであった。となると、F86やT33の機体と同様、搭載するエンジンを含め、すべてにおいて国際的に互換性をもたなければならない。欧米で開発されたエンジンの技術を導入して、そっくりそのまま真似て作るライセンス生産に甘んずるしか、当時の日本のジェットエンジンメーカーには選択の余地がないように思われた。

自分たちの力のなさを思い知らされると同時に、アメリカの技術水準の高さに脱帽せざるを得なかった永野らは、このあと防衛庁や通産の方針にのっとってアメリカから導入することになる米製エンジンのライセンス生産を通して技術を学び、力を蓄える路線を選ぶことになる。

航空解禁以来、日本の防衛産業の発展の機動力となってきた経団連防衛生産委員会の名参謀といわれた千賀鉄也専務理事は、NJEが目指した国産化に向けた研究開発の意気込みについて語っている。

「昭和三〇年頃は日本経済が戦後復興の時期で、まだ日本は経済大国ではなく、追いつけ追い越せという段階でしたから、そういう意味でも経営者の態度に、いまと違った清新さがあったと思います。（中略）当時の防衛庁のほうが研究開発にも熱心だった」

そして、「軍事的な目標というよりも技術的な情熱がエンジン国産化への意欲をかりたてた」とも述べている。

それは、戦前に「見果てぬ夢」を追いかけた旧陸海軍の航空技術士官や航空機メーカーにあって名機と呼ばれた軍用機を開発した経験のある元航空技術者たちが、「夢を再び」と挑戦した結果だった。

通産省の変心

すでに述べたが、日本の航空機行政を司る重要な役割の通産省自身が、この業界をどう育成していくかについて、長期展望に基づくビジョンと一貫した姿勢をもち得ていないし、国としてのコンセンサスも作り上げていない。あるいは、作りにくい状況にあったともいえよう。

欧米諸国の航空機産業を見てもわかるように、政府からの巨額の資金的援助も不可欠なこの分野だけに、五〇年あるいは一〇〇年の計で育て上げていく一貫した国の方針が重要になってくる。アメリカやヨーロッパの先進国あるいは発展途上国においても、航空機産業は国の手厚い保護と助成を受けながら発展してきているのである。

それだけに、日本でいえば、メーカーを指導し監督して方向づけを行って、予算取りをする立場にある通産省の果たす役割はきわめて重要なのである。ところが、NJEの例に見られるように、通産省がジェットエンジンの自主開発を奨励しておきながら、いざ業界がまとまって株式会社を設立し、開発をスタートさせたとたん、大蔵省が反対したため予算が獲得できず、出鼻をくじく「空手形」となって士気を低下させ、国に対する不信感を増幅させた。その意味では、航空機産業にとってもっとも大きなネックとして立ちはだかったのは、大蔵省の大きな壁であったともいえる。だが、それだけではなかった。NJEが展望を見いだせず、当分の間、ジェットエンジンは利益が見込めないとなって五社体制を解散した。うち四社が手を引き、生産は石川島一社に集約したのだが、その一〇年後には通産省が、手のひらを返すように、これまでの方針をひっくり返して三社に分散する政策決定を下すのである。

いきさつはこうだった。

昭和三三年から三五年までの三ヵ年計画の一次防（第一次防衛力整備計画）は総額四五三〇億円の防衛費が支出されることになった。そして、アメリカ側から度重なる防衛力の増強を要求されていた政府は、昭和三七年から四一年までの五ヵ年計画とする二次防を策定した。二次防の特徴は、それまでの一次防で米軍の供与によって装備した中古兵器の老朽化が目立ってきたため、近代化を図ることだった。必要経費は一兆一七〇〇億円程度と見込んでいた。一次防と比べて一年ごとの支出は一・五倍に増えて、GNP比率は一・二パーセントにまで増えていた。

航空機関係では各種ヘリコプターの増強が目立ち、V107、HSS2、HU1B、S62など四機種が発注された。もちろん、主力戦闘機のF104は量産されていた。ヘリコプターにもターボシャフトタイプのジェットエンジンが搭載されている。このため、それまで主にJ79、J47とJ3しか生産していなかった日本のジェットエンジン生産も種類が一挙に増える見通しになった。

これに加えて、老朽化したC46輸送機に替わる次期輸送機CX用のエンジン、さらに、超音速高等練習機（のちのT2）および次期支援戦闘機（のちのF1）用のエンジンが予定されていた。

機体価格の二割前後を占めるといわれるエンジンである。基数は少ないとはいえ、こうなってくると、これまで商売にならないと見ていたエンジン生産も、近い将来は利益があがるようになるかもしれないとの見方が出てきた。

そこで、J3の生産では利益があがらないとして途中で投げ出し、石川島に任せた三菱や川崎の両社がジェットエンジンに再び食指を動かした。時の三菱社長の牧田與一郎は「三菱はこれまでの機体だけでなく、大型エンジンにも進出する」と豪語し、並々ならぬ意欲を燃やした。牧田は「三菱製の主力戦闘機に三菱製の大型ジェットエンジンを搭載することが自分の夢だ」と語り、この実現に向けて邁進すると宣言した。

重工業局長の高島通達

こうした三菱および川崎の攻勢が目立つなか、昭和四一年一〇月、通産省は時の重工業局長の「高島通達」によって、先のヘリコプター用エンジンのうち、T63の主契約者を三菱、T53を川崎とする決定を下し、これによってそれまでの石川島一社体制が崩れることになった。このとき、三社は通産省の指導のもとに、次のような申し合わせを行った。

「日本の航空エンジン工業が一〇年余の生産経験から技術水準が著しく向上し、国産開発し得る技術的素地を確立しつつある。激しい国際競争に耐えるためには日本のエンジン工業界の総力を結集する必要があるゆえ、相互の協調体制を確立し、将来の技術開発および生産の集中化に努力する」

その具体的な内容は次の六項目であった。
(1)過当な競争や重複投資は避けること。
(2)既存の設備および技術の有効な活用を図るため、部品等の相互発注を行うこと。
(3)新規設備の相互融通を行うこと。

（4）研究開発の共同化を図ること。
（5）関連機器材料メーカーの統一的活用を図ること。
（6）上記の事項の実施を確保するため、三者間において協調連絡会を設けること。
実際には生産の分散政策を決定していながら、申し合わせでは集中化に努力するとの矛盾した方針となっていた。

これにより、「これまでの石川島独占体制が崩れた。すでに外堀は埋められた」として三菱、川崎は勢いづいた。三菱は、続く大型のCX用エンジンでも戦前から関係の深いプラット・アンド・ホイットニー（P&W）社のJT8Dを推し、石川島はF104用エンジンの派生型であるJ79を推して主契約者の指名争いを演じた。結果は大方の予想に反してJT8Dが選定され、ライセンス生産は三菱に決まった。通産省は選定理由として次の三点を挙げていた。
（1）将来のわが国のエンジン工業の一体化を図るには三菱、川崎の後発組の技術開発力を強化する必要があり、三菱にとってはCXが適当である。
（2）三菱は戦前からP&W社と緊密な関係にあること。
（3）一ヵ月前に決めたTX用エンジンは石川島となっており、三社間の公平を期するため。
ジャーナリズムには「エンジンの集中化に逆行」「歯切れの悪い通産省の説明」「石川島の独走態勢破れる」「少ないエンジン予算の二重投資」などといった見出しが躍った。

ご都合主義で揺れる航空機政策

この決定に、あるビジネス雑誌は、三菱重工には三菱グループの総合力はもちろんのこと「技術、組織力、資本力、プラス〝X〟がある」と書き立てた。プラス〝X〟とはいうまでもなく、政治力である。

永野はこの決定に激しく反発して次のように述べた。

「世界に追いつくためには一体化をまず考えるべきであって、今回の決定は世界の趨勢に逆行している」

たしかに、世界のエンジン工業を見渡すとき、すでに集約化が著しく進むと同時に、機体もあわせて生産するメーカーはなく、市場が大きいアメリカを除き、一国一社体制がほぼ定着してきていた。そのうえ、三大エンジンメーカーであるロールス・ロイス社、プラット・アンド・ホイットニー社、GE社の合計が市場の八五パーセント近くを占める超寡占体制となっていた。このうちプラット・アンド・ホイットニー社の年間売り上げは五〇〇〇億円、GE社は二九〇〇億円で、石川島は一〇〇億円に過ぎなかった。

世界の趨勢から見れば、永野が強調するように、一体化した集中体制をとるべきだった。だが、一般経済の常識である市場原理に基づく自由競争を旨とするなら新規参入は当然であった。問題は、きわめて特殊な工業製品であるジェットエンジンをどのように見るか、そして、まだ歴史が浅く、経験もわずかな日本のジェットエンジン工業を今後、どのように育成し発展させていくかの長期的方針に基づく大局的な見地に立っての決定がなされたか否かが重要であった。

昭和四〇年代後半になると、通産省は、世界のジェットエンジン工業の現実から、またも方針を転換させ、三社の協力体制を促進させるのである。

しかし、このジェットエンジン工業の育成政策の一貫性のなさは、防衛庁機の導入においてもしばしば見られた。そればかりか、後述するように、首相クラスの一政治家の利益や思惑、あるいはアメリカとの経済摩擦を回避するための取り引きの道具として利用され、場当たり的な決定が下されたのだった。

さらに、ＮＪＥでの防衛庁向けＪ３ジェットエンジンの開発だけでなく、これより少しあとからスタートした戦後日本初の国産旅客機ＹＳ11の開発においても同様であった。そんな場当たり的、事なかれ主義による決定が何度も行われたのである。

このように、アメリカに依存して自らの判断を曖昧にし、自立への道が遠い防衛庁と同じく、通産省もまたご都合主義で、自らの責任回避や政治的圧力など、近視眼的なその時どきの利害や政治的思惑で物事が決定されて、長期方針をもち得ないまま迷走を繰り返すのだった。このため、日本の航空機産業が飛躍して、国際舞台へと登場できるチャンスをことごとく失っていくのである。

先の千賀鉄也は日本の航空機産業の戦後史を振り返りながら、残念そうに語っている。

「それ（ＹＳ11）と、日本ジェットエンジン会社（ＮＪＥ）の設立、この二つが大事なんですね。本当はこの二つをうまく伸ばしていくと、もう少し日本の航空機もいい線が出てきたはずなんですがね」

千賀が悔しがるのも無理はなかった。Ｊ３は期待したほどはうまくいかなかったし、あとに紹介する日本初の国産旅客機ＹＳ11も、一八二機を販売したが、大赤字となって途中で生産を中止し、事業を解散してしまった。Ｊ３がもう少しスムーズに開発できていれば、防衛庁や通産省、さらには大蔵省、銀行などもバックアップしようとする体制をとったかもしれない。ＹＳ11の場合は、政府や通産省、大手機体メーカーなどがもう少し赤字対策に本腰を入れて資金面の援助もするなど我慢しきれれば、存続できた可能性は十分にあった。

もし、この両者がそうなっていれば、ともにオールジャパン体制だっただけに、日本の航空機メーカーが大同団結した形態で臨み、防衛庁機の自主開発路線も勢いづいていただろう。民間機はヨーロッパのエアバスとまではいかないまでも、ＹＳ11に続く民間旅客機のＹＳＸシリーズが次々と開発されていき、国際市場にある程度の地歩を築いて、航空機産業全体が大きく変貌していただろう。

そうなると、人的にも戦前の航空機産業を担った技術者たちと戦後の世代とがつながって、技術も継承され、人材も厚みを増していただろう。政府や金融機関も航空機産業をもっともっと支援して、産業としての核になる部分が形成されて、基盤が形作られて力強いものとなっていた可能性は十分に考えられる。

だが現実には、大蔵省、通産省、防衛庁、運輸省を含めた日本政府には、欧米先進諸国のような航空機産業に対する長期的な展望はもち得ず、育成して戦略産業として位置づけていくとする決意も、統一したプログラムもなかったのである。

人材の面でも、政治家をはじめとして通産省や大蔵省には、一時期の高碕達之助通産大臣や、昭和三〇年一二月から航空機武器課課長を務めた赤沢璋一を除いては、航空機産業を知り、理解を示して育成していこうと情熱を傾ける官僚はほとんどいなかった。その赤沢も一時期、防衛庁に出向していたとはいえ、航空機に関しては素人であり、通産省をはじめとする他の省庁からも冷ややかな目で見られていた。

運航面を管轄する運輸省には、戦前から航空行政を担当してきた専門家や有力者がかなりいたが、戦前および航空再開時の生産行政をめぐる通算省との主導権争いによる確執が尾を引いてか、両省の上層部が親密な連携プレーでもって一致協力して強力にバックアップする姿勢には欠けていた。

そしてなにより、国の財政をとりしきる大蔵省は、航空機産業に対してつねに懐疑的あるいは否定的であって、首根っこを押さえているような状態だった。

航空機企業や防衛庁には、やはり戦前に豊富な経験を積んだ技術者や開発官が少なからずいたし、リーダーシップをとれる経営上層部もいて情熱ももっていたが、如何《いかん》せん、この頃は航空機の開発・生産に対する銀行の理解も信用もまったく得られず、開発予算もわずかで、プロジェクトを打ち出して力を発揮したくても身動きがとれなかった。

第二章

帯に短したすきに長しの自衛隊機C1、F1、PS1

エンジン技術が後れている日本

戦後初の国産ジェットエンジンJ3はその後パワーアップされ、これを搭載したT1Bは予想以上の性能を発揮して、多くのジェットパイロットを育て上げることになる。

当初の計画では、T1を二〇〇機近く生産する予定だったが、その後、パイロットの訓練計画が変更されたり、次期FXのF104の導入予算が不足したため削られて、合計六〇機にとどまった。このため、一機当たりのコストがかなり高くなり、「米機を購入していればもっと安上がりだったのに」との批判も出たが、記念すべき戦後初の国産ジェット機として日本航空史上にその名を残すことになった。

T1の機体を設計した責任者で戦前は「彩雲」をはじめとして数々の軍用機の基本設計を担当した内藤子生は自負を込めながら語っている。

「日本初のジェット機ということで、T1では、経験のない後退翼を採用しての開発は大変苦労しましたが、なんとか予定どおりに完成させました」

アメリカから供与された米軍機や自主開発機のT1などを含めて、現在までの四〇年余、防衛庁が新たに軍用機を導入するときの基本的な考え方は、日本の国防方針を決める最高機関の国防会議や防衛力整備計画などでそのつど打ち出されたもっともらしい大義名分とは違って、実際には次のようになっている。

まずは、それぞれの時代を担ってきた主力戦闘機のF86F（生産開始年・昭和三〇年）、F104J（同三六年）、F4EJ（同四四年）、F15J（同五六年）だが、いずれも最新鋭のソ連製ミグ戦闘機などと同等に近い性能が要求されるため、最新鋭に近い米軍の主力戦闘機の導入となった。高水準の技術が要求される主力戦闘機は、とても日本の技術力や開発予算では開発できないとされ、エンジンも含めていずれもライセンス生産となっている。

次に、昭和五二年（一九七七年）から防衛計画のなかで支援戦闘機が登場してきた。支援戦闘機は主力戦闘機に準ずる性能を要求されるが、これはできる限り自主開発する方針であった。支援戦闘機までが外国製となると、日本はまるっきり戦闘機を開発する技術力を養えなくなるからだ。

このような状況のもと、いまから約一〇年前にスタートした次期支援戦闘機ＦＳＸは、当初、自主開発の方針で進んでいたが、アメリカの横槍で日米共同開発となってしまった。だが、それ以前の昭和五二年に開発したＦ１（生産開始年・昭和五〇年）は自主開発だった。

次に、第二次防衛計画以降、機体としてのスピードやその他の性能がそれほど要求されるわけではない対潜哨戒機や対潜飛行艇、それに輸送機、救難飛行艇、練習機は、搭載されるレーダーやコンピュータ、センサー技術などを駆使した特殊な探査機器装置は別として、できる限り自主開発としている。

なにしろ、現在世界各国で多く使われているＣ１３０輸送機や、日本でも現在、第一線機として配備されているＰ３Ｃ対潜哨戒機などは、日本初の国産旅客機ＹＳ11と同様、ターボプロップエンジンのプロペラ機である。開発されたのは四〇年近くも前に初飛行したＹＳ11よりも古い一九五〇年代である。

潜水艦を索敵して海上を飛ぶ対潜哨戒機は、なにも最新鋭の大馬力エンジンを搭載するマッハを超すスピードをもった機種が要求されるわけではない。機体の性能としては一般的な輸送機と同じでよく、実績が豊富で信頼性も経済性も高いターボプロップ機で十分であるからだ。

これらの機体レベルならばリスクも少なく、自主開発が可能だから、国内の航空機産業の技術開発力を養う意味も含めて、仕事量が確保できる。ただし、エンジンはやはりライセンス生産となっている。

これらの軍用機で日本が自主開発したものには、対潜飛行艇のPS1（生産開始年・昭和四三年）とその改造型である救難飛行艇のUS1（同四九年）がある。さらに、輸送機はC1（同四六年）、練習機では高等練習機T2（同四八年）、中等練習機T4（同五六年）がある。対潜哨戒機のP2V-7（同三四年）とP3C（同五六年）はライセンス生産となっている。

P3Cに決定する前、当初、川崎重工で対潜哨戒機を国産開発することを前提に進み、モックアップまで製作したが、潜水艦を探知するシステムの自主開発能力が一定レベルまで達していないことに加えて、ソ連の潜水艦や海洋に関するデータベースが揃っていなかった。さらには、田中角栄とニクソンの日米両首脳によるハワイ会談での政治的取り引きで白紙還元となってひっくり返され、結局、P3Cのライセンス生産となってしまった。

なお、エンジンで自主開発されたのはJ3（同三四年）以降、T4用のF3（同六二年）だけである。

ヘリコプターの導入は意外と種類が多く、大型、中型、小型とあって、合計一五機種も導入されている。だがそのうちの一二機種までがライセンス生産で、自主開発は一九九〇年代に開発が進められた川崎重工の防衛庁向け小型観測ヘリコプターOH1（平成八年）および三菱重工が開発した民間用の多用途ヘリコプターMH2000（同八年）を除いてごく最近までほとんどなかった（国際共同開発を除く）。

技術的に高度な戦闘機などと違ってヘリコプターの自主開発はたやすいと見られがちだが、海外のヘリコプターは大量に生産されていて価格も安いのに対して、生産数量が少ない自主開発はどうしてもかなりの割高になる。そのうえ、ヘリコプターの中枢メカニズムは特許の塊りである。もともと航空力学優先で発展し、メカニズムをおろそかにしてきた日本の航空技術の弱点がもっとも顕著にあらわれた分野であるため、外国機を採用することになる。

自主開発の機会が減る

こう見ていくと、Ｔ１Ｂ（Ｊ３搭載）以降は、さほど厳しい性能が要求されるわけでもない練習機や対潜哨戒機、さらには、かなり高度な技術を要する支援戦闘機などの機体は自主開発となったが、最新技術の粋を集めた主力戦闘機およびエンジンのほとんどはすべてライセンス生産と固定化されてしまった感がある。

防衛庁が発足してから今日までの四八年間を振り返ってみるとき、高山ら戦前の元陸海軍航空技術者たちが活躍した昭和三〇年代から四〇年代後半までの十数年間に開発が着手された自主開発機は、Ｔ１、Ｐ２Ｊ、ＰＳ１、Ｃ１、ＵＳ１、Ｔ２、Ｆ１の七機種を数えている。

そんな現実を振り返りながら高山は述懐する。

「われわれ戦前の技術屋のほとんどが定年で防衛庁を去った後から現在までの三〇年近くの間、自主開発された重要な機種といえば、川崎で開発したＴ４とゼネラル・ダイナミクス社が開発したＦ16改造のＦＳＸのたった二機種なんですね。メーカーも、技術屋がみんな飛び出してしまっているから、なにかやろうということが難しくなってきた。ちょっと淋しいですね」

欧米も含めて、軍用機の開発費がますます巨額になったため、アメリカといえども開発される機種が極端に少なくなった。それだけに、軍用機を長く使おうとするようになった。さらには、最近のステルス技術などは別として、軍用機の性能の進歩が鈍り、開発から一〇年や二〇年経過した戦闘機でも十分に通用するからである。

このため、自主開発の機会が極端に少なくなり、同時に、航空機メーカー各社もリストラが当然のように横行する時代となって、軍用機を設計できる経験豊富な技術者や、軍用機開発の全体を知る防衛庁の技官の多くが定年退職して、航空機産業を支える経験豊かな人材が極端に減ってしまったのである。

だからなおさら、手っ取り早くて開発リスクが避けられる米機の導入に走る傾向がある。だがそれは、昭和三〇年代、四〇年代にも防衛庁内に根強くあった考え方であり、この間、米機の導入を推すライセンス生産推進派と自主開発推進派の両者が激しく対立し続けた。

ライセンス生産がいいか、それとも自主開発機がベストか、人によってさまざまな評価の仕方があり、ケースバイケースでもあるが、いずれにしろ、日本においてはともに一長一短がある。

しかし、これまで日本が自主開発して実戦配備してきた一連の機種が性能不足だったり、「帯に短したすきに長し」で使い勝手が悪かったり、さらには、トラブルが多発して信頼性に欠けている場合も多々あったことはたしかで、このことは自衛隊やメーカー内では常識となっている。

実際に使用する自衛隊の現場である整備担当者やパイロット、あるいは防衛庁の高官らが、赤裸々に国産機を批判して「欠陥兵器」と呼んだり、「使い勝手が悪い」と口にするのも耳にしてきたし、彼らの多くが米機の導入を希望したことも知っている。

内局と制服組の対立

T1の件でも述べたが、ライセンス生産を推すのは米軍や米軍用機メーカーと一体となって売り込みを図るアメリカ政府であり、国内では主に防衛庁内局の官僚である背広組であり、輸入商社である。

自主開発を推すのは主に防衛庁の制服組であり、技術研究本部（技本）であり、国内の航空機メーカーである。だが、両陣営は、機種導入をめぐってことごとく対立し、不毛ともいえるほどのエネルギーを費やしてきた。このことは、日本の航空機産業を育成し発展させていくという国の政策面から見ると、大きなマイナスに働いた。

もちろん、大きな利害がともなうだけに、先のように米政府や米軍、米航空機メーカー、さらに日本の政治家、日本の航空機メーカー、商社などが渾然一体となって売り込み合戦を演じてきたことはいうまでもない。

ちなみに、機種導入に関して、日本の政治家はかなりいい加減である。防衛庁で「海原天皇」と呼ばれて大きな影響力をもち、防衛局長、防衛庁官房長官そして国防会議事務局長までも務めた海原治は、まさに自民党の国防族の議員らから応援を得る立場にあるが、その人物が実状を語っている。

「航空機産業（防衛産業）や兵器、あげくは肝心の国防に関して地道に勉強し、また、まともな知識をもっている議員がほとんどいないし、実質的な日常の活動もほとんど見られない」

これらの議員は、国防に関して憂国の士のごとく発言して、兵器の国産化を強く主張し、一見、防衛問題には詳しく、長く関心をもって取り組んできたかのごとく受け取られがちだが、そうではない。あれだけ熱を入れて主張してきた割には、およそ誰一人として国防問題に関してまともな著作一冊も発表していないし、国際性や海外とのネットワークがまるでないのである。

日本人のナショナリズム的な心情を十分に心得ての言葉は吐いても、防衛「理論」は貧弱である。また、「国産、国産」と声高に主張して、一見、防衛庁や航空機メーカーを後押ししているかのように見えても、結果的には、不必要に事を荒立てたり、国民の不信を買ってむしろ逆効果となっている面が多い。日本の国防を論ずるうえで、このような状態では不幸であり、議論はいつも本質的な問題にまではいたらず、上滑りの不毛の応酬だけで終わり、底の浅さを露呈するものとなっている。

制服組を代表する存在の高山は語っている。

「防衛庁に在任中の一五年間は、海原氏の妨害と喧嘩をしとったようなもので、本当に悩まされるようなことがありましたね。海原氏はつねに研究開発の邪魔をしとった気がする。ブレーキをかけることだけが仕事みたいで、一五年間は戦いの連続だった。でもその間、忙しいくらいに数々の自主開発機をやった。T1、P2J、C1、PS1、T2、F1と……」

警察官僚の海原

機種導入をめぐってつねに海原と激しく対立したのは防衛庁内の旧海軍出身者を中心とした面々で、彼らの多くは防衛庁から天下ったOBで、メーカーの顧問もしくは役員、さらには外部の旧海軍の士官クラス（現国会議員も含む）とともに「海空技術調査会」と名乗るグループを作っている。彼らはしばしば会合をもち、また「水交社記事」（水交社刊）を発刊している。

そこでは、「日本も核武装すべきだ」「航空母艦をもつべきだ」といった、かなり勇ましい国防論議が交わされていて、こうした会合のなかで、導入すべき機種に関するさまざまな提案や情報交換がなされ、それが具体化して、防衛庁の空幕や海幕を通して提案される場合が少なくない。

特に、メーカーに天下った防衛庁の元高官だった人物がパイプ役となっているのだが、これらの人々にとって、後輩たちと親密な関係を保ちつつ情報を収集したり、働きかけたり、注文を取ったりするのが大きな仕事である。公共事業の受注とよく似ているのである。

だから、装備局長という要職で、機種導入に関しては大きな決定権をもつ海原は、海空技術調査会が主張する自主開発路線に否定的な側だけに、これら旧海軍出身者とたえず対立して、こういわれていた。

「海原は『陸原』だ。『海』と『空』には冷淡である」

海空技術調査会などからそう呼ばれて、批判の集中砲火を浴びた海原は、一九一七年生まれで、昭和一四年に東京大学法学部卒業後、内務省大臣官房に入った内務官僚のエリートである。人と相対するどんなときでも、相手の腹の底まですべてお見通しといわんばかりの余裕の笑みをいつも浮かべている。どっしりと構えたその風貌は元高級官僚というより政治家といった印象である。昭和一五年二月、陸軍に召集されて五年半、軍隊を経験しているが、その前に、海軍の短期現役の試験を受けて落ちたことがあった。

戦後は一貫して警察畑を歩き、朝鮮戦争勃発後は、ＧＨＱの命令によって作られる警察予備隊の創設に尽力した中心人物であって、アメリカの要人とも親密な関係を保っていた。政府自民党の大物、河野一郎議員との親密な関係は広く知られており、幅広い人脈を生かしての政治的動きは派手だった。

警察予備隊の発足に際してアメリカは、旧軍人がこれを牛耳って、戦前の二の舞になることを警戒して排除した。組織上も、上層部の人事は内務官僚が占めることになっていて、シビリアンコントロールを確立しようとした。だから、防衛庁内での新しい装備の導入に関する権限は、内局の官僚のほうが強く、決定権をもつことになった。

このため、制服組から、「兵器（軍用機）の中身も技術もろくに知らない無知な内局官僚が機種の導入を決めて国家の大計を見誤っている」といった批判が出るのである。

元内務官僚になにがわかるか

警察予備隊は保安隊、海上警備隊（一部はのちの海上保安庁）などを経て自衛隊に改組するが、その過程で、これを戦前の軍隊のような組織にすべきだと主張するさまざまな提案や働きかけが、旧陸海軍の高級将校らで組織する諸グループから起こった。

　彼らは自らも復帰して指導的役割に就いて、組織を意のままに動かすことを狙ったのだが、真っ先に軍隊の創設案を作って先を突っ走ったのは、GHQのウイロビー大佐の庇護の下で活動を続けてきた元大本営参謀の服部卓四郎元大佐が率いる旧陸軍のグループであった。

　こうした旧陸軍グループの先行する動きに、主導権を握られるのではないかと危機感を募らせた旧海軍の勢力は、戦前とまったく同様に、対抗意識をむき出しにして、グループを作って結束を図り、米軍などと連絡をとりつつ、やはり同じように「新国軍」を創設する構想を発表した。

　このとき、旧海軍のグループは元駐米大使だった野村吉三郎元海軍大将を中心として一致結束し、アメリカと独自に連絡をとりつつ、警察予備隊とは別の新国軍の創設をぶち上げて、具体的な戦力――軍用機や艦艇の数、部隊の数や編成――を提案して、政府にも働きかけをする。このときの旧海軍の集まりが、先の海空技術調査会の出発点となる。

　巨額を要する航空自衛隊や海上自衛隊の軍用機や艦艇と違って、陸軍の装備は安価だし、駐留米軍も空軍や海軍より陸軍が先に引き揚げたため、陸上自衛隊の整備が早く始まった。そのうえ、防衛庁内で絶大な権限をもつ海原が旧陸軍の経験があったから、「陸原」と呼ばれることにもなったのである。

　海原にいわせれば、旧陸海軍の経験をもつ旧軍人や技術士官は実戦経験をもっているだけに、機種の導入をめぐる議論では、実戦経験をもたない内局の担当者はどうしても劣勢となる。その点、海原は、「軍隊の経験があるから、軍人の行動様式や、将校クラスの発言と現実とのギャップやおかしさを知っているので、主張できるのは防衛庁内で私しかいない」と語る。

防衛庁にとって空と海の装備は巨額だけに、海原も防衛庁内の旧海軍の高山らが主張する新機種導入には賛同せず、なにかにつけてはねつけたため、目の敵にされた。

特に技術面や兵器に関しては、戦前の海軍は陸軍と違って自ら航空機を開発できる航空技術廠を有し、ピーク時には職員、工員など三万四〇〇〇人近くを擁していた。そこでは、最先端の軍事技術の研究開発をつねに行っていて、メーカーを指導するだけの高い技術能力をもっていたし、モノを作る現場ももっていたのである。

それだけに、航空技術廠や航空本部にいた高山ら防衛庁の技術開発官は兵器開発については自負があり、警察畑出身の文科系で、技術には素人である海原の方針とは相容れず、「元内務官僚の海原に軍用機開発のなにがわかるか」と事あるごとに反発してぶつかっていたのだった。

しかし、海原は、占領時代から付きあいのある米軍やアメリカ政府、さらに米軍用機メーカーとのパイプも太く、政治力もあって、防衛庁の新機種導入をめぐっては米軍機を積極的に推す側だった。

ジェット輸送機Ｃ１の開発

機種導入をめぐって海原と高山ら旧海軍軍人とが正面から激しくぶつかった一つが、国産初のジェット輸送機Ｃ１である。

昭和三八年頃から始まったＣ１の要求仕様の検討は、四一年頃にはほぼ固まり、設計作業はＹＳ11を開発した日本航空機製造（日航製）に出向していた三菱重工、川崎重工、富士重工の技術者らの手によって進められた。

基本設計は昭和四二年九月に完了、その後の詳細設計の段階で、翼形や、復元力が働く下《か》反角《はんかく》を変えるなどの変更が行われた。昭和四四年末には、一万七〇〇〇枚にのぼる図面製作のすべてが完了し、これと並行してモックアップの製作、さらに、そのモックアップを含めて三回にわたる防衛庁の審査を経て、仕様が決定された。

このあと、試作機の製作および量産は、主契約者の川崎重工を中心に、三菱重工、富士重工を加えた三社で行われた。一号機は昭和四五年六月に完成、翌四六年一月には初飛行に成功した。その後、防衛庁に納入された一号機と二号機を使い、航空自衛隊の実験航空隊のパイロットによって飛行試験が続けられ、その結果、数々の問題点が明らかとなった。このため、横操縦系統、ダッチロール特性、高揚力装置などの改善、マック・トリムの撤去など一連の改善が行われた。

昭和四七年には、空挺降下や物糧投下などの実用試験を経て、昭和四八年一二月、輸送航空団に配備され、その後、量産に移り、最終的には合計三一機が製作された。

C1に搭載された機器装置四二三点のうち、七八パーセントが国産またはライセンス生産品を採用し、輸入品は二二パーセントだった。

C1を設計した日本航空機製造は、日本の主要な機体・部品メーカーから出向してきた技術者らからなる国策会社で、YS11を設計・生産・販売するために発足したものであった。YS11は日本初の国産旅客機であっただけに、開発にはさんざん苦労した。YS11は旅客機であると同時に輸送機であるだけに、携わった技術者をそっくりC1に投入してその経験を生かそうとした。YS11の設計部長だった東條輝雄がC1でもリーダーシップをとった。

C1の大きさやペイロード（搭載重量）は中型ジェット旅客機のボーイングB737に匹敵し、主翼が胴体の上につく高翼で、座席数は最大六五だった。その頃としては先進的なターボファンエンジンを

ジェット輸送機Ｃ１

二基搭載して、スピード化を図っていた。

Ｃ１の使い方とその特徴は、（１）日本列島を無給油で飛行できる航続距離、（２）独特の高揚力装置によって、日本の国情に適合するＳＴＯＬ（短距離離着陸）性能を確保し、（３）電子航法装置を備えて航空および陸上の戦闘部隊を速やかに展開できる速度と全天候性能、米軍との協調した作戦も展開できる、（４）主要装備、補給品を搭載できる能力、（５）空挺降下、物糧投下の能力、などが謳い文句であった。

ＹＳ11をしぶしぶ使う

防衛庁では新しい機種を導入するとき、装備審議会が開かれて議論し検討される。アメリカから供与されて自衛隊が使っていたＣ46輸送機の後継機として、ＣＸ（Ｃ１）計画が持ち上がったときのことを海原は語る。

国産初の民間輸送機であるＹＳ11が国産化されるため、これを所管する通産省は、一機でも多く国内のエアラインや防衛庁などで使ってもらって生産機数を増やし、コストを下げようと売り込みを図ってきた。このなかでも大口の需要先として期待されていた防衛庁ではこれを受けて、海原防衛局長、塚本敏夫装備局長などの審議会委員が集まった席でやりとりがあった。かつて通産省から防衛庁の調達実施本部に調整課長として出向してきていた通産省航空機武器課長の赤沢璋一からYS11の購入要請を受けた海原は、「防衛庁として採用すべきだと思う」と発言した。

ところが委員のほぼ全員が反対だった。航空自衛隊の委員がその理由を説明した。一般に軍用の輸送機は胴体の上に主翼をもってくる高翼である。ところが、YS11は民間機だけに、海上に不時着した場合に長く浮いている必要があることから胴体の下に主翼が付いているため、物資の上げ降ろしや作戦行動をとるときにそれが邪魔になって不便である。それに加えて、「YS11の乗降出入り口はC46と同じように横に付いているからだめなんです。航空自衛隊も陸上自衛隊の空挺団も後ろが開くほうがいいといっています。パラシュート降下がしやすいし、物資の上げ降ろしのときにも効率がよいから、そうした形式の輸送機を新たに開発したほうがいいのです」と主張した。

海原は委員たちを説得しようとした。

「たしかに理想をいえば、出入り口が後ろにあるほうがいいだろうが、これまで横に出入り口のあるC46を使ってきたのだから、YS11も同じだからいいのではないか。せっかく日本政府や日本航空機製造がはじめての輸送機を作って外国に売り込もうと必死になっている。国策で作って外国に売り込みに行けば、当然、あなたの国の自衛隊が使っていますかと訊かれるだろうが、そのとき、いやそれは使っていませんといったら信用はガタ落ちになって、相手の国はYS11を信用しないし、私なら、そんな飛行機は買いませんよ。同じ役所の通産省が主導して作ったYS11の輸出に協力すべきじゃないか。少しくらい我慢して使ったらどうなんだ」

　すると、全員が黙ってしまい、結局、しぶしぶ海原の主張に沿って義理でとりあえず一〇機を買うことが決まった。

Ｃ１３０輸送機は古くてだめです

　このあと数年して、ＹＳ11ではカバーできない運用を満たす新たな国産輸送機を導入したいという声が再び航空自衛隊から起こってきた。ＹＳ11では補えない性能や特徴を備えた輸送機（Ｃ１）を要求したのである。その計画をめぐって装備審議会が開かれ、この席で海原はいった。

「いろいろ要求している事柄を実施しようとするなら、現在、アメリカが使っているＣ１３０輸送機があるじゃないか、これを使ったらどうなんだ。そのほうがはるかに安くつくはずだ」

「あれは一九五〇年代初めに設計されたもので、古くてだめですし、日本には長い滑走路が少ないから、今度作ろうとするのは日本の国情に合った短距離離着陸機です。簡易な前線の飛行場でも離着陸ができるものなので、作戦展開に機動性を発揮します」

　提出された資料には、このほかにも、Ｃ１３０にはないさまざまな利点と特徴が並べられ、「必ず実現できる」との説明であった。

「ずいぶんいろいろいいことが書いてあるが、本当にこんないいものができるのかね。どこの国だって、ここに並べてある要求性能を満足させるような輸送機が欲しいはずだ。もしできるなら、もうとっくにアメリカで実現させているはずだろう。そんな、希望的、願望的なことをいくつも並べ立てたような危うい飛行機より、自衛隊の将来のことを考えたときにはＣ１３０のほうがいいじゃないか、アメリカが長年使いこなしてきた輸送機だ。いざというときには役に立つはずだ」

「いや、アメリカは広い国土で長い滑走路を使えるから、こうした狭い場所でも離着陸できる輸送機は考えてこなかったし、作らなかったのです。だから、いまだにあの古いC130を使っている。わが国はこうした技術が得意ですし、日本航空機製造が設計したYS11も短距離の離着陸が特徴ですから、要求性能のとおりの輸送機が必ずできます。それに、C1を作るときには民需にも転換することを考えています。そうなると、日本の航空機産業を育成するうえでも有効です」

海原は当時を振り返って指摘する。

「私はとにかくC130を買えといったんだが、どうしてもだめだとなって、新しくC1を開発することになった」

その後、予算要求の段となり、海原がさまざまな角度から調べていくと、やはりC1ならではの要求性能の実現は無理となってきたため、空幕長のところへ行き、「この要求はとても実現不可能だから取り下げろ」と迫ったが、「いや、絶対に大丈夫です」の一点張りだったという。

兵器開発も公共事業と同じで、防衛庁も含めて日本の役所の官僚機構では一度決めたことを手直しすることは、それまでの決定が間違っていたことを認めることになるため、途中でおかしさがわかっても変更はしないし、許されないシステムとなっている。だからこのあと、何年にもわたって、この決定に縛られて、辻褄合わせの無用なエネルギーが費やされることになるのである。

こんなはずではなかった

なんとしてもC1の開発を推し進めたい側の高山も振り返っている。

「Ｃ１の装備審議会で要求性能が決まってから、次の段階の内局での説明会のとき、牟田弘國航空幕僚長が出席していて、やりとりがあった。そのとき、海原氏が次々と疑問点や問題と思われる点を指摘してきた。

Ｃ１の要求性能のなかに、物資を投下するときの速度が一三五ノットというのがあるが、そのことについて問われた牟田空幕長が、海原氏から『こんな速い速度じゃ、とても（物資を）落とせないじゃないか』といわれて、ついその口に乗ってしまい、『そのとおりで、私も心配しとる』といってしまって、『こんな要求書じゃ、だめじゃないか』と突っ返されて、審議会が中止になってしまったことがあった」

高山らは、再度、開かれた装備審議会には牟田空幕長には出席をしてもらわないように言い含めて、「一三五ノットでの物資の投下は他の国でもやっていて、技術的にも問題はありません」と説明して反論し、事を収めたりしたこともあったという。

「なにかにつけて、海原さんをなだめるのに苦労した」と高山はＣ１の開発時代を振り返る。

ところが、開発して、いざ飛行試験を始めると、さまざまな問題が出て、空幕の田中耕二幕僚副長も「こんなはずではなかった」と嘆いた。

海原は語る。

「あれは本来、Ｃ１ならではと航空自衛隊が要求した六つほどある性能のほとんどが実現できていないのです。実現させるには、いろいろな装備がないと使えない。それに、翼の角度の特性から、飛行試験のとき、ある速度で旋回飛行を行うと不安定になって墜落の危険性があったりした問題機なのです」

だが、開発者側からすれば、たしかに試作の段階では問題も出たが、それは一般的に、航空機開発においてはよくあることで、海原が指摘する「墜落の危険性があったりした」というのも、その後の改善で問題がなくなったのだから、いまもその危険性があるかのような言い方はおかしいと反論する。

その海原はまた、次のような実態も指摘する。

「装備審議会で、次に導入する新機種を米機のライセンスにするか、それとも国産化かという議論をするとき、これはどっちになるかによって、米機をあつかう商社にとっても、国産するメーカーにとっても大変なことですから、いろいろな働きかけがあるんです。だから、外部には洩れてはいけないはずのことが洩れる。誰々が、国産に批判的なこんな発言をしたといったことを、何日か後には商社が知っているんですよ」

C1に対する野党とマスコミの批判

C1に関しては、こうした防衛庁内だけでのやりとりがあっただけではなかった。やはり計画段階で「要求仕様の航続距離からすると、近隣諸国に侵入できて脅威を与える。これは海外派兵を前提にしていることを意味する。憲法違反ではないか」という趣旨の批判が野党やジャーナリズムから出てきた。

ところが、政府や防衛庁のトップは、日本の国防上から、作戦行動に基づくC1の役割や特徴、軍事戦略の常識を説明して論陣を張ることなく、ただただ批判が大きくなって追及されることを恐れ、常用ペイロード（搭載重量）七・九トンでの航続距離を一二六〇キロメートルに短くすることで切り抜ける決定を下して、事を収めたのである。本土の中枢から北海道、九州をカバーできる航続距離であれば目的を達成できると、あっさり、それまでの要求仕様を引っ込めてしまったのである。それはこのあと採用することになるC130の三分の一以下の航続距離で、世界の輸送機としては異常に短かった。

こうして完成したＣ１に関しては、一方で、「日本が開発した飛行機の種類は少ないながら、先進的なターボファンエンジンを搭載して高速化を図り、短距離離着陸性能を実現したことで高く評価された。輸出の話もあった」ともいわれている。

たしかに、Ｃ１３０やＰ３Ｃのように、ターボプロップ式のジェットエンジンでプロペラを回す方式が主流だった世界の輸送機のなかで、思い切ってプラット・アンド・ホイットニー製のＪＴ８Ｄ－９ターボファンエンジン（三菱重工がライセンス生産）を二基搭載した先進的な中型機である。しかも高速化で効率化を図り、戦術輸送では不可欠なＳＴＯＬ性（短距離離着陸性能）も有している。さらには、民間機開発につながる基礎技術を学ぶ結果にもなった。

ところが、Ｃ１が初飛行して試験飛行を繰り返していた昭和四七年に、念願の沖縄が返還された。すると、常用ペイロード七・九トンでのＣ１の航続距離は沖縄までは届かず、ペイロードを下げる必要があった。沖縄まで飛ぶ専用燃料タンクを搭載し、航続距離を延ばすことにした。もちろん、機内タンク分だけ輸送する兵員や貨物が減ることはいうまでもない。また、実際の運用上、天候不良などで引き返してくる場合などは余裕がなくなるという制約も出てきた。

ここで、野党やジャーナリズムが批判した、航続距離が長いと「近隣諸国に脅威を与える」との指摘は正しかったのだろうか。振り返ってみたい。

中国やソ連、北朝鮮の軍事専門家は笑っていたに違いない。なぜなら、輸送機の航続距離が長くて、これらの国々にまで届いて侵入できるということと、実際に侵攻するということとは大違いであるからだ。軍事的な常識として、他国に侵攻するときは、兵員を乗せた輸送機だけで侵入するのではない。速度が遅い輸送機だから、相手のレーダー網で捕捉されて、敵戦闘機の迎撃を受けるのは当然だから、制空権を確保していなければならず、そのためには相当の数の戦闘機の護衛が必要であるが、日本にはそんな数の戦闘機はない。

仮にそうなっても、当然のことながら空中給油機も必要になる。だが、日本の戦闘機は空中給油を受ける装備をもっていない。しかも、日本の戦闘機は侵攻用の戦闘爆撃機ではなく、敵を迎え撃つ邀撃《ようげき》戦闘機であるから、他国に飛んでいけたとしても不利である。

第一、保有する輸送機の数からいっても運べる兵員の数はせいぜいが二〇〇〇人くらいでしかないから、こんな程度の兵力と不利な条件で相手国に攻め込むとなると、まず甚大な被害が出ることは当然で、日本がそんな大きなリスクを冒して侵攻作戦を起こす勇気のある国だと誰が思うだろうか。

こんなにも軍事的には筋が通っていない批判でありながらも、これがまかり通って、それに過剰に反応して自己規制し、輸送機の航続距離を短くして、事を荒立てないようにする日本の防衛庁のひ弱さは、なんと形容したらいいのだろう。このばからしさを筋立てて国民に説明して納得させようとしない、またできない防衛庁や政府の軍事的幼稚さこそ日本の防衛上の弱点であると、近隣諸国の軍事専門家はとっくに見抜いているはずである。そしてこのことこそ、日本国民にとっては逆に脅威なのである。

沖縄の返還の動きは急に降って湧いたわけではない。返還時期が近づきつつあることは何年も前からわかっていたし、沖縄に米軍の大部隊が駐留している現実や、日米が共同作戦を展開するうえでもきわめて重要な場所であることはわかりきっていた。

にもかかわらず、近い将来に起こるであろうこうした国防上の大きな変化をまったく念頭に置くことなく、マスコミや野党からの批判に対してその場限りの事なかれ主義で妥協してしまった政府および防衛庁の姿勢は本当にお粗末であった。ちなみに、C1が実際に輸送航空団に配備されたのは沖縄が返還された翌年、昭和四八年のことであった。

先の海原の指摘にもあるようなさまざまな問題を含んだＣ１は、生産機数も少なくなり、合計三一機にとどまったために、一機当たりの価格が高くなってしまい、このことでも批判を浴びた。

事なかれ主義によるＣ１の政治的決着で、計画していた軍事的合理性がいとも簡単にひっくり返り、中途半端なＣ１ができあがって、使い方が制限されたことは否めない。

それは、せっかく作り上げた成果すらも評価されず、税金の無駄遣いと非難されただけでなく、Ｃ１を民間旅客機に転用してＹＳ11に続く旅客機ＹＳＸを安く開発して、より日本の航空機産業を発展させていこうとする将来へのビジョンの芽も摘まれてしまったからである。その根本にあるのは、研究開発費の少なさからくるしわ寄せでもあった。

このようにして、ＹＳ11とＣ１を開発した日本航空機製造の技術者たちはその後の仕事がなくなって、出向元の三菱重工や川崎重工などに復帰したりした。さらに行き場のない生え抜きの従業員は航空とは無関係の企業に転職せざるを得ず、ただでさえ少ない航空関係の貴重な人材は四散してしまうのである。

このため、自衛隊は新たに大型のロッキード社製Ｃ１３０を完成機で輸入することになった。ちなみにＣ１３０は現在までに合計三一機も購入した。

海原は指摘する。

「昭和四〇年頃に私が『あれがいい』といって、空幕の連中が『おんぼろ飛行機だ』といったＣ１３０がいまでも日本の空を飛んでいて立派に役目を果たしているじゃないですか。ところが、国産開発して作ればこんなにいいものができますといって作ったＣ１は、結局三〇機ほどで生産が終わってしまって早々と退場です。いま自主開発した航空機で残っているのはなにがあるのですか」

だが、C1の開発者側の反論もある。たしかにC130は航続距離も長くてペイロードも大きいが、「長い距離のコンクリートの滑走路から飛ぶということであって、一方、C1はタイヤの数も圧力も少ないので、地盤の弱い滑走路からでも離発着でき、しかも六〇〇メートルの短い滑走路からでも離発着できる利点があるのです」と強調する。

高山も当時を振り返っている。

「なんとしても航空機を開発する技術をもたなければならんとして取り組んできたが、一つの航空機を開発しようとすると、こんなにも苦労しないとスタートさせられないものかとつくづく思ったよ。まあ、これが技術屋の仕事といえば仕事なんだが……」

生産機数が少なくなって、自主開発が高くついて無駄金を使ったとの批判に関して高山は語る。

「防衛庁の初期の頃に自主開発したT1やC1などの一機当たりの単価が高いといわれて、大蔵省や防衛庁の経理などから苦情が出ましたが、こと開発コストについては、アメリカの類似機種に比べると何分の一といった廉価であったことがあまり知られていないのです。開発費と生産単価とは無関係ではないことも理解してもらいたい」

ライセンス生産の功罪

C1の問題でまず第一に指摘されることは、日本の航空機メーカーも防衛庁の技研も含めて経験不足であり、基礎データの不足もあって、開発着手のかなり以前からあらかじめ進めておくべき基礎研究や要素研究が不足していたことだ。その大きな要因は、欧米先進諸国と比べて、全防衛予算に占める研究開発、なかでも基礎研究の予算の割合が数分の一で、際立って少ないことにあるのはいうまでもない。

高山にいわせれば、それだからこそ、自主開発に力を入れて、国内メーカーの技術水準を引き上げて、一日も早く欧米先進国に追いつかなければならないのだ。

高山はライセンス生産の功罪を指摘するが、そのときの大前提はこうである。

「結局、自分の国は自分で守らねばならないし、主要な国防用の航空機は極力、自前で開発生産することを基本方針とすべきです。そして、つねに開発・生産能力の維持と向上に努めるべきです」

ライセンス生産は時間的にも経済的にも手っ取り早くて有効だという言い方もあるが、過去の実例を振り返ると、次のような問題があると指摘する。

（１）あらゆる点で最新のものが入っていない。

ライセンス生産する軍用機をその国が開発に着手した時期は、日本が導入しようとした時点よりかなり以前だから、もはや旧式になっている。そんな飛行機をわざわざ高いライセンス料を支払って国産化すると、なかには無意味なものも出てくる。特に電子機器の進歩は早いのでその典型である。

（２）研究開発能力の向上には役立たないし、精神的な欠陥を生む。

ライセンス生産する場合、図面や生産のノウハウは送ってくるが、研究開発段階の技術資料は含まれていない場合が多く、たとえ含まれていても、目を通す必要がないため、誰も読んでいなかったりすることも多かった。このために発生する不具合として、運用中になにか問題が起こると、いちいち提携先の米メーカーに問い合わせて指示を待たねばならないし、迅速な対応ができない。

生産する日本メーカーの設計技術者が、将来、自主開発するための教材との心構えで、ライセンス生産した軍用機から意欲的に学び取って、アメリカの技術を吸収しようとするならば有効である。だが、そうでない場合には、ただ仕事として生産をこなすだけで、メーカーも仕事量を確保することだけが目的では、いっこうに開発技術の向上には結びつかない。そればかりか、受け身ばかりで、自ら考えることをしなくなる技術者を作ってしまう。それは筆者自身の現役時代を振り返ってみてもそうである。ライセンス生産しているエンジンのトラブルなどで、日本独自の判断を下そうとするときなど、上司からも防衛庁からも必ず「アメリカでの実績はどうなっている。アメリカに問い合わせてみろ」だった。

われわれ技術屋自身も、細かい点まで、技術提携先のGE社などに問い合わせのレターを出して判断を求め、お墨付きをもらってはじめて自らの判断がこれで問題ないと確認し、安心したものだった。たしかに、ライセンス契約上、勝手な変更は許されない取り決めになっているが、最後の最後となる技術的判断、あるいは決断のところにおいては、リスクを負って自らの意志で決定するのではなく、結局はアメリカに委ね、判断を仰ぐ姿勢が、少なくともエンジンの場合には当たり前となっていた。ただし、機体ではもう少し柔軟で、独自性をもった対応をしていたようである。

（3）高度な機材ほど経済性にも問題が出てくる。

最新に近い技術が盛り込まれている軍用機をライセンス生産しようと思えば思うほど、ライセンス料（ロイヤルティ）は高額になり、さらに日本の経済力が高まってくるほど、その額はつり上げられる。また、最新技術を駆使した部分はブラックボックスになりがちなので、防衛生産を通して高度な技術を吸収して民需部門に波及効果を及ぼすというメリットも得られないことが多い。

（4）輸出産業として航空機産業を育成強化すべきだ。

アジア諸国の追い上げなどもあって、産業の高度化を図っていかなければならないはずで、そのためにも、開発技術も含めての航空機産業を再認識して、育成強化し、輸出産業としても発展させていかなければならない。ライセンス生産する航空機は、輸出が許可されない契約条項が盛り込まれているので、その意味でも、自主開発を進めるべきだ。

高山はこのような趣旨のライセンス生産の問題点を指摘する発言をし、業界誌にもたびたび発表している。だが、こうした誰もがもっともと思う正論とは別に、軍用機を自主開発したときに、日本では次のような問題が発生するという現実がある。

事前に要求が提出されると、あれもこれも実現できます、既存の外国機よりこんなにも高い性能の飛行機ができますと、願望も含めたバラ色の内容が提出されるのが通例である。

戦前・戦中はもっとひどく、なんの技術的根拠もないのに、およそ実現不可能な大きく背伸びした要求を軍の用兵側がメーカーに突きつけて、発破をかけていた。戦前・戦中は航空技術が長足の進歩を遂げていたときだけに、次に開発する機種は、既存機よりかなり高い性能が実現できて当たり前といった風潮が強くあった。だから、要求値もかなり高く設定するのである。そうしたほうが、メーカーの技術者はより必死になってがんばって、いいものができる可能性が高いといった無責任な風潮がまかり通っていた。

だから、零戦の開発でも見られたように、超軽量を実現して性能をアップさせるため、主任設計者の堀越二郎が悩みに悩み、骨身を削る思いで知恵を出し、一グラムたりともないがしろにしない徹底した姿勢で臨んで、製作する現場もさんざん苦労させられたのである。

たしかに、技術開発にはこうした不可能に挑戦する、あるいは挑戦してみなければわからない不確定要素もある。最初から実現が十分に可能な開発は、さして飛躍もないし、これといった特徴ももたない凡庸な飛行機となってしまう。第一、そんな飛行機ならば、そもそも開発する意味すらもたないというべきであろう。

つねに失敗のリスクを覚悟しつつも、開発に着手する場合が少なくないが、問題はその「程度」であり、最新技術に対する理にかなった見通しである。また、そのためのふだんからの基礎研究や基礎データをとるための実験、試験がともなっていなければ、ないものねだりの無責任きわまりないことになってしまう。

だが現実は、新機種の自主開発にあたっては、大きな壁となって立ちはだかる防衛庁での装備審議会において要求書が承認されたあと、続くこれまた抵抗が大きい予算取りにおいて、大蔵省の主計担当者や政治家を納得させられるかが重大問題となる。このため、往々にして、軍用機や技術に疎い内局の責任者や技術に素人の大蔵省の役人や政治家に対しては、「わが国の技術をもってすれば、外国機を上回るこんなにすばらしい性能と特徴をもった飛行機ができます、だから承認してください、予算も出してください。開発費もこんなに少なくてすみます」といったバラ色の要求書を作り上げる場合が少なくないのである。

もし、正直に「この程度の性能と技術水準の国産機しかできないでしょう」といえば、装備審議会でも大蔵省でも、「その程度のものしかできないのなら、外国機を導入したほうが得策じゃないか」となって、それでおしまいになる。

こうしたことは、戦前でも当たり前だっただけに、C1で見られたように、当初、実現できるとした要求性能のうち、いくつかが達成できなくても、旧陸海軍技術者たちにはそれほど違和感もなければ、嘘をついたといった感覚もないのが実状だったのである。軍用機の開発とはそうしたものだと受け止めていたからだ。

後述するが、こうした考え方はその後も引き継がれて、一九九〇年代に日米で共同開発（改造）した

ＦＳＸ（Ｆ２）でも同様の事態が起こっていた。

事なかれ主義に政治的配慮

それはともあれ、Ｃ１について航空機業界は次のように嘆いた。

「もし航続距離をもう少し長く設計していれば、特徴ある国産輸送機として数多く生産されて、民間機にも波及効果を及ぼして、日本の航空工業の発展に寄与したのに、大変に残念だ」

海原の「Ｃ１は問題機だ」との指摘のように、Ｃ１は単に沖縄返還にともなって航続距離が短いとなったことだけが理由で、三一機に終わったというわけではない。戦後の防衛問題、あるいは防衛庁機に関する日本の野党やジャーナリズムの言説にも問題があるのだ。

たしかに、自主防衛を掲げる日本の自衛隊機を設計するとき、憲法上の解釈や、兵器の開発を「無駄金遣い」と受け止める風潮や、防衛庁と自衛隊に対するアレルギー、あるいは「継子《まま こ》扱い」で見る視線や批判が根強いため、数々の制約がともなってくることもある。さらには、ＦＳＸのように、アメリカからの干渉や横槍、防衛力整備の観点をないがしろにした、ただただ自らの利益や政治的取り引きを最優先する政治家のごり押しや圧力があることもたしかである。

だが、ジャーナリズムで騒がれ、国会で追及されることを恐れるあまり、政府や防衛庁は、事なかれ主義の政治的な配慮を優先していた。改良・改造を加えれば、より洗練されて、使い勝手をよくすることも可能だったが、こだわりをみせずに、みすみす見送ってしまったため、中途半端な輸送機を作って巨額の税金を無駄に費やしてしまったと批判されたが、Ｃ１はその典型例である。

Ｃ１の航続距離を短くする変更のように、つねに軍事的な合理性をないがしろにした、ただ表面だけをとりつくろう姑息なその場しのぎのやり方が行われたのである。批判した側はそれで成果があって、してやったりとはなっても、トータルで見ればなんの意義ももたらさない。

国会で取り上げられたとき、開発を推進する防衛庁が理路整然と軍事的な合理性や常識、もっと広くいえば防衛思想を展開し、正面から反論して、本質に迫る議論をする必要があっても、それをしないのは、野党もジャーナリズムも狙いは別のところにあって、聞く耳をもたないからである。たとえ、筋を通そうとする防衛庁の幹部がいたとしても、それをしないのは、正論を吐いても、それを主張すればするほど事が大きくなって、批判者側の思うつぼにはまってしまうことを過去の経験から知っているからだ。批判者の狙いは、騒ぎを大きくすることそのものであったり、自らの名を広く宣伝して高めることであったりする場合が多いのだ。

つまり、日本が置かれている軍事的な現実や国際関係、あるいはそれらに関する冷厳な分析や戦略、そして、まともな検証能力を欠いたままでの揚げ足取りの、失点稼ぎのためだけの批判があまりにも多いのである。だから、防衛庁には、過去の苦い体験から、大きく騒がれてジャーナリズムや世論の批判の声が高いときほど、黙って嵐が過ぎ去るのを待つのがもっとも賢いやり方だという知恵が身についてしまっているのである。

また与党政治家も防衛庁と一体となってその場限りの政治的妥協で事を収めて一件落着とし、つねに曖昧にしてきたのだった。そのことがたとえ、「国民の生命と財産を守ることを使命として存在する防衛庁」のなすべき仕事を放棄していることだとしても、あるいは、国民にとって不利益となって、税金の無駄遣いになるとしてもである。これが防衛庁の体質であり、身につけてしまった、さまざまな批判に対する処方箋なのである。

このような現状は、兵器が特殊な製品で一般人にはわかりづらく、軍事機密の名の下に他国の兵器と比較することもできず、外部の人間には容易に知り得ない防衛生産だから許されてきたのであった。もしこれが自動車や産業機械ならば、こんな中途半端な製品など市場では通用せず、外国製品との競争に勝てないし、ユーザーからそっぽを向かれて、とっくに破綻しているはずである。

計画性の欠如、支援戦闘機Ｆ１

Ｃ１とは別の意味で、開発スタートが遅れ、計画段階での先の読みも不十分で、しかも欲張りすぎたため、結果的には軍用機としてのバランスを欠き、使い勝手が悪くなって、日本を取り巻く軍事的な環境の変化に対応できなくなった例もある。その典型が、三菱重工が主契約者となり、川崎重工、富士重工、新明和が協力者となって開発した日本初の支援戦闘機Ｆ１であるが、日本の軍用機開発の問題性を集約した形となっている。

ちなみにＦ１に二基搭載されたターボファンエンジン「アドア（ＴＦ40）」は英ロールス・ロイス社と仏ツルボメカ社が共同開発し、同じく英仏が共同開発した「ジャガー」戦闘機にも二基搭載されていて、石川島播磨重工でライセンス生産された最新式のエンジンである。

それまで日本がライセンス生産した主要なエンジンはすべて米国製であって、規格や品質管理も習得していて慣れており、勝手を知っていたのに、わざわざ経験がほとんどないヨーロッパのメーカーのエンジンをなぜ選んだのか。それは、世界を見渡しても、二基搭載する方式のＴ２およびＦ１に適するパワーや燃費、重量のエンジンがなかったからだ。それに、Ｊ３の例でもわかるように、日本は本格的な戦闘機用エンジンを自主開発する能力をもちあわせていなかった。

ところで、航空機はフェイルセイフ（故障時にも安全を確保）の思想で、より安全にし、パイロットの死亡率をできる限り低くする必要があることはいうまでもないが、F1では絶対に二基のエンジンであるべきだと強くこだわっていた。その背景には、J79-11を一基しか搭載していない戦闘機F104のパイロットの死亡率が高かったことがあった。だから、FSXの当初もそう決めていたが、アメリカから強制されて採用したF16ではあっさりとその考え方を引っ込めて、一基でも問題なしとしたのは、これまた支援戦闘機に対する考え方に一貫性がなく、理解に苦しむのである。

それはともあれ、筆者はこの「アドア」のライセンス生産にかかわる設計部門の担当の一人であった。ライセンス契約を結んだ頃、世界三大エンジンメーカーの一つであるこのロールス・ロイス社が倒産し、そのすぐあと、今度は石油危機が襲ったため、防衛庁はあわてた。その結果、われわれ実務を遂行する者たちも必要以上に苦労することになった。それに、開発まもない最新のエンジンだっただけに、まだ数々の問題を抱えていて、英仏の両社が必死になって改善を行っていた最中だった。それだけに、ライセンス生産する日本側は余計に振り回されたことを思い出す。

しかも、それまでにライセンス生産したエンジンのほとんどが米GE社製だったため、それに慣れてしまっていて、「アドア」は初のヨーロッパ製であるため勝手が違った。伝統が違うだけに、生産の仕方も使う規格も異なり、品質管理の方法も異なっていた。そのため、当初は、それまでのGE社の方式とは別に新たなラインを設けねばならない工程も出てきて、生産現場は混乱した。特にツルボメカ社のスペックは慣れないフランス語であるうえに、ノウハウを要する工程や検査基準が現場の熟練者の判断に任せるやり方となっている場合もあって、わざわざフランスの現場担当者に教わりにいったりして苦労させられた。

支援戦闘機Ｆ１

Ｆ１はもともと、三菱重工が開発したマッハ一・六を出す双発の超音速の高等練習機Ｔ２をベースにして、支援戦闘機として改造したもので、合計七七機が生産された。Ｔ２そのものは日本初の超音速機であり、いくつかの問題点や外国機の真似といった批判もあったものの、世界の同クラスの超音速練習機と比べてもさして見劣りすることもなく、日本の軍用機技術もかなりの水準に達したことを証明して見せ、自衛隊のパイロットも含めて内外で高く評価された。

先にも紹介したが、支援戦闘機はいわば戦闘爆撃機であり、重装備のため、原型となった高等練習機と違って実戦に必要な慣性航法装置、対気諸元計算装置、電波高度計、ブランキングパルスミキサ、管制計算装置、レーダー警戒装置、ＵＨＦ方向探知器などが新たに加わった。そこで、Ｔ２の後部座席をつぶすなどして、そこにこれら電子機器を積んだのである。

Ｆ１が想定する重要なミッションは、北海道に上陸してくる可能性がもっとも高いソ連軍を爆撃することにある。このため、F1は先の電子機器類に加えて、練習機のT2にはない対地・対艦攻撃用のミサイルや爆弾などを搭載しなければならず、その場合、離陸時の最大重量はT2より二トン以上も重くなるが、両機はともに同じパワーのエンジンを二基搭載していた。T2より二年遅れで生産が始まったF1は、「アドア」エンジンがもう少しパワーアップされることも期待していたが、残念ながらそうはならなかった。

また、日程や予算の制約などもあって、主翼の面積を大きくする改造を行わなかったので、当然、運動性能（空戦性）が低下した。すでに運動性の高いT2に乗り慣れてしまっていたパイロットからすれば、F1を物足りなく感じて、不満が出るのも無理はなかった。こうしたことが誤算になったが、もちろん、それだけが原因ではない。

F1をめぐる防衛庁内の対立

F1の重要な任務として対ソ戦略を念頭に置いて開発されていたため、青森県三沢基地にその多くが配備された。ところが、北海道に上陸してくる敵部隊を攻撃（爆撃）するケースばかりならばいいのだが、そう都合よく攻めてくるとは限らない。

F1の計画は、当時、ソビエトが保有する最新鋭のミグ21戦闘機の航続距離を念頭に置きつつ進められたため、三沢基地が直接、空から攻撃されることはないとして考慮されていなかった。

ところが、その後まもない一九七一年に航続距離の長いミグ23が登場してくると、防衛構想は狂ってしまった。当然、北海道に近い三沢基地は攻撃される恐れがあると見なければならず、そのときはあらかじめ後退して、松島基地やさらに西の基地から発進することは当然考えられる。そのとき、爆撃に必要なミサイルや爆弾を多く搭載しようとすると、Ｆ１の航続距離は足りなくなって、用法が制限されることになってしまうのである。

それならば、機外燃料タンクを数個ほど積む手もあるが、これでは、ただでさえ重い機体がさらに重くなって、搭載する爆弾やミサイルの搭載量を減らす必要も出てくる。この結果、きわめて限られた使い方しかできない支援戦闘機となってしまったのである。このほか、Ｆ１はパイロットからレーダーの能力不足や後方視界が悪いなどの不満も出されていた。

支援戦闘機を計画するとき、最初に決める要求仕様（性能）およびミッション、いわゆるＧＯＲ（ジェネラル・オペレーション・リクアイアメント）を詰める段階で、どれだけ仮想敵国の兵器の進歩の度合いを見通し、想定していたかが問題になる。

兵器は、やがて登場してくるであろう相手の兵器の進歩の度合いも見計らいながら、一定間隔で開発され、いたちごっことなるのは宿命である。新鋭機を開発したと思ったとたんに、相手がそれを上回る性能の兵器を登場させて、古くなるものだが、その猶予期間の間隔がどのくらい確保できるかが問題である。

Ｆ１の場合、原型機となったＴ２の開発は、かなり早い段階の昭和四〇年ごろからスタートしていた。だが、Ｔ２も含めて、外国機のライセンス生産か、それとも自主開発かをめぐって防衛庁内で意見が大きく分かれ、議論が続いた。両者の装備にかかる総経費の違いや、装備開始時期が守れるか否か、外国機の導入ならば日本の防衛に適さない面が出てくるが、どの程度ならば許容できるのか。あるいは、日本の航空機工業の技術力向上や仕事量確保の問題であった。

議論は紛糾して次第に時間が過ぎていったが、このあたりの経過については、日本航空宇宙工業会が発刊した「日本の航空宇宙工業戦後史」が客観的に解説している。

結局は、「航空自衛隊が求めるＴＸ（Ｔ２の試作機）の早期取得と航空工業界の仕事量確保という二つの面を考慮し、防衛庁は、ＴＸは国内開発とするが、その装備開始時期が四次防段階となるので、その間、航空自衛隊が必要とする練習機は別に購入するという方針を内定した。すなわち、国産ＴＸ実用化までのつなぎとして（外国機の）Ｔ38を三五機程度ライセンス生産し、国産ＴＸが揃ったら、つなぎのＴＸは標的曳航などの雑用に回す構想であった」。一般的な見方として、少ない日本の防衛予算でありながら、練習機のＴＸを二機種ももつのは不経済であることは明らかなだけに、防衛庁内の自主開発派とは異なるもう一方の勢力は、「Ｔ38を使い、ＦＳＸ（Ｆ１の試作機）としてＴ38と同系列の（米ノースロップ製）Ｆ５Ａ戦闘機を採用することを主張する人もいた。そのほうが総経費は少なくすみ、また早期に部隊配備できるのは確かであった」。

次世代戦闘機の登場

この頃、日本側の大幅な貿易黒字が問題となって、時の首相・田中角栄は、アメリカの対日赤字の解消策として米ノースロップ社から売り込みのあったＦ５をＦ１として導入を検討していたのだった。もしＦ５が採用されると、Ｆ１の自主開発は中止となる恐れが十分にあって、自主開発派は危機感を抱いた時期もあった。

結局は「国内航空工業の技術力向上の意義が認められ」、つなぎのＴ38の購入は取り止めとなって、Ｔ２およびＦ１が自主開発されることになったが、これらの不毛ともいえる論議が果てしなく続いたために、Ｆ１の開発着手に四、五年の遅れが生じてしまった。この結果、Ｆ１が開発されて部隊に配備された昭和五一年頃には、アメリカの次の世代の戦闘機であるＦ16やＦ18戦闘機が登場してきた。ソ連には、ミグ23が五年ほど前に配備されていた。当初、Ｆ１を計画したときに想定していたソ連の戦力よりも、質、量ともに増強され、戦闘機の性能もまた向上していたため、日本を取り巻く軍事状況もいちだんと厳しくなっていた。そのため、航続距離が長くなったミグ23による三沢基地攻撃が予想されるようになったのである。

実際に戦闘機を配備して対ソ警戒にあたる部隊、そして操縦するパイロットからすれば、防衛の極限にあるのは、殺るか殺られるかの戦闘の現実である。しかも、彼らがより高性能で強力な兵器を欲しがるのは本能みたいなものである。ましてや、傑作機といわれて一時代を画す革新的な戦闘機ともてはやされたＦ16が、Ｆ１とほぼ同時期に登場してきてベストセラー機となり、世界十数カ国でライセンス生産されることになる。さらには、Ｆ16を配備する米軍の三沢基地は航空自衛隊と同居しているため、おのずと両機が比較されることになって、見劣りするのも無理はなかった。Ｆ１が配備された部隊から不満や批判が出るのもまた無理はなく、「Ｆ１は使い物にならない」といった不満の言葉があがったのだった。

こうしたＦ１支援戦闘機の開発にいたる経過を検証するとき、なにより、取り巻く世界の軍事情勢の変化を厳しく受け止めて迅速に対応するという、大局を重視する姿勢を第一として防衛庁内を一つにまとめあげる、そうした緊張感、意見の統一といったことにおいて欠けていたといわざるを得ない。それは、幸いなことに、平和な日々が当たり前として過ぎていき、実戦が行われることもないと思われている日本の防衛庁にありがちなことだった。

またそれは、よく指摘される防衛庁の弱点である情報集能力の不足でもあった。過去を振り返るならば、米ソの戦闘機はたえず一定間隔で新鋭機が開発され、次世代機がいつ頃登場してくるかは、ある程度予想できるはずである。また、それを予想して開発は進められるはずである。たとえば、ミグ19とミグ21の間隔は九年、ミグ21とミグ23の間隔もまた九年であったが、そうした現実からして、F1の開発を着手してまもない時期に、性能がいちだんと向上したソビエトの次期戦闘機が登場してくることは当然のこととして予想しておかなければならないはずであり、アメリカやヨーロッパの次世代の戦闘機開発も含めて、これらの情報を集める努力をどれだけ真剣に行い、それを重要視していたかである。その点において、防衛庁の新型機開発計画を前にしての防衛戦略や戦術の詰めの甘さがあったといわざるを得ない。

世界の開発状況をつかんでいたか

もともと日本の防衛予算の研究開発費が極端に少なく、技術力も米ソからかなり劣るうえに、外国機のライセンス生産か、それとも自主開発かをめぐって一貫した基本方針がなく、防衛庁の発足時から延々と議論が繰り返されて不毛な対立を生んできた。F1を導入するときのように迅速な対応ができずに、時間をロスして時機を失する場合が少なくない。

たとえば、これ以前の昭和三〇年代前半に大きく騒がれた第一次FX（次期主力戦闘機）の導入をめぐって、防衛庁内も含めて二つの勢力が「グラマンかロッキードか」と売り込み合戦を演じて醜いばかりの様相を呈し、政財界を巻き込んでの疑獄事件にも発展して、数年を浪費した例がある。さらには、本書の第六章で紹介する、一九八〇年代末に起こる次期支援戦闘機FSXをめぐる動きでもまたしかりであった。

その一方、実際にＦ1を開発したメーカーの技術者は、こうしたいきさつや舞台裏を知ってか知らずか、部隊や評論家たちが「Ｆ1は使い物にならない」と批判するのはあまりに一面的であり、手前勝手で無責任であると反論する。それは、「防衛庁が作成したＦ1に対する要求性能には、ミグ23のような性能（航続距離）のソビエト製戦闘機を想定して、三沢基地が攻撃される可能性も考慮されたうえで、爆弾も積んでもかつ長い航続距離が確保できるような支援戦闘機を開発するとはなっていなかったからだ」と指摘する。

こうした問題が起こった背景の一つには、Ｆ1の要求性能を検討するうえで大いに参考にし、前提とした機種として、自衛隊の主力戦闘機Ｆ１０４があった。Ｆ１０４の導入当時、最新鋭だったため、日本はかなり背伸びして、この米ロッキード社製Ｆ１０４を手にした。しかも、日本はそうした最新鋭の戦闘機を手にするのがはじめてで、そこからさまざまなノウハウを習得した。だが、日本において最新鋭戦闘機を使いこなした実績といえばＦ１０４くらいしか手元にないだけに、そのことにとらわれて、その延長上で欠点や限界を超える支援戦闘機を構想したきらいがあった。広く世界の戦闘機の開発状況を突っ込んだ形で把握していなかったといえよう。

開発技術者は続けて強調する。

「Ｆ1を開発するとき、航続距離も燃費もよくて、採用できるようなターボファンエンジンの候補は、当時、世界を見渡してもＴＦ40しかなかった。ＴＦ40を使って、しかも、日本に許される開発予算で設計するならば、とてもじゃないが、Ｆ1以上の性能をもち得て、航続距離もさらに長くなるような戦闘機を開発することは無理というものだ。

もし、ＴＦ40がパワー不足でＦ1の性能が悪いというなら、その当時、Ｔ2あるいはＦ1用として導入を検討していた欧米の同世代の戦闘機、たとえばF5や『ジャガー』と比べるのでなければ、それは時間軸を無視した、次の世代の戦闘機と比べての、ないものねだりの要求であり、批判である。

たしかに、F1が登場すると、ほぼ同時期に、F5の次の世代となるF16などが登場してきたから、両者の性能の違いが目立ったかもしれないが。また、もう少し待っていれば、F16が登場してきたので、この革新的な戦闘機をライセンス生産していれば、問題は起きなかったという言い方もあるかもしれないが、それでは、国内の開発技術のレベルアップはいつまでたっても図れない。待つだけの時間的余裕が本当にとれたかどうかは疑問である」

こうした悲劇は、日本と米ソの戦闘機の開発能力、あるいは研究開発費のあまりの落差からくる面が大きいのはたしかである。F16はF1と同じターボファンエンジンのF110-129やF100-229を一基搭載していたが、これはTF40の四倍ものパワーがある米国製の強力なエンジンだった。

これもまた、多数の軍用機を生産すると同時に、高い技術開発力や豊富な研究開発費を確保できるアメリカの航空機産業の強さのあらわれであった。

ともあれ、F1の開発事例は、日本の自主開発のあり方や防衛庁の防衛構想能力の水準や緊張感の有無、それに、外国機の導入か自主開発かをめぐる庁内を二分してのいつもの対立による内向きの議論でエネルギーを浪費してしまっている実態が大きく問われることになった。それは、十数年後に導入が検討されることになる次期支援戦闘機FSXにもさまざまな形で影を投げかけることになる。

日本独自の対潜哨戒機PS1

戦前、水上戦闘機や飛行艇を得意としてきた川西航空機が戦後、新明和興業（のちに新明和工業と改称）

対潜哨戒機PS1

と改称してから研究開発し生産した対潜哨戒機PS1は、一四年の歳月を要して完成させた自主開発機である。
　他国では見られないきわめて独創的なアイディアがふんだんに盛り込まれたPS1は、開発当初から防衛庁機としては世界から注目され、アメリカも強い関心を示して、予算の少ない防衛庁に対して機材をバックアップし、一時は米海軍との共同開発の話や採用の可能性についても検討されたほどだった。
　PS1開発の中心的な技術者である菊原静男は、戦前の川西航空機時代に、「紫電改」「二式大艇」ほかの設計主任として活躍した。どちらも名機と呼ばれて、「紫電改」は終戦間近の昭和二〇年一月に初飛行してまもなく、源田実大佐率いる松山の三四三航空隊の五〇機が、グラマンF6Fヘルキャット一五〇機を迎え撃って六四機を撃墜、味方の損害はわずかで、その名をとどろかせたが、まもなく生産がおぼつかなくなり、やがて伝説的な戦闘機となった。
アメリカに持ち帰られた「紫電改」と模擬空中戦を

おこなったあらゆる米戦闘機がかなわなかったといった逸話も伝えられている。

「二式大艇」もまたアメリカに持ち帰られて米軍の手によって飛行試験が行われて、その性能の高さに米関係者は驚いた。なにしろ、「二式大艇」は第二次大戦に使われた米ＰＢ２Ｙ四発飛行艇、英ショート・サンダーランド四発飛行艇と比べて、最高時速で一一〇キロメートル、航続距離で二〇〇〇キロメートルも上回る高性能だったからである。

昭和三三年、「二式大艇」の優秀さに目を付けた米マーチン社と米海軍機を専門に生産してきたグラマン社は、新明和に艇体の改造実験を依頼してきた。そのため、「戦後、航空機に関してアメリカからドル外貨を稼いだのは菊原が最初だろう」といわれたりもした。

その菊原は戦後の航空禁止時代、元川西航空機の同僚たちと印刷所を経営して聖書などの宗教書や「子供と科学」などを一時は月五万部も発刊していたが、その後、自動車の生産を始めていた明和自動車（元川西航空機）の常務として引っ張られ、航空解禁後は、新明和の嘱託として飛行艇などの研究を進めた。昭和三二年頃、その菊原が防衛庁を訪れ、これまで研究してきた特許を持ち込んで、「この技術を活用して実験飛行艇の試作ができませんか」と働きかけた。

菊原の提案には、「二式大艇」で採用されていたスプレーダム型の飛沫防止装置の研究の際に浮かんだアイディアである溝型波消装置や流体力学的に特性の優れた細長い艇体、Ｖ角が鋭く、水面や波面の切り込み角が鋭い艇底などがあった。さらに、離着水速度を低くするための境界層制御を併用したプロペラ後流偏向型の高揚力装置、極低速の飛行安定を維持するための自動安定装置（ＡＳＥ）などがあった。

旧川西航空機で、飛行艇や水上機を専門としていた海幕の野邑末次技術部長は、この提案に意欲をかき立てられた。彼が中心となって防衛庁内でも検討され、昭和三五年には対潜哨戒機として開発する方針を決めた。この決定の背景には、伝説的な名機を作り上げて、アメリカから高い評価を得ていた逸材の菊原に、野邑が惚れ込んで、戦前の夢を託したということがあった。また、菊原が考案した溝型波消装置を装着した飛行艇の模型を使った試験で、先の米マーチン、グラマン両社から菊原が高い評価を得ていたこともあった。

ジェット機時代に入り、「空白の七年間」を経て絶望的なほど後れをとっていた日本の航空技術だけに、とかく自主開発機は先を行く欧米機を真似たり、それから大きくそれることのない範囲を狙って開発される場合が少なくなかった。しかも、防衛庁内では、アメリカが新たに開発した兵器が登場してくると、「あれと同じ国産兵器が欲しい」といった要求がまことしやかに口にされることがあったりした。それだけに、この独創性に富んだ飛行艇は、戦前日本の航空技術の優秀性を世界にアピールする数少ないチャンスと思えたに違いない。

のちにＰＳ１と命名されるこの対潜哨戒機は、四方を海に囲まれた日本の周辺海域で潜水艦を索敵する目的で開発され、高揚力装置や三メートル近い荒海でも離着水できる独特の波消装置が持ち味となった。強い興味を示したアメリカからは、飛行艇の技術を確立するための実験飛行用として、わざわざグラマン・アルバトロス一機が提供されたりした。うまくいけば、アメリカにない技術だけに、提供を受けたいというグラマン社の思惑があった。

その後、波消装置や高揚力装置、自動安定装置（ＡＳＥ）など各部の試験データが蓄積されて、潜水艦の探知装置である吊り降ろし型ソナー（水中音波探知装置）と機上から波の高さを計測する機上用波高計の研究も並行して進められ、見通しを得たことで、昭和三八〜三九年度予算で試験研究費六・六億円が認められて、ＰＸＳの試作に向けた準備が始められた。

荒波でも離着水できるはずが

昭和四〇年五月、防衛庁は新明和に対してＰＸＳの試作命令を出した。ＰＸＳは「外洋における運用を第一の使命とする世界初の飛行艇」であり、最大の特徴は、高揚力装置と自動安定装置を組み合わせた極低速飛行技術と、飛沫防止装置を付けた新しい艇体設計技術によって成り立つ高耐波性であった。

エンジンは小型ながら高馬力の米ＧＥ社Ｔ64ターボプロップを四基搭載したプロペラ機であったが、試作機の飛行試験では、前例のないアイディアをふんだんに取り入れた飛行艇だけに、トラブルが続出して関係者を大いに悩ませた。特にセールスポイントとしていた水上滑走中の安定性や水上における運動性に問題があった。これは飛行艇特有の問題でもあった。加えて、着水時の衝撃や水の抵抗で機体の一部が損傷したり、飛び散る飛沫をエンジンが吸い込んで腐食が発生するという問題もあった。

こうした機体側の問題だけでなく、日本の研究が手薄で技術開発の実績も力もほとんどない潜水艦探知のための対潜装置の決定も難しかった。対潜装置は、自力の開発はとても手に負えないとして、米海軍のＰ３Ｂに搭載されているソナー型の対潜装置を採用することになった。

昭和四二年一〇月、試作第一号の初飛行は成功した。昭和二八年に着手した新型飛行艇の社内研究から実に一四年が経過していたが、防衛庁機において、これほど長きにわたり基礎研究、要素研究を積み上げ、実証機試験も重ねてきたものは他にはない。ちなみに、費やした開発費は六四億三二〇〇万円であった。

他国にはない独創的な軍用機であるほど、長い地道な基礎研究が必要であることはいうまでもない。

しかし、その間に多発したトラブルと、その改良に費やしたエネルギーや格闘は想像を超えるものがあった。それだけではない。たとえば、同じ対潜哨戒機のロッキード社製Ｐ２Ｖを改造して日本で新造したＰ２Ｊや現有機のＰ３Ｃなどと比べると事故が多く、機体もエンジンもトラブルが多発し、四分の一に当たる六機を失って三十数人の犠牲者を出してしまった。

「荒波でも離着水できる」が謳い文句であり、ＰＳ１ならではのセールスポイントだったが、不規則な動きをする波の高さを上空から正確に計測することは難しかった。計測機器の信頼性も低くて着水の決断がなかなかできないために、素早い行動がとれない弱点が明らかとなった。そのため、海に浮かぶ機体のバランスをとるために必要な主翼の両端に装備している補助足のようなフロートが折れたり、あるいは転覆したりする事故が相次いだのだった。自然を相手とする技術開発では、つねにつきまとうトラブルでもあった。

潜水艦探知のソナーなど電子機器装置は、コンピュータやセンサーなどを主体とするエレクトロニクス技術だが、いまと違ってこの頃の日本は後れていた。家電などの汎用技術ならまだしも、特殊な軍事技術だけに経験は皆無に近く、そのうえ、進歩は急で、新たに登場してくる敵潜水艦との技術のいたちごっこになる。着水してソナーを下げるという日本が採用した方式は、使い捨て方式より安価で日本に向いていると判断して採用したが、予想していたよりはるかに相手の技術的進歩が速かったのである。

このため、またたくまに旧式になって、しばしば改造や新しい装備を追加したりする必要が出てきて、そのつど機体は重くなっていった。当初、想定していた搭載重量の二九トンから次々と増えていって、最終的には三六トンにもなった。燃料も含めた最大離水重量では四三トンにもなってしまった。

その結果、防衛庁は「今日の潜水艦探知技術の進歩のなかで、ＰＳ１は要求どおりの性能を満たしていない」との結論を下して公表した。兵器に関して、このようにはっきりと「時代遅れで使い物になりません」と公表するのはめずらしいことだが、それほどひどかったのである。

Ｐ３Ｃが導入されてしばらくした一九八〇年後半の日米合同演習の際、一応はＰＳ１も出動して配についた。だが、同行した出張者の報告によると、「実際は形だけで、Ｐ３Ｃと比べるとまったくお話にならないのが実状だった」と聞いたことがあったが、作ったメーカー側の人間にしてみれば、あんなに苦労して完成させたものが、ほとんど役に立っていないと聞いて、複雑な気分だったことを覚えている。このため、「画期的」「世界に例を見ない独創的な」対潜哨戒機といわれながらも、ＰＳ１はわずか二三機で生産が中止となった。もちろん、その分だけ一機当たりの価格は高くなり、自主開発を否定する内局などの批判がいっそう強まる結果となった。

一方、搭載されたＴ64エンジンは石川島がライセンス生産したが、アメリカでは主に輸送機に使われていたため、両機の使い方が異なっていて、ＰＳ１のほうが明らかに過酷で特殊だった。

筆者は当初、設計部門にあって、このエンジンの自動制御（燃料制御）を担当した。のちに動力伝達装置も担当したが、導入時からこの部分を担当して改善に奔走した前任者の時代は苦労のしっぱなしで、トラブル対策に追われる毎日となった。毎月、この設計グループは一〇〇時間近い残業をこなし、それが数年間続いた。

エンジンのトラブルが多発して、機体そのものも実戦配備から外さざるを得なかっただけに、防衛庁からは「国防上の問題である」と怒鳴られ、なにより人命にかかわるだけに、担当技術者は必死で取り組んでいた。電話でたびたび事故の報が入り、配備されている岩国基地へは頻繁に通い、とんぼ返りしたりの連続で、筆者は担当技術者の隣にいただけに、日々、悲壮感が伝わってきた。

ＰＳ１が荒海に離着水するため、エンジンの前部空気取り入れ口から海水の飛沫が入ってきて圧縮機の羽根などが腐食した。それだけではない。波が大きいと、離着水のとき、プロペラが海面を叩いて過負荷となり、各部品の荷重条件が厳しくなって減速装置のベアリングなどの寿命が極端に短かった。

先の高山はＰＳ１が海上自衛隊に納入される少し前から技本の技術開発官として担当していたが、その実状については、「飛行試験でのフラップの破損対策など、とにかくトラブル対策に関する仕事が多かった。一応の完成をみてからも、設計のほうから改修の図面がどんどん出てきた」と話す。

ある日、旧海軍の航空技術廠飛行機部で技師だった新明和の中山忠平工場長が高山に泣きついた。

「三月までに防衛庁に納めなきゃならんのに、うちの菊原さんと野邑さんから毎日のように改訂改訂の図面が次々と出てくるので弱っています。これを止めてもらわんと、とても三月納入は無理ですよ」

海幕の技術部長としてＰＳ１の開発を担当していた野邑は新明和に顧問として天下ってのちも、菊原とともに力を注いでいた。最終段階にさしかかったＰＳ１だが、両人が心配なところを次々と設計変更していたのだった。高山はひとまずストップをかけて、一つの区切りとしての三月の領収をすませたという。

「弁慶の七つ道具」を欲しがる

エンジン側で苦労したトラブルの代表例を紹介すれば、プロペラ軸を支えているベアリングの寿命が極端に短かったことである。それでも懸命な改善を試み、ベアリングの材料に含まれるきわめて微量の不純物を極限まで少なくする特殊な真空熔解法を採用するなどして高品質としたため、以後、耐久性が増して寿命は大幅に延びることになり、トラブルは収まった。こうした改善の努力によって、極端に短かった、エンジンをオーバーホールする時間的間隔も次第に延びていった。

ＰＳ１を振り返るとき、四方を海で囲まれた日本において重要な役割を果たす対潜哨戒機を、失敗も恐れず、日本独自のアイディアをもとに作り上げようとする野心的な試みとして高く評価されるべき挑戦ではあったが、先の国産ジェットエンジンＪ３と似ていて、いささか荷が重かった。飛行艇としての機能ももつ対潜哨戒機で、しかも荒海にも離着水できるといった、あまりにあれもこれもの使い方を備えようとしたマルチパーパス（多目的）の要求によって、用途や性能や機能を欲張りすぎた観がある。それと、未成熟で不確定な技術を数多く盛り込みすぎたともいえよう。過ぎたるは及ばざるがごとしで、これまた、設計時に飛行艇としてのトータルバランスを間違えたのであり、それは経験不足からくるものでもあった。

戦後の日本でははじめての飛行艇だったため、欲や気負いが出て、適正な見定めができなかったのであろう。戦前の航空技術者の見果てぬ夢の延長線上にあって、力量が試された開発プロジェクトだったが、結果は厚い壁に阻まれることになった。しかもエンジンを外国とは違った使い方をしたため、トラブル対策では、開発したＧＥ社にもノウハウがなく、それだけ苦労することになった。

Ｆ１の開発においてもこの傾向が見られたが、海原のいうように、「とかく防衛庁の制服組はあれもこれも盛り込んだ『弁慶の七つ道具』のような兵器を欲しがって、結局は当初の要求を実現できない中途半端な代物を作ってしまう」のである。だが、別の角度から見れば、開発予算も開発の機会も少ないために、このときぞとばかり、あれもこれも備えておくに越したことはないと、一つの兵器に盛り込みたがって、合理的で大胆な見極めや割り切りができなかったともいえよう。

さらに、根本的な問題として、海原も高山も指摘しているように、欧米と比べて、日本は兵器の研究開発費があまりにも少なく、しかも細切れであるために開発に長い年月を必要とするようになって、完成した頃には時代遅れとなってしまうという欠陥があった。さらに、試作機を作る予算と、リスクのある技術の開発試験を同時並行で進めていくといったやり方が認められていないため、一つひとつを順序を追って開発していかなければならず、きわめて非能率的である。どんな分野でも、実際の開発は複数の作業が同時並行でシステマティックに進めていくのが常識である。また、単年度予算のために、長い年月をかけて地道に進めていくべき基礎研究は制度的にも適さないのである。

また、軍事に関する考え方として、形になるか否かわからず、成功率も一、二割ともいわれる基礎研究に金を注ぎ込むより、その分を、目に見えて確実に手にできるハードウエアとしての装備そのものに注ぎ込んだほうが実質的だといった〝貧乏根性〟が根にあったことも否めない。

とはいえ、結果的に見れば、エンジンに関しては、そのためにかえって必死になって勉強し、設計の根本から考えることになって、ライセンス生産とはいえ、ＧＥ社にはないさまざまな技術を開発して技術者を成長させた。このときの改善で得た技術が他のエンジンにも採用されて大きく貢献したことも事実である。

もちろん、トラブルがないに越したことはないが、結果的には、一例として、Ｔ64エンジンのベアリングを生産したＮＳＫや東洋ベアリングなどは、このとき開発した技術が外国で認められることになった。高い授業料ではあったが、このあと、他機種のベアリングにも適用されて、やがて一〇年後に始まる民間機用Ｖ２５００エンジンの国際共同開発の際、このとき苦労して改良した技術が高く評価されて採用され、民生品の輸出にも貢献することになった。

ソフトが、電子機器が難しい

ところで、PS1の問題は、挑戦的に試みた独自の技術が未熟で、数々のトラブルが発生して事故が多発し、わずか二三機しか生産されなかったということだけではなかった。PS1の開発が終了した頃、P2Jの後継機となる次期対潜哨戒機PXLを自主開発とするのか、それとも外国機を導入するのかをめぐって、防衛庁、航空機メーカー、商社、政治家の間で激しい駆け引きが行われることになる。いわゆるロッキード事件であるが、その少し前の段階にあった頃のことを海原は振り返っている。

国防会議事務局長だった海原は、人を介して川崎重工の幹部から陳情を受け、会社側からの説明を聞いた。

「前幕僚長に考えをうかがうと、今度のPXLは当然国産だといわれまして、思い切ってモックアップを作りました」

海原はいった。

「それはあなた方が自由にやられたことだと思いますよ。どこが受注するかは賭けですからね。それはそれとしても、国産といわれるが、果たしてどこまで国産されるのですか。たしかに機体はドンガラ(胴体)だから、できるでしょう。でも、中に搭載する電波探知機器装置などはどうするんですか。ご存じのとおり、対潜哨戒機は搭載するこうしたエレクトロニクス技術の塊みたいな機器装置が肝心であって難しいでしょう。

でも、日本の潜水艦探知技術は果てしなくゼロに近い。これらの国産は可能なんですか。もし作るとしたらどこのメーカーで国産するのですか。国産したいというお気持ちはわかりますが、中身の電子機器装置ができないならば、どうしようもないじゃありませんか。それにもっと難しいソフトの開発もある。アメリカの実績からいくと、これをやるには莫大な金がかかりますよ」

海原の率直な問いに対して、会社側の人間は返答できず黙ったため、一〇人ほどいた席が白けてしまって、気まずい空気が流れた。

ソフトとは対潜哨戒機が探知すべきソビエト（ロシア）をはじめとするさまざまな種類の原子力潜水艦が発する原子炉の循環ポンプやタービン、スクリュー、減速機などが発する音や振動の周波数、癖などの特徴をあらわす音紋の解析技術である。さらには、これらの音紋はソナー（水中音波探知装置）によって数十キロ先から探知するが、音波の伝わり方、反射の仕方も、海域の地形や周囲の状況、水深、水温、海流、潮目によって異なるし、季節によっても違ってくる。それぞれの原潜によって異なる行動様式や作戦行動のパターンの把握も必要である。

これらの情報は、三六五日、日本周辺の海上を航行する海洋観測艦などによって地道に収集され、ハードウエアとしての原潜そのものに関する機密情報と照らしあわせながら、分析していく。何年にもわたるこうした情報の積み上げによって一つひとつの原潜の特徴や行動パターンが解析されて、ソフト情報として作り上げられていく。日本は海洋国であるにもかかわらず、海洋観測艦の数はアメリカやロシアなどと比べてきわめて少ない。

しかし、アメリカはライセンス契約を結ぶとき、ドンガラとしての機体とエンジンについては許可しても、探知装置はまるごと米国製を輸入、あるいは一部をライセンス生産とする基本方針をとっている。このようなソフト情報は最高度の機密であるため、日本に提供することはなく、ブラックボックスとなっていて、中身をのぞくことも勝手に触れることもできない。国産技術の育成にはつながらないようになっているのだ。

その一端が思わぬ形で明らかとされたのが、工作機械メーカーである東芝機械の不正輸出事件である。

一九八七年春、日本の次期支援戦闘機FSXを国産化するか、それとも日米共同開発とするかで、日米間が大きく揺れていて、ジャパン・バッシングが激しくなっていたときだった。そのとき、アメリカはCIA（アメリカ中央情報局）の調査に基づき、工作機械メーカーの東芝機械が、ノルウェー経由でソビエトに輸出した大型で精密なNC（数値制御）工作機械がココム（対共産圏輸出統制委員会）に違反したとしてやり玉に挙げたのである。この加工機械によって、三次元曲線をもつソ連の原子力潜水艦のスクリューを加工したことで表面がそれまでより滑らかで精緻となり、航行中に水を切る際に発生する騒音が少なくなって探知しにくくなったというのである。

事実かそれとも難癖か、ソビエトの原潜の音紋に関するソフト情報だけに、日本側が確かめる手段をもち得ていない弱みを突かれた。アメリカ側からの確たる証拠も示されないまま、反論もできず、なすすべもなく、日本の警察は東芝機械の幹部二名を逮捕し、重役ら七人を書類送検することになった。この事件を契機に、FSXの流れはアメリカの圧力とごり押しによって大きく日米共同開発に傾くことになる。

こうした最高の軍事機密だけに自力で開発するしかないわけだが、大蔵省は、形として目に見えないソフト情報の重要性について理解が低く、軽視しがちで予算がつきにくい。後進国ほど情報に対する価値評価が低く、金を出ししぶるのと同じである。

このため、対潜哨戒機に搭載するハードウエアとしてのソナーおよび関係する一連の電子機器を開発しても、その基礎となるこうしたソフト情報が不十分なままでは、外見上はもっともらしい航空機や装備ができていても、原潜の微妙な音紋の識別や作戦行動が正確に読み取れなければ、実質的には役に立たなくなってしまう。当然のことながら、攻撃兵器の魚雷の開発も難しくなる。

海原は強調する。

「国産、国産といっている人にはいつもいうのですが、国産というのは内容が問題であって、なんとしても国産せねばならない、やればできるはずだ、ではだめなのです。中曽根さんなんか、その典型ですが」

一方、こうした海原の見方に対しては制服組からの反論がある。

「一九七〇年代、次期対潜哨戒機ＰＸＬの国産化が議論されたとき、文科系出身の内局官僚は大蔵省と結んで、『ソフトの開発だけで六、七年はかかるし、予算も六〇〇億円は必要だろう。簡単に国産化できるものではない』と反対しました。専門家の試算では、二、三〇億円でソフトを開発できると、出ていたのです。それなのに、『アメリカが何億ドルもかけたものを、日本でそんなに安くできるわけがない』と官僚どもが押し切ってしまった。アメリカの場合、実際の工数の他に技術料が上乗せされており、ソフト会社の利益率も高いので、計算の基礎がまるで違うのです。そんなことも知らずに、日本の兵器技術を何十年も遅らせる決定を、官僚どもはくだしたのです」（『戦艦ミズーリの長い影』）

本当に二、三〇億円で開発できるか否かは別として、海原は、「国産できるのはできても、それが果たして使い物になるのか。精度や信頼性が大きく落ちるのでは、大変な問題になるし、対潜哨戒機としては役に立たないことになる。それは搭載される装置機器のハードでも同じで、そうしたことが過去に何度もあった」と指摘する。

同様の問題は、後述するＦＳＸ（Ｆ２）のアクティブ・フェーズドアレイ・レーダーでも起こっていた。このソフトの精度や信頼性については微妙であって、どこまでの精度ならば実用上問題がなく、また、アメリカのソフトと比べてどの程度なのかも、防衛庁内の人間にしかわからない場合が多いだけに、適正な比較は難しい。それだけに、双方とも手前勝手なことを並べることになる。

技術も経験もない日本がソフトを作ったとしても、精度や信頼性が落ちるのは目に見えている。ソフトがそんなに簡単な代物でないことは明らかだからである。ならば、国産当初は不十分で、作戦上、問題が出てくる可能性は十分に考えられるが、それもやむを得ずとして、国産技術を育て上げる目的で使い続け、徐々に改善を図って、精度、信頼性を高めていくという基本方針を打ち出すか否かである。だが、それでは国防の観点から危険きわまりないとするならば、やはりブラックボックスのアメリカのソフトを買うしかない。要は、確固たる防衛庁の基本姿勢があるかないかである。

戦時中に開発した「二式大艇」や「紫電改」が、性能において航空機先進国の米機を上回っていたとする稀有な例に一縷《いちる》の望みを託し、かつての設計主任だった菊原が再登場して、防衛庁の飛行艇の専門家もこれを後押ししての、夢よもう一度といった思いが底流ににじむＰＳ１だったが、開発が進むにつれて、もはや時代が大きく異なってきていることに気づかされた。

菊原ら新明和の開発陣や防衛庁がＰＳ１において追いかけたものは、ハードウエアとしての機体であり、戦前の飛行艇はそれでよかったのである。だが、昭和三〇年代と四〇年代における対潜哨戒機は、いわゆる水上に離着陸できる飛行艇としての機体の飛行性能や行動性もさることながら、搭載される電子機器やソフト情報を含めた敵潜水艦を正確に探知できるシステムそのものがはるかに重要になっていた。その意味において、日本は対潜哨戒機に対する認識がはるかに後れていたのである。

二〇〇一年一一月、防衛庁はＰ３Ｃの後継機となる次期対潜哨戒機ＰＸの開発を川崎重工に発注することを決め、Ｐ３Ｃとほぼ同じ一〇〇機程度を生産する計画である。ＰＳ１、Ｐ３Ｃでは国産化できなかった心臓部の電子機器装置である水中音波探知システム（音響レーダーシステム）などソフト情報も含めて、ＰＸで日本がどの程度の水準のものを作り上げることができるのかが注目されるところである。

戦略なき軍用機の設計

Ｃ１、Ｆ１、ＰＳ１にみられる軍用機開発の問題点をあげたが、ここから浮かび上がってくることは、なにもこの三機種だけにとどまるものではなく、問題は多岐にわたっているのである。

防衛庁が実績と経験を積んでいけば、これまで起こった一連の問題は解消していくという性質のものではない。なぜかといえば、日本は自主開発した機種が少ないからである。それだけに、事は重大なのである。しかも、軍事機密の名目で、一般の国民からは見えにくいだけに、改善の進み具合を確認したり検証することがなかなかできない。さらにもう一歩、その基盤にまでも突っ込んでいくと、実はその背後には、そうならざるを得ない歴史的あるいは構造的ともいえる根本的な問題がひそんでいる。

第一には、警察予備隊の創設から自衛隊の発足、さらには一次防（第一次防衛力整備計画）まで、一方的にアメリカのイニシアティブに沿い、いわれるままに手取り足取りで教えられ、体制を作り上げてきたということである。装備においても、Ｆ86やＴ33を与えられ、ライセンスを結んでそっくりそのまま作ってきた。その後のＦ１０４やＦ４などのライセンス生産はもちろんのこと、Ｐ３ＣやＦＳＸのＦ16などでもよく見える形で示されたが、日本はこれまでアメリカが推す兵器の導入を一度たりとも拒否したことはないのである。このため、問題は、日本の地理的あるいは軍事戦略上、どういった特徴と性能、機能をもった軍用機を装備して、どのような用い方をすべきか、あるいは自主開発すべきかというノウハウが蓄積されてこなかったことである。

さらにいえば、それ以前の防衛戦略そのものも、防衛庁自身が想定する相手国の兵器や軍事戦略、さらには地理的、気象条件といったデータも集めて、自分の頭で考えて独自に構想した自立的なものではない。いわば、アメリカの極東戦略に依拠した、つねに受け身の姿勢で与えられた借り物でしかないことである。

軍用機を自主開発しようとするとき、まず出発点となるべきものは、どんな特徴と性能と使い方をもった兵器を作るのかといった要求仕様を練り上げることである。だが、もともとの軍事戦略そのものがアメリカからの借り物で、自分の頭で考え出したものではない。しかも、その前提となるべきアメリカの極東戦略も手の内をすべて教えてくれるわけではない。だから、事は厄介なのである。

となると、開発すべき兵器の要求仕様の詰めがどうしても甘くなって中途半端となり、コンセプトが徹底的に煮詰められないまま開発がスタートしてしまう。このため、開発が完了して、実際に使う段になってはじめて、さまざまな点において不備や使い勝手の悪さ、中途半端な性能に気がつくことになって、全体の防衛戦略からすると辻褄が合わなくなってしまうのだが、そうであっても外面は「問題なし」として使っているのである。

情報収集能力もコンセプトも欠如

一般人が想像するに、軍用機の開発手法は素人にはわかりにくく、高度に専門化されたプロの世界と思われるが、簡単にいってしまえば、同じ乗り物であり、複雑な機械装置と電子機器を備えた車の開発とさして変わらない。車も、競合する他社の車を運転、試験するなどして性能を調べたり分解したりするし、あるいは新車開発の情報収集を専門とする、いわゆる産業スパイの調査会社を使って他社を探ったりして技術情報を集める。加えて、市場調査からユーザーの嗜好性をつかんだうえで、特徴をもった売れそうな車を開発する。

だが、軍用機と車の開発手法が大きく異なるのは、車は戦闘機と違って、お互いが直接にぶつかりあって戦闘するわけではないし、爆撃するわけでもないことだ。あくまで競争相手の車より性能が上回って魅力的なものを開発すれば、消費者に受け入れられて販売競争に打ち勝つことができる。

軍用機の場合には、コンセプト（要求仕様）を決める以前の情報収集や検討作業がきわめて重要であり、この点で車と大きく異なる。基本は、極東に位置する島国の日本の防衛戦略のなかで、相手国の装備や予想される戦術を念頭に置きつつ、いかにこちら側の戦術を組み立て、その任務を遂行し得る特徴をもった新機種を作り出すかにある。こうなると車の開発とはまったく違って、むしろラグビーやサッカーのように、フィールドのなかでそれぞれの役割をもった選手（兵器）が互いに入り乱れて勝ち負けを争うスポーツの世界に近い。

それぞれの個性や運動能力をもった選手をどういう陣形でどう配置し、どんな戦術で走らせて攻めるか、あるいは守るか。相手にも同じく、それぞれの特徴をもった選手と戦術、そして配置があるので、それらを念頭に置きながら勝負を競いあい、抑止力を発揮するのである。ということは、相手チームの戦術や選手の能力や癖、監督の采配の特徴、それに過去の試合や選手個人のデータも重要になってくる。

データ野球ではないが、こうした敵・味方の長所と短所、過去の戦術、球場の特徴など、できるだけ多くの情報収集が必要であり、それをコーチや監督が徹底的に分析して、そこから生み出される戦術に基づいて開発すべき機種のコンセプトが決定されなければならない。ところが、日本はこうした相手の軍事情報の収集能力が弱いことで知られている。太平洋戦争でもそうだったが、日本は情報（ソフトデータ）をあまり重視しない民族で、それは現代まで続いている。

戦後における日本を取り巻く軍事情報の面も、アメリカ依存が続いた。このため、近年になって、日本独自の軍事衛星をもつべきだということになったのである。いくら「日米軍事同盟による強い絆」があるといっても、米軍は、あらゆる手段とネットワークを使って日夜苦労して集めてきたロシアや中国、北朝鮮の情報を、そう簡単に日本に与えてくれるわけではないからだ。

これらの戦略情報や相手国の兵器に関する情報収集が不十分で、これに基づく検討や徹底性、軍事的合理性を欠くならば、新しく開発する機種のコンセプトが曖昧になるのは当然である。それればかりか、依存するアメリカの極東戦略に沿った形での要求性能が出されてくるため、これが必ずしも日本の防衛戦略にとってベストかどうかはきわめて疑わしい。たしかに、アメリカにとってはベストであっても、日本側から見れば、アメリカの対ロシア、対中戦略の肩代わりの役目を負わされているにすぎない場合が多々あって、現代に近づくほど、日米軍事協力の強化の名のもとに、この傾向は強まっている。

そのことがすべての面を覆っており、あなた任せの空洞化した体質を生み出し、その結果、自主開発の姿勢の曖昧さや自主開発機の弱点となってあらわれることになる。さまざまな検討の上に立って導入すべきもっとも重要で中核となるべき主力戦闘機が、いつも米軍機のライセンス生産で受け身であるために、最初の情報収集から始まって戦術、戦略、そしてハードウエアとしての兵器の開発といった順序を踏んで作り上げていくプロセスの必要がなくなり、その結果、自ら考える訓練がなされなくなり、そのことから現在の米軍依存体質が当たり前となったのではないかと推察される。

実は、ライセンスで機種を導入する場合、「まずはとにかく、アメリカ製の既製戦闘機ありき」となって、目の前にあるこの機をいかに日本の防衛戦略に合うように使えばいいかということから出発する受け身の姿勢のため、アメリカなどが新型機を開発していく際の検討順序とはまったく逆になっているのである。

時の首相田中角栄とニクソン米大統領のハワイでのトップ会談で急遽導入が決まって、突然、上から与えられたＰ３Ｃの例だが、その後、メーカーを集めた初会合で防衛庁の幹部から、「われわれもまだ研究不足で、この対潜哨戒機をどういう使い方をすればいいか、メーカーのみなさんもひとつ検討してみてください」といったセリフが聞かれたときにはあきれたものだった。

「防衛庁の幹部はこんなものなの？　ずいぶん無責任だなあ。もうすでに導入が決まってしまった段階で、人ごとみたいな言い方をするんだなあ。これで日本の防衛は大丈夫なのか」

Ｐ３Ｃの場合は、自主開発するつもりで進めていたＰＸＬが首相の鶴の一声で白紙還元となり、その結果、導入が決まったという経緯からしてちょっと特殊だったかもしれないが、それにしても、現在もこれと似た体質があることは否めないであろう。しかも、防衛庁は、シビリアンコントロールの原則から、技術や用法に詳しい制服組より内局の文官が上に立っていて、権限をもっているため、なおさら、現場に疎い人間が、机上で物事を判断してしまう傾向が強く、官僚化は相当なものである。

このような官僚体質だから、開発した兵器に関して、諸外国で見受けられる「失敗作」というのが、防衛庁の場合には「ない」ということになっている。彼らは失敗作であると認めることはない。だから、本当は失敗作であるにもかかわらず、使い続けなければならなくなる。それでも、問題ないとして使っているのは、国防に対する意識が甘くて、そんなものでもかまわないとする認識が根底にあるからにほかならないのである。

たとえば、アラブ諸国とつばぜりあいをしているイスラエルなどだったらとんでもないことで、国の存亡にかかわり命取りになりかねない。

著者が技術屋の時代、ライセンス生産したエンジンの、例えばPS1用エンジンのT64などの場合、数年に一回、ライセンス元であるGE社が、日本をはじめとする世界のユーザーを集めた装備改造計画（CIP）のための会議を開いていた。この会議は、自動車でいえば、ユーザーのもとで起こった故障をクレームとして把握している販売店と自動車メーカーとの間でもたれる報告と改善のための定期的な会合のようなものである。

世界のユーザーで起こった重要なトラブルは、そのつどGE社に報告されるシステムになっている。それらのなかから、頻繁に起こるトラブルについてはユーザー側も改善してほしいとGE社に提案もするが、GE社自身も判断して自発的に改善策をとるのである。そうした改善にかかわる説明や、ユーザーの意見を聞く会合がCIP会議である。

こうした会議のとき、その国の軍用機に対する考え方や姿勢が顕著にあらわれるのである。日本の場合は、くそ真面目に、また、杓子定規に一〇〇パーセント、GEのいうとおり忠実に改善を実行するタイプである。防衛庁もまた、メーカーに対して、とにかく、GEの提案どおりに実行することを要求する。GEどおりにやっていれば安心だからである。もし、なにか不具合が出たときは、GEのいうとおりにやったにもかかわらず、問題が起こってしまいました。これは、GEが悪いのであって、自分たちには責任がないと言い逃れができるからである。それと、GEが日本のメーカーの力を信用していないこともある。少なくとも一九八〇年代前半まではそうであった。

ところが、緊張状態が続く中東にあって、たえず小規模の出動や実戦が行われているイスラエルなどでは、いちいちGEの指示待ちでは改善に数年を要することになるので、待ってはいられない。トラブルを調査して解析し、自分たちの実戦経験に基づく判断で独自の改良案を考え出してさっさと実行に移し、逆にGEにも提案していくのである。

もっと進んだ例としては、イスラエルがフランスから導入したミラージュ5戦闘機を、最初はそのままライセンス生産していたが、使っていくうちに中身がわかってくると、やがて自分たちの使い良いように勝手に次々と改良して、一九七五年、あたかも別物といわんばかりに「クフィル」と命名した。性能もアップさせ、新たな装備も追加し、数年すると最初の姿は跡形もなくなって、見違えるような高性能の戦闘機ができあがってしまったのである。挙げ句の果ては、ライセンス契約では輸出は許されないことになっているが、それを無視して、紛争地域の国々に輸出して外貨を稼いだりしているのである。

フォローオンの考え方がない

いったん導入した最新の機種でも、最初からすべてがパーフェクトということはない。ましてや外国機ならば、その国の戦略に合わせて開発されたのだからなおさらである。また軍用機の進歩は著しく、仮想敵国の兵器も進化しているので、すぐに陳腐化するし、兵器体系や軍事戦略に応じて用法も変わってくる。

外国と比べて、日本の軍用機の特徴は、「フォローオン」と呼ばれるやり方が乏しい。それは、いったん導入した機体を順次改造したり、エンジンをパワーアップするか、より強力なエンジンに換装したり、兵装を強力にしたり、進歩が著しい電子機器を最新の装備にしたりして能力を向上させていくやり方である。また、より実践的で使いやすく、日本の軍事的ミッションに適合したものに洗練させていってシリーズ化し、兵器を体系化して長く使っていき、予算も安く抑えられるやり方である。

フォローオンは、アメリカやヨーロッパの先進諸国だけでなく、その他の国々でも広く行われている。こうした取り組みは応用問題をこなすようなものである。たとえライセンス生産で導入した米製の軍用機であっても、改造作業のためにはその兵器（軍用機）を根本から理解して設計の意図をつかまなければならない。ただ、モノを作ればいいライセンス生産とは違って、勉強して自分のものにし、多くのノウハウも蓄積することになる。既存の兵器の発展的な研究だから、次の新機種の導入時や自主開発時にも生きてくるし、これまたライセンス生産では学ぶことのできない設計能力が身につき、人材の育成にもつながるのである。

ところが、官僚化した日本の防衛庁組織では、アメリカに依存した受け身の防衛戦略から出発しているだけに、自分の頭で考えて判断する応用問題の処置がとりにくい。それに、改造してもし失敗したら責任問題となるから避ける傾向もある。もちろん、ライセンス契約上は勝手な改造が許されないので、あらためて契約を結ぶ必要がある。それでも、F４EJ「ファントム」の改造などを行って延命化を図ったりしたが、それは稀な例である。日本はすぐに、次の新しい米機を欲しがったり、次の開発を急いだりする。

もともと中途半端な国産機を作ってしまったため、早々と使い物にならなくなって、改良しようにもできないし、変えても良くならないという実状もある。さらには、ただでさえ少ない新機種の開発機会が失われて、開発技術者の育成ができなくなると同時に、防衛産業が干上がってしまう恐れもあるので、その点を配慮して、フォローオンを避けていることも多い。だから、長く使っている自主開発の防衛庁機といえば、四〇年たったいまも使われているT１Bなど、軍事戦略上はあまり問題がない練習機に限られている。

フォローオンの考え方が欠如している日本の典型例として挙げられるのが、いま航空機産業でもっとも注目されているホットなニュースの次期対潜哨戒機ＰＸの自主開発である。本書の冒頭でも紹介したが、昨年の平成一三年（二〇〇一年）から作業がスタートして、同年一一月末に主契約者が川崎重工に決まったＰ３Ｃの後継機となるＰＸの場合は、その典型例である。

対潜哨戒機の場合、搭載される対潜システムなどの電子機器は技術の進歩とともに逐次更新されていくが、機体のほうはさしてスピードが要求されるわけでもないため、欧米では寿命が四〇年というのが常識になってきている。戦闘機の寿命も三〇年以上となりつつある。

その点では、今回の日本のＰＸはかなり気前がよいといえよう。なぜなら、世界でもっとも新鋭機への取り換えが頻繁なアメリカ海軍でさえ、日本より一〇年も古くから配備しているＰ３Ｃを三〇年も使っているが、次期対潜哨戒機の計画はまだ正式に決まっていない。これまで何度かもちあがっては消えたが、そのときの後継機も、Ｐ３Ｃを大幅に改造してさらに長く使うタイプも提案されているのである。

イギリスもまた、初飛行から三五年がたつ現在のニムロッドＭＲ２哨戒機に、近代化の大幅な改修を施して、後継のニムロッドＭＲＡマーク４とすることを六年前に決定して、現在、その作業が進行中である。ということは、五〇年近くも使おうとしているのである。イギリスの場合、後継の対潜哨戒機の調達機数が二一機で、日本の約一〇〇機とは違い機数が少ない。そのため、新開発では割高になることもあるが、それ以上に、改修で十分に役割を果たし得るとの考え方が基本にあるのだ。ただし、対潜システムは最新の第四世代型を搭載することになっている。

そんななかにあって、日本のＰ３Ｃは配備から二一年が経過しているが、米英と比べても短い。寿命を三〇年に設定して、一〇年後に完成するＰＸと順次更新していく計画を早々と平成七年に公式に決めた。

一九六〇年代末、当初は自主開発が濃厚と見られていて、川崎重工が独自の判断から自費で実物大模型までも作っていながら、対潜システムなどを国産する技術をもち得ていないとして断念し、現在のＰ３Ｃを導入してライセンス生産することになった経緯があるから、防衛庁には今度こそはとの思いが強いのである。

詳細は発表されていないが、四発のターボプロップエンジンによるプロペラ機のＰ３Ｃと違って、四発の高バイパス比のターボファンエンジンを搭載するものと見られている。エンジンはすでに防衛庁および石川島播磨重工で開発が進められている推力六トン級が有力である。

四半世紀前に国産を断念したＰＸＬの二の舞は避けようと、一〇年ほど前から、搭載される対潜システムを構成する各要素技術や装置機器、たとえば、対潜機用戦術判断システム、対潜機用音響システム、固定翼機用磁気探知機、対潜哨戒機用レーダーなどの基礎研究が、防衛庁およびエレクトロニクスメーカーで精力的に進められている。

実際に量産一号機が防衛庁に引き渡されるのは、このさき八年後の平成二二年度の予定である。航空機産業としては久しぶりの大型機の開発で活気づいており、仕事量の確保という意味合いからも機体の開発、量産は重要である。だが、ソフト情報も含めて日本の技術水準がどこまで進歩してきているかとの観点からすれば、これらの対潜システムがどの程度の水準にできあがるかがもっとも注目されるところである。

危機にある日本の防衛産業

防衛庁ＯＢの開発官は、「航空機開発のスペシャリストとして使命感をもち、油まみれになって現場にも潜り込み、革新的な新機種を生み出そうと一つの兵器に専心する技術系の研究官がいなくなってきた」と述懐する。そうした職人的な執着心のある研究官は出世しないからだ、ともいう。その傾向は最近ますます強まっている。事実、最近では開発官が官僚化して軍用機に無知なだけでなく、メーカーの開発現場や実際に使われている部隊の現場にもほとんど足を運ばないため、パイロットたちは「使う側のことをちっとも知らない。ただ新兵器を押しつけてくるだけだ」と不満を口にしている。

このような体質では、メーカーサイドが将来を見越して革新的な技術の研究開発を先行させようとの意欲まで摘み取ってしまう結果となるし、ますます基盤を脆弱なものにしてしまう。日本が有する兵器は、幸か不幸か、この半世紀、一度も仮想敵国の同種の兵器と戦闘したことがないだけに、比べられず、その実践的性能や優劣が素人の国民にはわかりづらいものとなっている。

元空将で技術開発官でもあった高山捷一も強調していたように、ライセンス生産が当たり前となり、アメリカへの依存心が醸成されて、自らの頭で考える習慣を奪い、自立心をなくしてしまう、そのことがもっとも恐ろしいことである。メーカーもしかりであって、筆者自身もまったくそうであったことを認めざるを得ない。ちょうど、上手な運転手がハンドルを握る車の助手席に乗り慣れた人間は、ついつい安心感から居眠りしたりして、順路にも関心をもたず、道も覚えなくなってしまうのと似ている。

兵器あるいは航空機の歴史を振り返ると、この世界はリスク覚悟でたえず相手を上回る性能を獲得しようと、背伸びし続けなければならない。だが、そうした決断力や気概が育っていなければ、またそうしたことを重視する風土が日頃から防衛庁内に培われていて、やむを得ない失敗は許容するシステムとなっていなければ、これまた無理な話である。

戦前の零戦などは、航空機メーカー各社の競いあいや、迫っている軍事的緊張を日々感じるなかから生まれてきた。技術者もこの新型機で自らの国を守るという切実感のなかから、名機が生れてきたといえよう。

軍事的緊張などないに越したことがないのはいうまでもない。だが、他社あるいは国際競争にさらされ、日々、消費者の厳しい目を意識しながら取り組んでいる車や家庭電気製品などを開発する場合と違って、競争原理も働かない社会では、ともすれば、気のゆるみや甘さが出てこないとも限らない。官僚化が進んでしまった近年の防衛庁で多発する一連の不詳事などを思い起こすとき、そんな危惧がつねにつきまとう。

第三章　殿様商法のＹＳ11

防衛生産の谷を民間機で埋める

昭和三七年（一九六二年）八月三〇日、七時二一分、朝靄が漂うなか、国民の熱い視線を一身に集めるＹＳ11が銀翼を輝かせながら名古屋空港を飛び立った。敗戦から一七年を経たこのときが、戦後初の国産旅客機が初飛行した瞬間であった。

すでに初飛行から四〇年が過ぎた現在もなお、ＹＳ11は国内外で合計八〇機近くが飛行している。いまでは、国内ではエアニッポンと日本エアコミューターだけが北海道などのローカル路線で運航しているにすぎないが、これまでも、国内線からリタイアするときなど、機会があるたびにマスコミで盛んに取り上げられたりした。それは、あとにも先にも、日本が自主開発して世界に販売した数十席級の旅客機はＹＳ11をおいてほかにないからだ。だがそれだけではない。ＹＳ11は戦後日本の航空機政策の路線を決定づけた、きわめて重要な意味をもつ航空機である。

筆者は平成六年、五百数十ページにもなるノンフィクション『ＹＳ11――国産旅客機を創った男たち』（講談社）をまとめた。主に、ＹＳ11の開発・生産・販売に携わった数多くの技術者や営業マンに取材して、計画の発端から生産中止にいたる経過を描いた。さらにその六年後、編集者の要請で、今度はエアライン側の整備技師やパイロットの側の視点から『最後の国産旅客機ＹＳ11の悲劇』（講談社）をまとめた。

本書ではＹＳ11の紹介はごく概要にとどめるが、これまでとはやや視点を異にして、この国家プロジェクトをぶち上げて牽引し、業界に対してもリーダーシップをとった通産省の元航空機武器課長の赤沢璋一を中心にして検証していきたい。赤沢はこのあと階段を昇りつめて通産省の重工業局長という重要

国産旅客機ＹＳ11

ポストに就くことになる。

すでに赤沢の横顔についてはほんの少し触れたが、日米開戦のその月である昭和一六年一二月、東京大学法学部を繰り上げ卒業して商工省に入省した。やがて召集されて戦艦「比叡」に乗艦し、サヴォ島沖海戦で米軍に撃沈されて命からがら帰還する。戦後は商工省の後身である通産省に戻るが、戦争体験を次のような歌に詠み、また綴っている。

「身はたとい市にあるとも忘れざるべし砲のうなりと潮のひびきを」

「戦友の血潮に濡れ、焔に包まれた戦艦比叡の艦橋、昭和一七年一一月一三日未明。この艦橋を原点として今日まで五〇年」

戦後は通産省に返り咲き、昭和二九年には、創設まもない防衛庁調達実施本部に出向する。昭和三〇年一二月、通産省航空機課（のちの航空機武器課）課長に就任した赤沢の航空機工業に対する先行きの見通しはこうだった。

「生産の山谷が大きい防衛需要や米軍の特需にばか

り頼っていては、日本の航空機産業の安定的な発展は望めない」

「日米安保条約の制約からして、防衛庁向けの一線級の戦闘機などはどうしてもアメリカとの共通性が要求されるので、ライセンス生産にならざるを得ない。となると、戦前の日本が、なにもかも自前の設計で零戦を作ったようなわけにはいかず、これからの一五年、二〇年先も不可能でしょう。仮に日本で作るとしても、技術的にかなり難しいし、開発費も巨額になる。しかし、需要は国内の防衛庁向けだけでしょうから、生産する機数は少なくなって、それだけ割高になってしまう。

それに、国民世論や野党の意識からしても、日本が一線級の軍用機を作って、しかも輸出することなど許さないでしょう。となると、日本独自の航空機は作れないことになって、養子をとって育てていくようなライセンス生産で生産の技術やフィールドエンジニアリングは身についても、生まれるときからの研究開発やデザイン力はいつまでたっても育たない。せっかく、戦時中に零戦などで培った優秀な技術、デザイン力は消滅してしまう。そんな危機感があったのです」

その制約を乗り越えるものとして、民間航空機の開発計画をぶち上げたのである。それがYS11である。

航空機課長に引きずられて

この頃、世界の空を飛ぶ民間機は、戦前に生産された三〇人乗りクラスのダグラスDC3や、終戦によって大量に余った軍用機を改造したC46などが多かった。ところが、終戦から一〇年余が過ぎたこの頃、これらの航空機が順次リタイアしていくことになって、かなりの新規需要が見込まれた。

赤沢はこれに目を付けたのだった。ボーイング社やダグラス社が開発を進めている大型機やジェット旅客機などを日本が開発するのはとても無理だが、ＤＣ３の代替機で、数十人乗りクラスならば、日本も自主開発が可能である。「この機を逃してはならず」と見たのである。

赤沢には、「比叡」に乗艦して戦場へと向かったとき、瞼に焼き付けられた光景があった。

「ＹＳ11は私のもっとも印象に残る仕事になった。いまではいろいろな評価があると思うが、課長で始めたこのプロジェクトを私は局長時代のとき一八二機で打ち止めにした。戦時中、私の目の前で勇戦したあの零戦の技術をなんとか戦後の日本で生かしたいという私なりの気持ちがあって始めた日本初の旅客機だけに、このときは大いに悩みに悩んだ」

赤沢の思い入れが強い旅客機構想は、通産省内でも航空工業界でも唐突に受け止められた。なにしろ、航空工業界の首脳や技術者たちは、先にも述べたが、ノースアメリカン社やロッキード社などアメリカの航空機メーカーを見学して、日本との技術格差や生産規模があまりに開いており、しかも高度化していて、戦前のセンスではまったく通用しないことを痛感していたからだ。

その点、赤沢は事務系官僚だけに、日米の技術的な格差や生産体制の違いがどれほど距離と重みをもつものなのかは十分に認識してはいなかった。むしろ、国として、通産省の役割として、精密で付加価値も高いこの民間航空機を手がけることで、日本の機械工業全体のレベルアップも図りたいとする官僚としての使命感のほうが勝っていた。

さらにもう一つの背景は、昭和二五年六月、朝鮮戦争の勃発である。米軍の特需が発生して日本経済が潤い、戦後の荒廃と混迷から息を吹き返して復興へのきっかけをつかんだが、それも一年ほどで休戦会談が始まったため、戦争終結を予想した産業界は、特需に替わる「新特需」を期待した。

このとき、大きくクローズアップされたのが、在日米軍やアジアに展開する米軍用機の修理やオーバーホールおよびその他の軍事物資を日本で生産することと、アメリカの方針に基づきバックアップを受けつつ、アジア市場向けの兵器を一手に引き受けて生産して、日本を「アジアの兵器廠」として確立することだった。アメリカの極東戦略に沿って支援も受けつつ、戦前と似た軍需産業を復活させて、日本の産業の中心に据えることで、日本経済の手っ取り早い再生を図ろうとするもので、この構想にもっとも熱心で、体制作りを急いだのが通産省と経団連だった。

ところが、この構想は、大蔵省や金融業界からの強い批判を生んだだけでなく、産業界も二の足を踏んだ。東京銀行の堀江薫常務は明確に批判した。

「兵器産業が今後、日本の産業構造の中心となると仮定した場合、実際に戦争体制にない日本にとって、それが『水もの』『きわもの』的になる恐れがある」

日本開発銀行も「防衛生産は不安定な産業であり、長期投資の対象としては好ましくない」として、支援を拒否した。財界でも三井と安田は防衛生産に及び腰で、三菱と住友が兵器産業支持をはっきりと打ち出して二分された。

予算の権限を牛耳る肝心の大蔵省の官僚も、戦前、軍部やこれを後押しする政治家からの強い圧力で、巨額の軍事費支出による大幅な赤字予算を組んで財政が破綻した記憶が新しいだけに、こうした恐れが十分にある軍需産業の大々的な復活を批判して「防衛費を必要最小限にとどめる」とした。もちろん、まだ戦争の悲惨な記憶もなまなましい国民や野党からの批判、反発も恐れていたからだ。

こうした産業界、金融界そして政府を二分する軍需産業の大々的復活については、これに消極的な池田勇人大蔵大臣の意向も受けた大蔵省の強い方針によって押しとどめられることで決着した。さらには、池田の方針を受けた大蔵省出身の愛知揆一が通産大臣に就任したことで、通産省は方針転換を余儀なくされ挫折した。

こうした背景もあって、航空機武器課長の赤沢は、兵器生産（軍需産業）ではなくても航空機生産を発展させていける道として、民間機の開発を計画したのである。

この時期の航空機メーカーは、仕事増につながるプロジェクトならばなんでも飛びつく時代である。国が主導して予算をつける民間機開発のプロジェクトに、メーカーが正面から反対する理由はなく、赤沢に引きずられるようにして、昭和三二年五月、「日本輸送機設計研究協会」を発足させ、作業はスタートした。

悪戦苦闘の連続

当初の基本計画は、戦前の旧航空機メーカーの主任設計者として、あるいは大学の研究者として名高い名機を開発した実績豊富な技術者らの手によって進められた。三菱重工で零戦ほかを設計した新三菱重工の堀越二郎や、川崎航空機で「飛燕」ほかを設計した土井武夫、東京大学航空研究所で「航研機」を設計した木村秀政、川西航空機で「紫電改」を設計した新明和の菊原静男、中島飛行機で「疾風」などを設計した富士重工の太田稔ら「五人のサムライ」である。さしずめオールスター総出演だった。

彼らによる基本設計が終わると、今度は政府とメーカーが共同出資した特殊法人、日本航空機製造が設立されて、詳細設計は若手に引き継がれたが、そのリーダーである設計部長には新三菱重工から出向してきた東條輝雄が就任した。

五人のサムライや、日本航空機製造の東條らベテランクラスは戦前に航空機設計を経験しているが、いずれも軍用機ばかりであり、しかもいずれもが大物で、航空機に関しては誰もが一家言をもっているため、基本計画を絞りきれなかった。このため東條らは、戦後に大学を卒業した若手を率いて設計作業を進めていくことになった。

日本の飛行場の条件から、短い滑走路でも離着陸できるターボプロップエンジンを搭載した双発のプロペラ機で、全幅三二メートル、全長二六・三メートル、座席数は六六の中型旅客機と仕様が決まり、基本設計、詳細設計の作業は概ね順調で、量産機の生産は、日本航空機製造を構成する航空機メーカー六社で次のように分担生産された。

三菱が前・中部胴体の製作および全体組立と艤装作業（分担比率 五四・二パーセント）、川崎が外翼、ナセル（同 二五・三パーセント）、富士が尾翼（同 一〇・三パーセント）、日本飛行機が補助翼、フラップ（同 四・九パーセント）、新明和が後胴で（同 四・七パーセント）、昭和飛行機がハニカム構造（同 〇・五パーセント）をそれぞれ製作した。

国産が難しいエンジンはロールス・ロイス社のダート10、プロペラはダウティ・ロートル社で、電子機器装置の多くも外国製品を購入した。

日本にとって、民間機で、しかも六〇人乗りといった大型機の開発はほとんど経験がないだけに、試作機のトラブルは続出したが、それでも改良に改良を重ねて、基本設計から約五年を経た昭和三九年、なんとか量産にこぎつけた。通産省や運輸省の行政指導で、全日空などのエアライン、自衛隊、海上保安庁などが量産機を購入し、さらには、海外のエアラインには、原価割れの受注ながらも売ることができた。

軍用機しか知らない技術者の手による設計だけに、お客さん本意になっておらず、加えて、トラブルも続出した。雨が機内に浸入して錆びたり凍ったりした。騒音が大きいし、エアコンは効かなかったりで、納入から三、四年は苦労の連続だった。

それでも、メーカー、さらにエアラインの技術者たちは、「なんとか日本初の国産機を成功させたい」「ＹＳ11を足がかりにして日本の航空機産業を育て上げたい」とする、涙ぐましいばかりのがんばりと強い情熱を傾けた。悪戦苦闘を重ねながらも、実績を通じて次第に評判は向上していった。信用も増し、それまでの発展途上国の三流エアラインだけでなく、アメリカのローカルエアラインを代表するピードモント社の大量の発注を獲得できて勢いづいた。

米国のピードモント航空からの要求で、貨物機や搭載重量を増やした派生型を四機種開発して、合計一八二機を生産するまでになり、ピーク時には年産四四機となった。このうち外国に販売したのは一三ヵ国で一六のエアライン、七五機にものぼった。

しかし、派生型の開発は予定していなかったため、巨額の出費となった。さらに、名も知られていない日本の旅客機だけに、海外に売るためには実機を外国まで飛ばして、実際に乗って操縦して試してもらわなければ、成約にまでは結びつかない。世界各地域ごとに一〇回にわたってこのようなデモフライトを行ったが、売り込みにはこうしたことが必要であることを知らなかったため、当初の計画には入っておらず、これまた巨額の出費となった。もちろん、大幅なディスカウントも必要だった。

計画当初の販売予測では、政府の予算を獲得するうえでも、かなり多く見積もっていた。一五〇機くらいは売れるだろうとしたが、これは強い希望的観測の数字だった。本音のところは、せいぜいが四、五〇機くらいだろうという見方だった。なかには、義理で買わされる国内向けがせいぜいだろうから、三〇機くらいが関の山という見方さえあった。

その意味では、安全がなにより最優先する民間機ビジネスで、信用も実績もない航空後進国・日本が開発した旅客機が、これほどの機数を販売したことは驚くべき成果で、きわめて大きな実績を獲得したといえた。

親方日の丸の高コスト体質

ところが、その内実はとなると、売れば売るほど赤字が増えていく借金経営そのものだった。外貨を稼ぐ船舶の輸出などのように政府の優遇措置や制度が十分に確立されていないため、資金調達がままならず、高金利の金を借りるため、なおさら経営が苦しくなり、やがて資金繰りも含めた経営が難しくなるばかりか、国会でも赤字問題が盛んに取り上げられて批判にさらされた。

なにしろ、試作機を開発するまでの資金は国が面倒を見たが、量産に移ってからの事業費は日本航空機製造およびこれを構成している機体メーカーで調達しなければならない。民間機事業は、開発も大変だが、販売し、サービス体制を確立して、経営を維持し続けていくことはもっと大変である。だが、通産省は、作りさえすればあとはなんとかなるだろうと思っていた。いや、そこまでは考えていなかったのである。

安全性と信用が絶対の民間機事業において、まったく実績のない日本が作った旅客機がそう簡単に売れて、最初から利益をあげて、経営がうまくいくほど甘い世界ではないことはわかりそうなものだが、実際はそうではなかったのである。

たしかに、高コスト体質は日本航空機製造の構造的な問題であった。半官半民の特殊法人だけに、予算や経営面においてさまざまな制約が生じて民間企業のような合理性が貫けず、きわめて効率が悪く、企業の体《てい》をなしていなかった。そのうえ、通産省などから天下ってきた役員にはシビアな経営感覚も危機意識もなく、利益計画なども杜撰《ずさん》で、絵に描いた餅でしかなかった。いわゆる武士の商法であり、殿様商法そのもので、利益確保に向けたコストダウンの方策などは無きに等しかった。そのため、日本航空機製造の内部でも表だっては口にできないものの、次のような不満が鬱屈していた。

「再開後の日本の航空は、運航から耐空・型式証明までは運輸省だが、製造証明や生産行政は通産省という二重行政に服し、数人の航空機武器課員が、航空機工業を牛耳る形となった。官僚にとって、一つの課は出世のステップであり、数年でまた畑違いの人と入れ替わる。エリートとはいえ素人が、輸送機国産のような大プロジェクトまで指導したことは、後にいくつかの珍事を生むことになった」（「航空ジャーナル」一九八〇年九月号）

生産を受け持つ航空機メーカーにしても、防衛庁向けの仕事が主体だけに〝親方日の丸〟の意識から抜けきらない。旅客機にもかかわらず、軍用である防衛庁向けと同じレイトでコスト計算をして、かかった費用に利益を上乗せした出来高払いの原価主義で、そのまま日本航空機製造に代金を請求していた。熾烈《しれつ》な競争を繰り広げる民間機ビジネスの世界では、一般の商品と同じく、売ろうとする航空機の値段は市場価格で決まってくるので、もしそれより原価が高ければ、利益を出すために厳しいコストダウンが必要となる。一方、国家の安全をなにより重視するために、性能第一主義で経済性を無視してもかまわないとする防衛庁向けの軍用機は、競争がほとんど無きに等しい。ＹＳ11のメーカー各社は、この区別をせず、防衛庁向けの仕事と同じ扱いにしてコストを算定して日本航空機製造に請求し、それが認められていたのである。最終コストが高くなろうが低くなろうが、自分たちの懐には影響してこないため、これではコストダウンに熱が入らなくても不思議はない。

メーカーは日本航空機製造が万年赤字に苦しんでいて経営が危うくなっていても、それにはおかまいなし。どうせ政府のプロジェクトだし、損をしてはばからしいとばかりの請求額となった。しかも日本航空機製造が半官半民の中途半端な財団法人で、それに加えて、機体メーカー六社の寄り合い所帯であるだけに、責任の所在が不明確で、意志の統一も十分ではなかった。むしろ、問題を煮詰めず、あやふやにしておくことで互いの姿勢や意見の食い違いを表面化させないようにしていた。

日本航空機製造の技術者たちも正直に語っている。

「プロジェクトの前半頃まではほとんどコスト意識は存在しなかったといっても過言ではない。とにかく国民の税金で作る飛行機だから、まず安全に飛んで性能を出すことが最大の要件で、コストは二の次、三の次でした」

官民のトップの意識や日本航空機製造の経営形態はそんな矛盾に満ちていただけに、制約されたなかでなんとか改善を図ろうと日々苦闘する従業員たちは悲壮なものだった。そんな官民が慣れあいの無責任経営に、大蔵省は改善を迫った。

「抜本的な赤字対策をとらない限り、これ以上、YS11の事業の赤字補塡に予算の投入は認めない」

大蔵用省から突きつけられても、メーカーは原価主義を譲らなかったため、日本航空機製造としても赤字解消につながる妙案はなかった。ただただ、メーカーと通産省の間で責任のなすりあいに終始した。大蔵省、通産省、メーカー間で議論を戦わせたが、これといった前向きの方策を見いだせず、八方ふさがりとなって、ついに昭和四六年度をもって生産を中止し、日本航空機製造は解散することが決定された。

軍用機と民間機の共用は？

ピーク時には日本航空機製造の従業員数は四五〇人に及んだ。解散となってメーカーからの出向者は元の企業に戻ることができたが、日本航空機製造で採用された従業員は転職することになった。ただでさえ従事者数が少ない日本の航空機産業だが、せっかく一から育て上げてきた貴重な人材が自動車メーカーなどに分散してしまうことになった。就職先は保証すると答弁をして希望をもたせた政府だが、その約束は守られず、飛行機作りに夢をもって日本航空機製造に就職した若者たちは、航空宇宙産業やエアラインだけでは吸収できないために他産業へと散っていったのである。

ところが、通産省から天下ってきた役人は、巨額の赤字に苦しむ日本航空機製造から多額の退職金を手にして、さっさと逃げておさらばだった。一方、さんざん苦労した機体メーカーから出向してきた人間は慰労金もなにも手にすることなく、辞令一枚と「ご苦労さん」のひと言だけで、元のメーカーに戻っていった。

ＹＳ11の赤字問題は国会で何度も取り上げられ、通産省や大蔵省は野党から追及されたが、それと同じくして、防衛庁が計画を進めていたＣ１問題もやり玉に挙がった。

先に紹介した自衛隊の輸送機Ｃ１は、防衛庁がＹＳ11の設計で実績を上げた日本航空機製造に発注した。ＹＳ11が量産化して一段落した日本航空機製造の設計部隊が担当して、それまでに得た経験と技術を生かそうと腕を振るった。ところが、日本航空機製造を設立したときの航空工業振興法では、「民間機に限り」となっていた。Ｃ１は防衛庁向けの軍用機である。このことが法律違反だとして、国会で野党から追及されたのだった。

航空機の開発では、試作が終わって量産に移行すると生産部門は活況を呈するが、設計者は仕事がなくなって遊んでしまう。だから、続く新たな航空機の開発計画を立ち上げる必要があるし、それはどのメーカーでも見られることだ。このため、通産省の赤沢らは、防衛庁と協議して、C1を日本航空機製造にやらせることを決めた。日本航空機製造は三菱重工や川崎重工、富士重工など日本の機体メーカーや部品メーカーから出向してきた有能な技術者や生え抜きの技術者などが集まった航空機業界の一大集団であるだけに最適である。それだけでなく、YS11とC1は民間機と軍用機の違いはあれ、同じ輸送機で共通する点は多く、前者での経験が十分に生かせるのである。

航空機メーカー側の狙いも、日本航空機製造の仕事確保の目的だけではなかった。ちょうどYS11の輸出も始まった昭和四一年八月、航空工業審議会が開かれて、YS11の後継機である「次期民間輸送機（YX）のための研究」の調査をスタートさせていた。YS11の次に計画しつつあった、ひとまわり大きな次期民間輸送機YXとC1をある程度まで共通化できないかとする思惑もあった。

一九六〇年代までは一般的に、旅客機を開発する場合、リスクを避け、しかも開発費を安くあげるためにも、まず軍用輸送機を先に開発して、そこで得た技術や設備、人材、その他のノウハウを、のちに開発する民間機に活用するやり方が多く見られた。

たとえばボーイングのB747ジャンボジェットも、それ以前にボーイングが米空軍の発注するCXの競争試作で進めていた大型輸送機が基礎になっていた。赤沢らはこの方式を日本でも採用することで、新たな仕事を確保するとともに、航空機事業の継続的発展を図って、航空機産業を育成していくことを狙った。

YS11がスタートするとき、政府部内で関連する通産省、科学技術庁、運輸省、防衛庁を集めた四省庁連絡会議を作って、ゆくゆくは防衛庁の輸送機にも使えるような配慮をしてプロジェクトを進めていこうとするための打ち合わせの機会がたびたびもたれた時期もあった。

Ｃ１の設計を委託された日本航空機製造では、技術部長の東條が中心となって、将来、民間機に転用しやすいようにと、当初はその可能性を探るため、ぎりぎりまで検討をしてみた。たとえば、軍用輸送機としては必要としないエンジンを四発搭載する計画案を練って検討した。しかも、欧米の軍用輸送機の多くがターボプロップのプロペラ機だが、旅客機の趨勢となっていたターボファンエンジンを搭載する計画を進めた。

赤沢は語る。

「ＹＸを開発するとき、Ｃ１の改造型でなんとかいけないかということを各専門家の間でいろいろと話し合ってもらいましたが、なかなかうまくいかない。防衛庁とＹＸを計画する側の歩み寄りが難しい」

赤沢の狙いはこうだった。

「Ｃ１は大型輸送機だから、開発で得た設計データをその後に続くＹＸの開発にうまく生かせるようにつなげないか。Ｃ１を日本航空機製造にやらせておけば、そのあとのＹＸもやるわけだから、ちょうどいいし、防衛庁が費やした開発費の何割かを民間輸送機に活用できて、それだけ少ない予算を有効活用できて節約できる。しかも、設計は同じ日本航空機製造だから、技術者も経験を積むことになる。そういう考えをもっていたのですが……」

ところが、日本の各官庁ではなにごとにおいても縄張り意識が強く働くし、官庁のシステムは縦割りで、予算制度上でも、ある問題が立ちはだかった。予算を獲得しようとするとき、軍用ならば防衛庁、一方、民間用ならば通産省あるいは科学技術庁と、あらかじめきっちりと細目まで決めて要求しなければ認められないし、使ったあとの会計検査も通らないシステムとなっている。これまでの予算制度からみて、「この航空機開発計画は民間用でも軍用でもどちらでも使えます」では、曖昧であるとされ、予算が認められないのである。

たとえ、それが日本の航空機産業を育て上げるために効率的で合理的な、しかも諸外国では常識としてとられている方策だから、特別に認めてほしいと大蔵省に求めても、日本の予算はそんな融通性をもち得ていないのである。

また野党やジャーナリズムも、「民間機の生産だけと限られている日本航空機製造に兵器を作らせている。法律違反だ」「国民をだましている」「軍需生産の無原則的拡大だ」と批判して、やり玉に挙げて批判を展開した。

欧米では産業の高度化は必至であるとの認識から、ハイテクとしての航空機産業の育成にはきわめて熱心であり、政府も巨額の予算を計上してバックアップし、振興を図っている。ところが、日本の野党やジャーナリズムの批判には、欧米のような航空機産業をどのように育て上げていくのかといった視点がまったく欠けていて、ただ批判のための批判に終始していた。

一八二機の生産で打ち止め、解散

赤沢は、自らが描いた日本の航空機産業の育成に向けたシナリオが功を奏さなかったことに無念の思いをにじませている。それだけではなく、C1は別の角度からも批判のやり玉に挙げられた。

「日本航空機製造を創設したときの法律、航空工業振興法では、『民間機に限り』となっているのに、なぜ防衛庁機の設計をやらせたのか、法律違反だ、けしからん、と国会でお叱りを受けた。このように野党から追及されると、なかなかこちらの思うようにはいかなくなる。むしろ逆の方向に進んでしまった。日本の官庁システムは大変きちんとしていて、『おまえの省はここまでが仕事だ』となるので、いくつもの省庁間にわたる、長期で大きなプロジェクトの政策立案はなかなか難しい側面がある。でも、いま考えると、もう少し知恵の出しようがあったかもしれません」

たしかに、日本航空機製造の赤字は、その後の為替差損など不運もあって、最終的には三六〇億円にものぼった。その累積赤字の負担をめぐっても、通産省とメーカーが責任のなすりあいをしてごたごたした。

赤字を問題にして予算の打ち切りを突きつけた大蔵省も、ＹＳ11の量産を中止したあと、それでは、日本の航空機産業を今後どうするのかといった問題意識はまったく欠けていた。大蔵省の財政当局からしてみれば、「そんなものつきあえるか」と猛反発した。

たしかに大蔵省の主張も一応は筋が通っていた。しかし、国会で問題にされ、批判を浴びているから、早く処置をして批判の広がりを防ぎ、事を収めなければならないとする大蔵省や通産省の自己保身からくる、当面の赤字対策だけがあったともいえる。

このため、通産省が諮問した「今後の航空機工業政策はいかにあるべきか」に対する航空工業審議会の答申では、これを実質的に検討した下部組織の「日本航空機製造株式会社　経営改善専門委員会」が主に銀行関係者で占められていたため、採算面や経営面ばかりが重要視された結論が出された。

その結果、欧米先進国のように、長期的に見て自国の航空機産業をどう育成していくべきかといった観点や、それに関連する人材育成やＹＳ11で培った貴重な技術やノウハウを今後にどう生かしていくべきかといった観点はまったく欠落していて、この問題にスポットが当てられず、ただ赤字をどうするか、責任は誰がかぶるのかという問題だけに論議が終始し、この線に沿って結論が出されていた。

政治家もまた、国会で政府としての責任を追及されることをとにかく回避したいとの思いだけが先行し、臭い物にふたをする、その場限りの対応だけで判断してYS11の量産打ち切りを決めたのだった。今日でも国会において、防衛問題で野党から追及されたときによくありがちな政府の行動パターンだった。

結局、通産省、防衛庁、運輸省、大蔵省、政治家、メーカーの誰も、大局的見地から、航空機産業の将来をどうするのか、どのように育成していくかを真剣に論ずることはなく、それぞれのエゴがぶつかりあっただけだった。一貫した戦略も方針も方向性も打ち出すことなく、批判に対して、国民にも納得されて理解を得られるような理にかなった正論を展開するわけでもなく、当面の赤字処理だけを考え、とにかくやり玉に挙がっているC1とYS11の量産を打ち切りることで切り抜けたのだった。

あとにはYS11の機体一八二機と、それらを開発し生産した従事者らの人材以外は、なにも残らなかった。

業界内でのYS11に対する評価はこうである。

「技術的には成功であったが、経営的には失敗だった」

YS11をあのまま続けていれば

YS11の生産中止、日本航空機製造の解散は、日本の航空機産業をリードする大手機体メーカーや経済産業省（通産省）、財務省（大蔵省）、防衛庁にはトラウマとなって、数十年後の今日にいたるまで、その苦い体験と記憶は消え去ることがない。だから、歴代の大手機体メーカーの首脳も、通産省、大蔵省、防衛庁の高級官僚たちも、ＹＳ11の結末を知りすぎ、また先輩から受け継いでいるだけに、失敗を恐れて、二度と手を出そうとはしなくなった。

ＹＳ11の開発にもかかわった機体メーカーのベテランは語っている。

「赤沢さんも途中で放り出したりして、いろいろと問題があって、多くの人は批判的に見ていますが、でも、ＹＳ11をあそこまで実際にやったことは事実でして、そのあとに続く通産省の役人で、国産機のプロジェクトをぶち上げた人間は一人もいない。その点では高く評価します」

日本航空機製造の解散決定から三〇年（実際の解散からは二〇年）、何度も民間機開発のチャンスはあったし、大手機体メーカーもＹＳ11を開発した頃よりはるかに巨大になった。だが、歴代の通産省航空機武器課長も業界も、新しい民間旅客機プロジェクトに踏み出そうとはしなかった。強いて挙げれば、唯一、約一〇人乗りの小型機ながら、業界最大手の三菱重工が単独で開発したＭＵ２およびＭＵ３００があるのみである。

戦後日本の航空機産業を振り返るとき、ボーイングの下請け以外に、いまだに発展に向けたシナリオや世界の市場へと進出する出口を見いだせないだけに、いまになってみて、ＹＳ11がもっていた可能性の大きさを感じないわけにはいかない。

現在では、この業界の誰しもが、ＹＳ11の生産中止をあまりにも安易に、そして、その場その場のご都合主義で決めてしまったことを後悔している。政府の各省庁や各メーカーが、ただエゴを主張しあって一致点を見いだすことができず、せっかく苦労して築き上げてきた世界への足がかりを自ら捨て去ってしまい、育成した貴重な人材も散逸させてしまったことを。

三菱の航空機部門のトップに昇りつめて、ＹＳ11の開発では若手の中核として苦闘した日根野穣常務は述懐している。
「経営的には問題があったが、苦しくても、赤字を切り詰めながら、ＹＳ11をあのまま続けていれば、日本の航空機産業もいまはもう少しなんとかなっていたといえるかもしれない」

通産省と運輸省の縄張り争い

このように、自ら手放してしまった魚は大きく思えるのかもしれないが、ＹＳ11の事業展開がぎくしゃくして赤字を生んで失敗へといたった、もう一つの大きな要因について指摘しておく必要がある。それは、日本の航空機産業を育成し発展させていくうえで大きな障害となった航空行政の根本的な問題である。

先の日本航空機製造の内部から挙がった批判のなかで少し触れたが、日本では、開発した民間航空機がエアラインや官公庁などに販売されて日本の空を飛ぶためには、安全で信頼性があることを保証するために定められた数々の試験飛行や強度テストをクリアしなければならない。加えて、決められた安全基準に沿って設計されていることを証明する計算書や図面が審査を受けて合格して、耐空・型式証明を取得しなければならない。

いわば開発した民間機が安全で信頼性に問題がなく、一人前として認められるきわめて重要な関門となるその審査に関する行政管轄の責任は運輸省となっていた。エアラインや自家用機、新聞社などの航空輸送、それらの航空路や飛行場、管制業務など、日本の空の安全を管理する航空行政は、運輸行政を司る運輸省の管轄だからである。

たとえば自動車では、生産分野に関しては通産省で、道路や交通分野は運輸省の管轄であるが、航空のようにあからさまに反目しあったりしなかった。むしろ昭和三〇年代、四〇年代を通じて、巨大資本の米ビッグスリー、ＧＭやフォードの脅威から守るため、両省が一致協力してガードし、日本の自動車産業を育成してきた。ただし、鉄道や船などは生産段階も含めて運輸省の一本化した管轄となっている。

ところが、航空機の製造認可や証明、生産行政に関しては、通産省が管轄となっている。いわゆる、航空機の認証・許可業務は運輸省と通産省にまたがる二重行政となっており、両省のさや当てや、やたら面子にこだわる官庁のお役人のビヘイビアから、なにかと問題が起こるのは想像にかたくないであろう。ＹＳ11の型式証明を出すにあたっての各種飛行試験を審査する末端の局員は、初の国産旅客機を飛ばすことに熱心ではあっても、上層部には過去の因縁もあって、事は複雑だった。ＹＳ11はそうした事情に大きく足を引っ張られることになってしまった。

開発すべき航空機の仕様を決める計画段階、あるいは完成したＹＳ11を売り込む段階といった、事業の成否を左右するきわめて重要な局面で、両省はエゴと面子、過去の恩讐から歩み寄れず、あるいは事業を円滑に進め発展させていくうえで互いに協力関係を結ぶべきときに、そっぽを向いて、事をなし得なかったのである。

この二重行政、縦割り行政は、戦後五〇年を経過した日本の航空機産業にとってきわめて不幸なことであるが、業界としては相手が〝お上〟で、管轄をされる側にあるだけに如何ともしがたく、各社のトップですら、公には絶対に口にすることができないタブーなのである。ところが、めずらしい例として、先の旧海軍技術士官で直言居士の高山捷一が批判を含めた提言を行っている。

昭和四四年五月、空将で防衛庁を退職した高山は、日本航空工業会の非常勤嘱託となるが、その翌年、「航空工業会々報」（昭和四五年二月）に「七〇年代の航空機工業会の問題点」と題する論稿を発表し、そのなかで民間機開発とその育成に触れ、コスト高の対策も含めて次のように指摘している。
「ＹＳ11の経験を通じて発生した問題点を明るみに出して、その対策を十分検討実施に移すと共に、（中略）防衛庁に対応する機関として、例えば（耐空・型式証明などの審査を行う）運輸省航空局が使用者の代表として、民間機の試作予算をとって開発する様な方式ができれば研究してほしいものである。通産省は使用者ではないから、筋として生産面において側面から支援する立場に立つのが良い様に思われる。そのためにも防衛庁の長期計画と併行して民間機についても長期の権威付けられた開発計画を国として確立し、そのビジョンのもとに官民一致して施策を進めることがなにより大切なことと思われる」

ただでさえ航空分野は後発で不利な条件にあるだけに、省庁は一致協力して、緊密な連携をとりながら、業界をバックアップしていく必要がある。ところが、航空行政に関して通産省と運輸省の関係はその当時、どう見ても協力的とはいえなかった。そのルーツは、航空解禁となった昭和二七年にさかのぼる。

昭和二六年、通産省と運輸省は翌年に迫った航空解禁のあとに、どちらが航空機行政の管轄権を獲得するかをめぐって激しいやりとりがあった。やくざにも劣らぬお役所の激しい縄張り争いである。

敗戦後の占領下、日本は航空機の研究や生産事業は禁じられていたため、管轄の必要はなかったが、運航に関しては米軍機が頻繁に飛び交い、外国のエアラインも乗り入れてくるので、空港の管理などを必要とした。そのため、ＧＨＱは戦前の逓信省にあった航空局の一部だけを残し、これを郵政省外局の航空保安庁と改称して発足させた。昭和二五年、航空保安庁は運輸省外局に移管され、航空庁と改称されるが、そこにはのちに日本航空に天下って社長となる松尾静磨長官以下、戦前の航空行政に携わっていた人材が集められ温存されていた。

先に紹介したが、敗戦から六年半が過ぎ、朝鮮戦争勃発後に米軍からの特需が発生し、これによって敗戦にともなう打撃から立ち直ろうとした産業界だが、一年もすると休戦会談が始まったので、あわてた。産業界は、米軍からの発注の継続という形での新特需を期待したが、それとあわせて、アメリカの意向に沿って兵器（軍需）産業を復活させて日本の産業の中核に据え、アジアの兵器市場を念頭に置きつつ、「アジアの兵器廠」として手っ取り早い復興を果たそうとした。

この方針をもっとも積極的に推進して活発に体制作りを急いだのが、通産省と経団連だった。昭和二七年七月に国会を通過した航空機製造法は、こうした日本を含むアジアに展開する米軍機のオーバーホールや部品の生産、それにアジア市場向けの兵器生産を念頭に置いていた。日本経済の再建に向けて、軍用機の生産が注目を浴びているのを追い風にして、通産省は、所管とする製造業の生産の側から航空機行政のすべてを管轄下に置きたいと思った。

行政管轄権をめぐる争奪戦

当時、通産省と運輸省との航空機行政の管轄をめぐる対決については、通産省航空機武器課の現役およびＯＢらが綴った文集「翼のある部屋」のなかに、その経緯が記されている。運輸省との対決を前に、通産省内には特別チームが設けられ、そのリーダーに就任した島村武久機械産業課長は上司の機械局長から命令を受けた。

「航空機製造は戦時中航空兵器総局の所管であったのは勿論《もちろん》、戦前から商工省（通産省の前身）の仕事であったのに、運輸省は最近次期国会を目指してひそかに航空法案の提出を準備中であり、しかもその法案のなかで船舶や鉄道車両の様に、航空機製造事業も運輸省専管とする意向との情報があるが、これは単に機械行政のみならず、原材料行政との関係からも通産所管とするのが当然であり、通産省として看過できぬので、大至急通産省として法案を準備し運輸省と対決しなければならぬ。君は既に健康も回復したようだから、ぜひともこの仕事を引き受けよ」

当時、日本にあるめぼしい航空機といえば、朝日新聞が輸入したセスナ機がある程度で、島村にとっては「航空機の製造など夢のような話」で、びっくりした。そればかりか、島村は事務官で航空機に関してはなんの知識もない素人で、そのうえ法案作りの経験は一度もなかった。しかし、有無をいわせぬ局長の強い命令に、省内から事務官や技官を集めてチームを編成した。

「元来通産省には戦時中の軍需省航空兵器総局の流れを引いて、専門家が大勢残っているはずだと思ったのだが、調べてみると、大半は省外に転出していて、特にエンジン関係者は少なく、機体関係の人間がぽつぽついる程度だった。一方、対決相手の運輸省は航空庁に戦前の人材を温存していて多士済々《たしせいせい》だった。なかでも手強い論客の大庭哲夫航空庁長官（ロッキード事件の頃に全日空社長）や、航空庁次長で、のちに運輸次官になった粟沢一男がいた。

当面する通産省側の課題は、「朝鮮戦争の特需修理という形で始まった航空機生産、再開された民間航空機とＩＣＡＯ（国際民間航空機関）加入、そのための航空法の制定という新事態に対処し、航空機工業の秩序ある再建と部品を含め一貫した航空機生産行政の仕組みを確立することにあった」という。

いわば、通産省側は川上にあたる専門の製造業の部品生産から完成機までを作るだけでなく、運輸省の牙城である運行の安全性に関係してくる耐空・型式証明といった川下までも広げていって、航空機全体の航空行政のすべてを管轄するシナリオを作ろうとしたのだった。

これに対する運輸省側が目指す航空法の原案は、得意とする「運航面のみならず、耐空証明、型式証明等を通じて明らかに完成機の組立からコンポーネントの生産までに規制を及ぼそうとするもの」であって、通産省とは逆に、得意とする川下の運航の側から川上の部品生産までのすべてを管轄下に収めようとするシナリオだった。

これでは両者が正面から激突するのは当たり前だった。

島村は、なんとか集めた人材で法案作りの準備や運輸省との対決に向けた調査および資料作りにとりかかったが、いちばん困ったことは、省内に資料がまったくないことだった。片や相手方の運輸省は、占領下もＧＨＱの命令で航空行政を行っていたため、アメリカから供与された法制やマニュアルを山のようにもっているが、まさか、敵方に借りにいくわけにもいかず、大急ぎで大使館経由でアメリカから送ってもらったが、その量の多さと、翻訳を考えると、気の遠くなるような思いだった。

昭和二七年の二月から三月にかけて、通産省の特別チームにとっては慣れない作業だけに、首脳部も含めて休日や日曜を返上しての「昼夜を分かたぬ泥沼のごとき日々」が続いた。

それでも、悪戦苦闘して三月を迎え、なんとか法案らしき格好を整えて、特別チームは運輸省との対決の舞台となる赤坂離宮内にある内閣法制局に向かった。両省の関係者が向かいあってずらりと着席し、間に法制局長官、次長以下、幹部が座って、激しいやりとりが戦わされた。

しかし、双方とも一歩も譲らず、決着がつかないまま物別れに終わって、局長や次長が何度も大臣折衝を行ったり、さまざまなルートを使って自分の省に有利に進めようと働きかけたりしたが、それでも解決の糸口はまったく見いだせなかった。しかたなく、三月下旬、政府は中立的な立場にある三大臣を選んで裁定を委ねることにした。

裁定の結果、現在のように生産所管は通産省となり、飛行安全に関係する耐空・型式証明などの審査および認可は運輸省の所管となる「閣議了解四項目」が決着を見た。それは、両省の顔を立てた、役所の内部事情だけを考慮して決めた玉虫色の二重行政であり、痛み分けだった。

国として航空機の生産事業はいかなる形態をとればもっとも効率的で、育成していくうえでもベストであるかという国益を念頭に置いた、ごく当たり前の判断基準はほとんど考慮されず、百年の計を誤ったのである。このため、一つの航空機を開発して飛行試験を行い、量産、販売へといたる過程で、二つの省に手続きをしなければならないという事態となった。そのうえ、ただ単にそれだけなら事務手続きが煩雑で効率が悪い程度でなんとでもなるのだが、もっとも重要な問題は、二重行政によって国の産業政策の一本化が図れず、その育成に向けた力の結集がやりづらくなったことだった。

それだけではなかった。当時は、実質的に国営のようなものだった日本のエアラインは、運輸省の強い行政指導の下にあって、新機種の導入時には運輸省にお伺いを立てて認可を受けなければならない。

ＹＳ11は、日本がはじめて作った旅客機だけに信用も実績もなく、そのためにいきなり海外へ売り込むことは難しく、まずは日本のエアラインや防衛庁などに購入してもらったうえで使ってもらい、少しでも運航実績を得てから外国のエアラインへの売り込みが可能になるのだった。この問題を解決するためにＹＳ11の計画を立ち上げるに当たっては、行政指導によって、使用者である防衛庁や全日空、日本航空などからの仮受注を得て開発はスタートした。

ところが、いざ量産となった段階で、二〇機というもっとも多い注文を出していた全日空から、ＹＳ11の完成の遅延を理由に、最初の五機のキャンセルを申し入れてきた。代わって、全日空はオランダのフォッカー社のフレンドシップ27を二五機、購入することを決めたのだった。そのために、ＹＳ11の販売計画に大きな狂いを生じさせた。日本航空もまた、当初はＹＳ11をおつきあいで購入ポーズ（五機の発注内示）をとっていたが、結局、ローカル線にも導入せず、一機も購入しなかった。

たしかに、エアラインからすれば、発注を内示した段階では、ＹＳ11は海のものとも山のものともわからなかっただけに、もし、自社の運航形態などに適していなければ、採算性が悪くなって自らの首を絞める結果となる。だが、当時の日本のエアラインに対しては、政府の行政指導がかなり影響を与えるものであっただけに、国際競争の厳しい現代と違って、「もう少しなんとか融通がきいたのではないか」と日本航空機製造側が残念がるのも無理はなかった。

自国のエアラインが購入しない旅客機を、外国のエアラインに売り込むのは至難の業であるし、足元を見られて買い叩かれるのは十分に予想されることである。

戦略産業としての位置づけなし

日本航空機製造の幹部は、当時を思い起こしながら残念がっていた。

「日本の自動車がかなり競争力がついてきたかなりあとの段階でも、通産省は関税障壁を撤廃せず、外国車には高い関税をかけて輸入を阻止したり、外資の進出を防いで、度重なる海外からの強い批判もはねつけて、国産自動車を保護し、守りに守ったので、今日の繁栄につながっているのです。でも、民間機ではそうでないのです。全日空がフレンドシップ27を買うのを通産省は抑えきれなかった。もし、ＹＳ11が運輸省のプロジェクトだったら、それはできたでしょう。でも、通産省のプロジェクトだから、運輸省は知らん顔です。両省が一体になったプロジェクトだったら可能だったかもしれない。

結局、全日空はフレンドシップ27を入れて、さらにバイカウント８２８を入れて、日本航空はこれに対抗してコンベア880を入れて、あっという間にジェット化した。たしかに、ジェット化は時代の流れとしてわかっていましたが、少しくらいあとにずらしても、それほど問題は出なかったはずです。

全日空に導入されたYS11はローカル線に使われたが、計画時はDC4に対抗して東京―大阪間の予定だった。国策で抑えて、少しジェット化をずらすことはできたし、YS11を導入したからといって、そんなに日本のエアラインの経営が悪くなるということはなかったはずです。たしかに、ジェット機のほうが見栄えが良く、客受けはしたかもしれませんが。でも、これは日本航空製造側の限りない願望でしょう」

通産省は、YS11の試作までは資金的に面倒を見るが、量産および量販に対してはなにも対策を打ち出せなかったし、国内市場の有力ユーザーであるエアラインをコントロールすることもしなかった。その大きな要因は、航空機行政をめぐる両省の縄張り争いの怨念があとを引き、ユーザーである使う側を行政指導する運輸省と、生産して売る側のメーカーを行政指導する通産省とが、国家的見地から一致協力する体制をとることができなかったということではないだろうか。

航空機の開発・生産・販売事業は国防ともからむ長期にわたる巨大なプロジェクトだけに、日本のお役所の縦割りで二重行政の官僚体質では、省益ばかりを優先させる縄張り争いが生じ、足を引っ張りあうことになりかねない。

航空機産業は、政府としての意思統一を図って一貫したポリシーのもと、国策レベルで取り組む必要がある産業なのである。しかも、二〇年から三〇年の長期スパンでとらえ、その事業は戦略的に進めていかなければならないものなのだ。

それなのに、省庁が互いに足を引っ張りあうような仕組みを作ってしまったのである。ただでさえ、敗戦後の航空禁止や武器輸出禁止などでハンディを負っている日本の航空機産業だっただけに、なおさら避けなければならなかったはずのものである。これは、行政管轄権をめぐる衝突からさほど年数を経ていない時代の両省の上層部においては特に目立っていた。

国として将来を見据えたときに、なんとしても航空機産業を育て上げていくのだという強い意志や基本方針を国全体としてもち得なかった。誰も戦略産業と位置づけなかったために、自動車や船舶などと比べて、バックアップする体制や制度、資金的援助もともなわなかったのである。それは今日においてもなんら変わらないままである。たしかに、一九八〇年代ともなると、ＷＴＯ（世界貿易機関）やＧＡＴＴ（関税貿易一般協定）の規制が国際的に浸透してきて、むやみやたらに国が特定の企業や産業を支援し、巨額の資金を助成するような政策はとれなくなってきた。しかし、一九八〇年代以前の段階のエアバスをはじめとするヨーロッパ各国の航空機産業は、やはり国の全面的な支援を受けつつ立て直しを図り、発展してきたことも事実である。

たとえば、世界の市場の五〇パーセントを超えるまでのシェアを占めて、「造船王国」の名を長くほしいままにした日本の造船産業は、運輸省が生産から運航までを一貫して管轄に収めていた。昭和二〇年代以降、貿易赤字に悩む日本政府も、外貨獲得の手段として、重要な輸出産業として、また戦略産業として位置づけて、資金的な優遇措置も含めた数々の支援制度や行政指導によって発展を後押しした。自動車産業においてもしかりである。

民間機の開発、販売はリスクのともなう巨額の資金を必要とするうえに、自動車や船舶などよりもっと安全性や信頼性が厳しく問われて、実績と信用がものをいうだけに、はじめて開発して、いきなり外国にも売ろうというのは現実問題として成立しないのである。

その意味では、ただでさえ欧米先進国から大きく後れをとって、不利な立場にある航空機産業だけに、せめて政府レベルでは、経済産業省、防衛庁、国土交通省、財務省が密接な協力関係を作って連携をとり、バックアップしていく体制が望まれるのである。

第四章　刀折れ矢尽きた小型機MUシリーズ

三菱のビジネス機MU2

産業界の常識として、企業が監督官庁と正面から対立することは、なにかとマイナスが生じるので避けるものだが、三菱重工の牧田與一郎社長の場合はそうではなかった。YS11の赤字負担やこれに続くYSX計画をめぐって、大蔵省や通産省と鋭く対立した牧田がつねに強気の姿勢を崩さなかった理由は、大三菱のプライドや防衛需要に比重を移そうとする思惑だけではなかった。実は小型民間機において、独自プロジェクトを強力に推し進めていたからだ。

三菱重工は、多用途機とも呼ばれる一一人乗りの小型プロペラ機MU2を世界に向けて販売しており、のちには、これに続くコミューター機の小型軽ジェットMU300も市場に送り込む予定だった。これまで日本が独自開発した民間機事業のなかで、もっとも遠い地点まで飛んで見せたのが、三菱重工が取り組んだこの二機種だった。

MU2はYS11より少しあとの昭和三五年（一九六〇年）頃から計画がスタートしたが、三菱の狙いは、「航空機メーカーとしての開発能力の養成、国際競争力の向上、防衛需要にのみ依存した場合に起こる操業度変動緩和などを狙ったものであった」（『三菱重工名古屋航空機製作所二十五年史』）

これは通産省の航空機武器課長・赤沢璋一がYS11の開発を企図した狙いとほぼ同じである。

軍民両用を狙う多用途の小型ターボプロップ機として計画され、市場は民間機の本場であるアメリカを主なターゲットに、社用や自家用のビジネス機の需要を狙った。その意味では、航空機で大きく立ち後れている当時の日本にあって、最初から輸出を主眼に置く、かなり野心的な事業であると同時に、次のような条件と身の程をわきまえた慎重さとをあわせもっていた。

（1）日本航空界の現状を考慮して、技術的にも経営的にもあまり背伸びをせず、着実に実現できるもの。
（2）欧米その他の諸外国にも輸出可能なもの。
アメリカの小型機市場は競争が激しいだけに、進出するには競合を避けてニッチ（隙間）を狙い、しかも特徴のある仕様にしなければならない。さまざまな案が検討されては消えたが、結局、落ち着いたのはオーソドックスな高翼の小型ターボプロップ機だった。

ビジネス機の勉強をしろ

当時、世界の大手航空機メーカー各社は、時代の趨勢であるとされる小型ジェット機の開発を盛んに進めていたが、三菱はYS11と同様に慎重姿勢で臨んだ。エンジンは仏ツルボメカ社製のターボプロップ「アスタズII」を二基搭載し、STOL性（短距離離着陸性能）をもつプロペラ機を計画した。

形式はオーソドックスだが、構造や機構には三菱らしさが盛り込まれていた。なかでも、小さくした主翼の全翼幅に装備したダブルスロッテッド・フラップが最大の特徴で、これによって重量がかなり軽くなると同時に、同クラス機より五〇パーセント近く翼面荷重が大きくでき、STOL性をもたせることができる。また、それにともない主翼などに小舵でも効く独自の断面のスポイラ（補助翼の一つ）を採用することで、高性能の飛行機を実現することもできる。

当時、このクラスの機体では初のターボプロップ機として最初から設計しただけに、レシプロ機から改造した競合機と比べて効率がよく高性能を誇った。全幅、全長ともに約一二メートル、自重は三・二トン、七一五馬力エンジン二基搭載、最大巡航速度毎時五七〇キロメートル、最大離陸重量五・三トンである。全体としての印象は、戦前の三菱が得意とした小型で軽量化を徹底することで高性能を狙うというものだった。このため、零戦と同様に、使い方を間違えて通常の使用範囲を超える過酷な飛行を行うとやや余裕の足りなさがあったが、それは、製造経験の浅さからくるものだった。

とはいえ、この計画が実現するにいたるまでの経過には、日本の航空機メーカーの置かれた当時の実状そのものがかいま見えて興味深いものがある。開発の始まりは次のようなことからだった。

次期主力戦闘機FXの調査団の一員として渡米した三菱名古屋の池田研爾課長は、飛行機を乗り継いで各地を移動する際、空港で頻繁に離着陸する小型ビジネス機の多さに驚きつつもひそかに思った。

「この程度の小型機なら、三菱でもやれるのではないか」

帰国した池田は、戦後に大学を出た部下の若い技術者たちを集めて、見学した米航空機メーカーの現状を語るとともに、「ビジネス機の勉強をしろ」と命じた。

その一方で、池田自身もビジネス機市場を調査し、モデル案を作って、それをもとにして若手らに設計計算をやらせた。彼らは、会社での通常の業務としてではなく、仕事を終えて帰ってきた寮でこつこつと始めたのだった。航空機部門に配属された当時の若手技術者たちの意気込みや初々しい情熱が伝わってくるエピソードだ。

やがてできあがった計画書を池田が上層部に上げると、あれよあれよというまに広がって、当時副社長の牧田に拾い上げられ、実現化することになった。

このとき、若手の中心的存在だった池田昭は振り返っている。

「経験のない若い人間だけでやっていたので、気負いもあった。実際に飛んでいる外国の小型機と比較検討すると、どうしても真似しちゃうからと、無謀かもしれないが自分たちの考えだけで設計をやった。

この頃、日本で見ることができる外国の小型機はなかったので、モデルも先生もなく手探りでやったが、参考にしたのは戦前に三菱が試作したキ83です」

このほか、アメリカの航空雑誌「アビエーションウイーク」に掲載されている小型機関連の断片記事などをコピーして参考にする程度のことはやったという。

カラヤンが試乗

戦前の三菱が経験していたのはほとんどが軍用機だったので、小型民間機のノウハウはまったくもっていなかった。それでも、社内にはかつて開発・生産された軍用機の図面がひととおり残されていたのでこれらを参考にした。

なかでも、MU2を設計するうえでもっとも参考にしたのは、当時としては航続距離が約三〇〇〇キロメートルと長い防空用の遠距離双発戦闘機のキ83だった。キ46（百式司令部偵察機）を設計した久保富夫が設計主務者として、この機をベースにしてキ83を設計しただけに、両機には似たところがあり、当時としては、流線形の飛び抜けてスマートなスピード感あふれる中翼機であった。

ちなみに、設計の初期段階では東條輝雄も加わっていたが、試作機が完成したのは昭和一九年一〇月で、飛行試験が繰り返されて、時速六八六キロメートルの高速性を記録したが、時局が切迫するなか、量産まではいたらないうちに敗戦を迎えた。

MU2の設計作業そのものは順調に進み、図面が完成した段階で戦前の航空機設計主務者、本庄季郎と堀越二郎に見てもらうと、そのあとで堀越から「なかなかよくできている」との手紙をもらって、若手の技術者らはほっとしたのだった。こうした意味において、MU2は戦前の三菱が築き上げた技術を継承していたともいえよう。

昭和三八年九月一四日、MU2は、終戦の直前に初飛行した日本初のジェット機「橘花《きっか》」のパイロット高岡迪が操縦桿を握って初飛行に成功した。高岡はMU2の初飛行後、次のように語った。

「高速機であるにもかかわらず低速時の性能が非常によく、離着陸距離が極めて短いことが特徴であるが、初飛行ではその効き目を発揮し全般的に素性はよく、よい飛行機に育ちそうである」

名古屋航空機製作所の平山広次所長もまた胸を張って語った。

「我が国航空工業界において、一つの進むべき方向といったものを示したものである。日本の航空機は、元来、軍用を対象として設計製作されたし、また戦後は外国との技術提携によって造られている。これに対してMU-2は我々自身が、市場や需要動向を調べて企画し、開発したところに大きな意義がある。(中略)ここで一つ大切なことは、航空機の開発は技術だけでなく、非常に多額の開発費を必要とすることである。なんらかの形で、国家の援助があるのが各国の通例のようだが、MU-2は全く我が社の自前で開発していることを忘れてはならない」(『三菱重工名古屋航空機製作所二十五年史』)

しかし、MU2の試作機は種々の問題点があったり、品質管理や量産性に関しては十分な考慮がなされていなかったので、改善し、量産しやすくする大々的な設計変更を行った。主に翼の構造を変え、加えてF86を生産するノースアメリカン社の量産を考慮した方式も取り入れた。

昭和四〇年二月一九日、MU2A型は足かけ六年の歳月を経てやっと航空局から型式証明が交付され、搭載エンジンが異なるMU2B型もまた九月に交付された。続いて一一月四日、FAA(米連邦航空局)の型式承認も取得し、これにより、MU2は晴れて海外へ輸出できるようになった。

この前年の五月、西独ハノーバーで開かれたエアショーに初出品されたMU2は、日本が戦後はじめ

小型プロペラ機ＭＵ２

て作ったビジネス機のデビューとあって各方面から注目され、「零戦を作った三菱の小型機」としても話題になった。
　昭和四〇年に入ってからは、欧米各地の航空ショーでデモフライトをするなど広くピーアールし、受注は好調だった。最大の市場となる北米地区では、米小型機メーカー第四位のムーニ社との間でＭＵ２を一手に販売してもらう契約が成立し、アフターサービスも委託した。契約は、三菱から半完成機体の状態で出荷して、ムーニ社側が米国製装備品を調達して装着するとともに、同社の工場で最終組立を行うものだった。
　国内販売では、陸上自衛隊の連絡偵察機、あるいは航空自衛隊の救難捜索機、毎日新聞社機などとして採用された。
　昭和四一年四月には、ＮＨＫが招待したベルリン・フィルハーモニーの常任指揮者カラヤンが、名古屋公演を前にしてふらりと小牧工場を訪れ、ＭＵ２に乗って操縦輪を握り、大変気に入った様子で

「グッド・プレーン（いい飛行機だ）」を連発した。カラヤンは大の航空機好きで知られるベテランパイロットでもあった。

ドルショック、石油ショックを越えて

こうして順調に進むかに思われたMU2だが、北米のムーニ社が思わぬ経理上の問題で経営難に陥り、この余波を避けるため、昭和四二年一〇月、テキサス州サンアンジェロ市に米国内現地法人「米国三菱航空機（MAI）」を設立した。社長には戦前、堀越二郎の右腕として零戦や烈風の設計を担当した曽根嘉年取締役が就任した。

この会社は三菱重工が八〇パーセント、残りを三菱商事が出資しており、このあとムーニ社が倒産したため、同社の工場を手に入れて、MAIが最終組立および販売などを一手に引き受けることになった。三菱グループが全額出資したMAIではMU2の直販体制をとることにしていたが、実際に販売するセールスマンは現地で雇った人たちだった。日本にはこうしたセールスマンはいなかったし、日本の商社も経験がなかったからだ。アメリカには小型ビジネス機を専門とするセールスマンで作るクラブがあって、ここに属する敏腕のプロをつかまえて売ってもらうのが一般的な販売方法だった。それだけに、いかに優秀なセールスマンを確保するかが販売の行方を左右した。

やがてMAIは、MU2の長胴型やパワーアップ型などの新モデルを次々に増やしていき、多様なニーズに応えられるようになり、次第に評判も広まって販売活動は本格化した。昭和四二年の五機を皮切りに、その後はドルショックが起こる昭和四六年まで、平均で年間四〇〜五〇機が販売された。

ところが、昭和四六年八月一五日に起こったドルショックは為替市場を混乱させ、やがて一ドルが三

六〇円から三〇八円となり、二年後には二六〇円時代が到来した。MU2は日本からの輸出の形態をとっていたので採算割れとなり、大幅なコストダウンを余儀なくされ、それと同時に事業は大きな打撃を受けることとなった。

さらに、昭和四八年秋には石油危機が起こって原材料や人件費が高騰し、さらに採算は悪化した。それでも、一九七一年後半からアメリカの景気が回復してきたため、販売機数が伸び、七二年は月産六機、さらに翌年は八機体制を維持した。このように生産が好調に推移したため、米テレビ局のCBSが「日本企業の米国進出」と題して特集を組んで放映するほど注目された。

しかし、円の切り上げが急で、しかも石油危機の影響をもろに受けて好況も長くは続かず、それにともない、販売契約を行っていた北米地区のディストリビュータ各社も経営不振に陥り、販売機数が急減した。このため、MAIの直接雇用による直販体制をとった。このあと、さらにモデル数を増やして販売体制を強化していくが、昭和六二年、すでに登場していた後継機のMU300に集中することを決めて生産を終了することとなった。

二〇年間の販売累計は七六二機にのぼっており、小型双発のターボプロップ機としては世界のベストセラー機の仲間入りをしている。販売地域で見ると、七五パーセント近くを北米が占め、残りは中南米、日本、欧州、中近東およびアフリカの順となっている。

小型民間機の実績も地盤もなにもない三菱がはじめて作って、その多くを本場アメリカで販売したことを踏まえると、MU2の事業は大健闘したというべきであろうが、採算面では大きな赤字であり、それは苦い初期投資ともいえた。

さらにいえば、YS11と同様に新参者だけに、海外におけるMU2の購入先はいずれも名の通った大会社ではなかった。だが、それはやむを得ないことで、また、当然のことでもあり、実績を積み重ねていくことで克服できる課題だった。

ステップアップを狙え

ＭＵ２が順調な売れ行きを始めた昭和四四年頃から、三菱はユーザーのステップアップ層を狙ったワンランク高級な小型ビジネスジェット機ＭＵ３００の開発を進めようと、主な市場となるアメリカに関係者を派遣して市場動向の調査を開始した。主なユーザーから聞き取りを行うとともに、ＭＵ２の販売関係者に意見を聞いたりし、さらには、ＦＡＡ（米連邦航空局）の各種データからトレンドを割り出して、新しいモデルは次のようなセールスポイントを目標として掲げた。

（１）時速五〇〇マイル（八〇〇キロメートル）の速度を出せること。

（２）快適な広いキャビンを有すること。

（３）競合機種をしのぐ経済性（燃料効率）を有すること。

これらの狙いは、すでに欧米のメーカーが支配している市場に食い込むための方策であり、彼らの製品より高性能でありながら、なおかつ低価格とする必要があった。

昭和五〇年一二月には、プロジェクトチームが「中間報告」をまとめて航空機特車事業本部長の東條輝雄常務に提出したが、さらに慎重な調査を進めるよう指示が出された。一〇ヵ月後、中間報告を補完する最終報告書の「ＭＵ将来機開発計画書」が作成された。

この間、アメリカのマーケットリサーチ専門の会社に依頼して、軽ジェット機の市場ニーズを絞り込んでもらった。具体的には、ビジネス機を使っているユーザー約一〇〇〇社を抽出して、望む飛行機の

小型ジェット機ＭＵ３００

特徴や仕様、用途、価格などさまざまな項目を聞き出していったのだ。その結果、決定された後継機は時代の趨勢となってきた軽ジェットビジネス機で、しかも三菱機の特長である次のような高速性と低燃費の仕様となった。これは、慎重を期して無難なターボプロップのプロペラ機としたＭＵ2とは違って意欲的な計画だった。

ＭＵ2より速くて、ひとまわり大きい全幅一三・三メートル、全長一四・八メートル、最大離陸重量七・二トン、最大巡航速度時速八〇五キロメートル。双発機で、エンジンはプラット・アンド・ホイットニー製のＪＴ15Ｄ-5ターボファンエンジン（推力一・三トン）であった。

特徴は、全翼幅にわたるフラップと三菱が開発した新しい翼型を採用している点である。それまでの小型ジェット機がマッハ〇・七程度で衝撃波が生じてしまうのに対して、これはマッハ〇・八三まで衝撃波が起こらず、さらに〇・八七までも安全を保証できる。高速機にマッチした画期的なものだった。

ちなみに、この翼型は「ＭＡＣ（三菱エアロフォイル・コンター）５１０」と名付けられたが、これによって、高速性とＳＴＯＬ性（短距離離着陸性能）の組み合わせを可能にしていた。

しかも、客室空間は、このクラスではもっとも広くてゆったりとしており、燃費も平均より数パーセント低く、最大巡航速度は一三パーセントも速かった。

ＭＵ２では、米現地の販売会社の倒産や販売の難しさ、ドルショックや石油危機とあわせてアメリカ経済の景気変動、部品調達などでさまざまな困難に直面して、巨額の赤字を出していただけに、数十億円を要するこの後継機開発については、きわめて慎重だった。

なにしろ、たとえ試作機の開発がうまく成功して量産の段階にいたり、販売となると、さらに何倍もの巨額投資が必要となる。加えて、信用も実績もない三菱が、既存のビジネスジェット機メーカーが支配する市場に割り込んでいくだけに、価格は低く設定せざるを得ない。それは大きなハンディキャップを背負うことを意味していた。

三段階に分けて事業を進める

当時、ビジネスジェット機の市場は、重・中クラスと軽クラスにほぼ二分されていた。前者の有力メーカーはグラマン社やロックウエル・インターナショナル社などで、それぞれ四〇〇〇億円および一兆五〇〇〇億円規模の売り上げを誇る巨大航空機メーカーだった。後者の軽ジェット機分野はセスナ社、ゲイツリアジェット社といったメーカーがすでに進出して実績を作っており、これにプロペラ機のビーチエアクラフト社が進出を狙っていたが、いずれもグラマン社などと比べて企業規模が数分の一程度の中堅航空機メーカーだった。

こうした環境下にあって、事業計画は一気に進めるのではなく、三段階に分けることにした。第一段階は基礎設計作業の開始。第二段階は試作機を合計四機作って飛行試験などを行って計画性能の確認を行う。最終の第三段階では、それまでの段階ですべての条件が整ったうえで、量産体制をとって生産に着手することとなっていた。

三段階に分けたのは、それぞれの段階で、先へと進むか否かの慎重な経営判断を行い、先行きの見通しが得られない場合には、いつでも中止することにして、傷を大きくしないという経営的配慮によるものだった。

民間機市場は特殊で外から見えにくいだけに、とかく担当者たちだけが「行ける」と思い込んで、手前みそな事業計画で突っ走りがちだからである。採算がとりにくく、リスクの高い事業の民間機だけに重役会においても信用されておらず、担当以外の第三者である誰から見ても妥当と思われる中身でなければ推し進めるべきではないとの基本姿勢をとっていた。それは単刀直入にいえば、各種の事業部門からなる総合重工業としての三菱重工において、民間機事業は万年赤字のお荷物部門と見られていたからだった。

しかも、国内の東京および大阪といった大都市の空港では、ビジネス機の乗り入れが許されておらず、日本での需要は限りなくゼロに近いため、アメリカ市場をターゲットにせざるを得ない。それだけに市場動向の見極めが難しかった。加えて、ドルショックにともない為替が変動相場制に移って流動的であり、続く石油危機で経済状況はもちろんのこと、エネルギーの転換や省エネルギーが叫ばれており、交通体系そのものが大きく変わろうとしていたこともあった。

航空機は価格も開発費も大きいだけに、顧客もメーカーも、ともにかなり先を見通したうえでなければば、買うことも、開発事業の着手も決断できない条件下にあった。

開発に従事した設計技術者らの年齢は、課長の池田昭こそ昭和三〇年の学卒だったが、あとは昭和三〇年代後半から四〇年代にかけての、経験がわずかな若い世代だった。とはいえ、ＭＵ２の経験があるだけに、今度は勝手がわかっており、試作一号機の初飛行は昭和五二年八月二九日、成功裡に終了した。

このあと、国内では飛行試験を続けることとなるが、昭和五四年六月からは、試作二号機をアメリカのＭＡＩサンアンジェロ工場に送って再組立し、ＦＡＡの飛行試験を受けることになった。

それまでの一連の作業や試験も順調に進み、販売体制も整備されたことから、昭和五四年五月、三菱の上層部は、第三段階の量産に移る決定を下した。

昭和五四年八月、試作二号機がアメリカの空を飛び始めるとともに、耐空性審査基準に対する適合性証明の書類審査および実機審査に合格した。ところが順調に進むかと思われていたＦＡＡの公式飛行試験の許可を取得するまでの道のりが長く、壁にぶつかって、予想をはるかに超える九ヵ月もの期間を要した。それればかりか、ＦＡＡの飛行試験が一七ヵ月の歳月を要し三五五時間もかかってしまった。これらすべての試験が終了して、ＦＡＡから型式証明が交付されたのは昭和五六年一一月だった。

ＭＵ３００に予想外の新基準を適用

当初、予定していたスケジュールより二年近くも遅れてしまったが、その理由は、機体の信頼性を審査する安全基準に関する米連邦航空規則が年々厳しくなっていたことにあった。ＭＵ３００は運が悪く、ちょうどこれが改正、強化されてのちの新規則適用第一号となってしまったのだ。

ＭＵ３００がＦＡＡの審査を受ける少し前、ダグラス社製のＤＣ10がパリとシカゴで相次いで墜落事故を起こした。メーカーの落ち度だけにとどまらず、ＦＡＡの審査基準も問題となり、大きくクローズアップされて連邦議会でも激しい論議が戦わされた。結局、ＦＡＡは米連邦航空規則をより厳しい方向に大幅改正したのだが、ＭＵ３００の設計者たちは、新基準が適用されるのは新たに開発されるボーイング社やダグラス社の中・大型旅客機だけと思い込んでおり、分類の異なる小型ビジネスジェット機にはさほど影響が及ばないと見誤っていたのである。

ところが、客を乗せるスペースを有するＭＵ３００に新基準を適用すると通告されて、三菱は驚愕した。当初予定していた安全基準より厳しくなり、しかも、新規則の適用第一号だけに、その適用と解釈をめぐって、ＦＡＡ自身も未知なる要素があるだけに協議や調整が延々と続いた。その結果、多くの箇所で設計変更を余儀なくされて改造が必要となり、ここでも時間がとられ、量産機の生産もあとにずれ込み、スケジュールは大きく乱れることになった。

はじめての民間機だったＭＵ２では、試作段階でさまざまな問題が発生したが、ＭＵ３００では決してそれと同じ轍は踏むまいと、万全の設計を進めてきたので、池田らには自信があった。そのうえ、ＭＵ２のときと違って、販売体制の整備も十分に整えていたし、折からのアメリカの好景気にも支えられて受注は好調で、ＦＡＡの型式承認前にもかかわらず、昭和五五年九月末の時点で予想を超える一一〇機もの受注を得ていた。

ところが、型式承認のもたつきが販売活動に不利に働いて、受注は途中から伸びなくなった。やっとの思いで型式証明の交付を得たものの、取り巻く経済環境はがらりと変わって、アメリカが高金利政策をとったために航空業界は不況のドン底に落ち込み、ビジネス機の需要はぴたりと止まった。そればかりか、不況や引き渡しの遅れなどから受注のキャンセルが相次いだ。

初期の受注が予想以上に好調だったので、営業マンは仮契約をそのまま正直に鵜呑みにしてしまった。「こんなにも売れるのか」と有頂天になり、それまでの慎重姿勢が一転して強気に変わり事業を進めることとなったのだが、結果から見れば、販売面における経験のなさから顧客の真意を読み切れなかった甘さを露呈していた。顧客は、当面のところMU300を使う予定はないが、これからビジネスジェット機の需要が増すであろうとの仮需要に対する投機的な見通しから仮発注していたのである。だから、見通しが狂えば、さっさとキャンセルに走ったのだった。

それだけでなく、MU300の事業化にあたってもっとも重要視していた市場動向の読み誤りもあった。当初、アメリカで予定されている規制緩和が実施されると、各エアラインは採算がとれる主要路線だけを残して、客の少ない路線は廃止されてしまうと予想されていた。そうなれば、それをカバーするため、重役などが乗る社有機や自家用の小型コミューター機の需要が増える。そんな時代のトレンドを読んだつもりで、MU300は計画されたのだった。

事実、FAAの調査でも、一九七〇年代に入り、エアラインの定期ローカル路線は採算がとれないとして次々に廃止されており、これを補う社有機や自家用機の数が増えていた。この傾向を顧客にも説明して売り込んでいった。アナリストや業界関係者の大方の予想もそうだったから、間違いないと見込んだのである。ところが規制緩和がスタートして、実際にふたを開けてみると、動きは予想とは異なっていた。

米ビーチ社に身売り

MU300の開発では小型機部長としてリーダーシップを発揮した池田昭は、YS11そしてMU2の設計も担当し、C1では主査として活躍した。その後は業界の重要プロジェクトとなるボーイングとの共同開発となるYXやYXXの責任者にも就任して、この世界の主流を歩んできた経験豊富な技術者だが、次のように述懐している。

「人間って、頭いいなあと思いましたよ。予想とは異なるハブシステムという、ちゃんとうまい方法を考え出してきたのです。われわれはエアラインの路線がなくなって、大きなハブ空港まではコミュータ機に乗ってくると思って需要があると予想したのですが、そうではなかった。ハブ空港と各エアラインとをコンピュータシステムで結ぶネットワークをアメリカ全土に張り巡らせた。その結果、各エアラインが経由する途中のハブ空港へ乗り入れられるようになって、スムーズに乗り換えができるようにしてしまったのです。そのため、あると思ったマーケットの前提が崩れ、エアラインの弱点と思っていたところを彼ら自身が飛行機を飛ばしちゃったのです」

急速なコンピュータ化の波も加わって、交通体系は思わぬ方向へと進んだ。このため、キャンセルはMU300の事業に深刻な打撃を与え、受注残を引き渡しつつ、事業の縮小を余儀なくされた。それでも赤字はますます膨らみ続け、YS11の例などから、もともとリスクが高くて危険視されていた事業だけに三菱の役員会でも大きな問題とされた。いっこうに事業は好転しないし、先行きの見通しが得られないため、ついにはMAI社を清算するところまで追い込まれてしまった。

MU2およびMU300事業赤字の総額は一〇〇億円を超えたといわれ、赤字がこのまま膨らみ続ければ、「三菱の屋台骨が傾く」と判断された。航空機の開発で発生した赤字までならばなんとか支えられるのだが、販売、サービス部門のネットワーク作りにともなって発生する費用となると、その後も継続することとなり、とても一重工業メーカーとして負いきれないとの結論だった。

それに、造船やプラント、原子力、橋梁などさまざまな事業部門をもつ総合重工業メーカーとしての三菱重工の役員会では、一つの事業だけが巨額の赤字を出し続けることに対して、利益をあげている他部門の役員から批判が出て、売り上げ全体に占める割合が一〇パーセントそこそこの航空機部門の役員は肩身の狭い思いをすることになる。

このとき、何年で黒字に転換できる見通しがあるかが、もっとも問題となる。航空機の開発、生産、販売は、三年程度で白黒のめどが立つ一般産業向けの工業製品と違う。そのうえ、開発に要する初期投資の額が大きく、利益が出てくるのが一〇年後くらいである。事業としてなんとかうまく回転し始め、定着して国際的にも認知されてくるのには一五年はかかる、息の長い事業である。

欧米の航空機（軍需）メーカーならば、航空機を専業としている場合が多いので、一つの機種が赤字でも、将来に向けた経営戦略あるいは市場を確保する意味からも、必要ならばなんとしても継続し、他の機種の利益でかなりの年月まで耐える姿勢もある。

ところが日本の総合重工業メーカーでは、「会社全体としての業績を考えないで、航空機部門だけで勝手なことをやっている」「なにもリスクが高い航空機事業に無駄金を注ぎ込む必要はない。初期投資を回収するための利益があがってくるのが一〇年も先なら、その金を他の事業に注ぎ込んだほうがはるかに儲かるし、すぐ利益に結びつく」とする考え方が他の事業部門の役員の根底にはいつもある。

だから、赤字が数年続いていて、その額も膨らんでくると、航空機部門の役員は役員会で浮き上がってしまい、「あと二年ほど待ってください。いまこういう手を打っているので、必ず赤字を解消して見せますから」といった言い訳に終始することになる。だが、時間が経過してくるとそれも通用しなくなって、もちこたえられなくなる。経理部門は「航空機を扱うのはもう嫌だ、業績の足を引っ張って、いい加減にしてくれ」となり、なにかちょっとした失敗が起こると「それ見たことか」となって批判が集中するのである。

このため、昭和五八年四月からは新MAIとして再スタートさせ、加えて、MU３００もMU２と同じように、パワーアップして性能を向上させた「ダイヤモンドII」も開発して市場投入し、受注を増やそうとしたが、市況がさらに悪化したことから思惑は外れ、かえって投資がかさんで赤字額を増やす結果となった。

三段階に分け、石橋を叩きながら一段一段ステップを踏んで慎重に事業を進めてきたにもかかわらず、それでもことごとく読みが外れて思わぬ逆風にさらされてしまった。これもまた航空機ビジネスの厳しい現実だった。

米国での組立、販売、サービスを行っているMAIの赤字も累積されて、維持が難しくなってきた。このため、販売力の弱いMAIは、米大手の民間機メーカーであるビーチエアクラフト社と提携して、同社の強力な販売網にMU３００を乗せて強化を図り、一方、製品系列にジェット機をもたないビーチ社は、MU３００を加えて強化することでメリットがあり、両社の利害は一致した。

この提携によってビーチ社はMU３００の名称を「ビーチジェット」のブランド名に変えて販売することになった。さらには、すでに販売済みのMU３００およびMU２のアフターサービスもビーチ社が引き受けることになった。やがてMAI社はすべての業務をビーチ社に移管し、サンアンジェロ工場を閉鎖、昭和六一年三月には、営業活動からも撤退することを決定した。

このあと、ビーチ社は「ダイヤモンドII」の内装を改良するなどして、MU３００のすべてを自社名のブランド「ビーチジェット」として販売を始めた。それまでは日本の三菱が生産して、アメリカに送り込んでいたＭＵ３００の半成機の生産に関してもビーチ社が引き受けることを希望したため、昭和六三年二月、同機の設計、生産も含めたすべてを同社に移管する契約を結んだ。翌月には、日本国内での販売も終了させたため、三菱は小型民間機から完全に撤退することになった。

一〇年近くにわたって事業展開したＭＵ３００の販売累計は、ＭＵ2の約八分の一でしかない一〇一機にとどまり、小型機で世界に進出を果たそうとした三菱の挑戦的な試みは失敗に終わった。

小型機メーカーは総倒れ

ところが運命は皮肉なもので、「ビーチジェット」は米空軍でＴ41として採用となり、それによって信用をつけた。一九九〇年代に入ると、アメリカの景気が急速に回復して空前の好況が長く持続することになって、「ビーチジェット」は好調な売れ行きを示し、利益もあげてビーチ社の業績に大きく貢献し続けた。もちろん、この受注が「ダイヤモンドII」であったならば、米軍用として採用されなかっただろうし、市場への食い込みも難しかっただろう。

ＭＵ2では小型機設計課長を、ＭＵ３００では小型機部長を務めた池田昭は無念の思いを語っている。

「ＭＵ2の経験から自信をもって臨んだし、実機の開発もいいものができたと思ったし、これならＭＵ2を上回る実績を得られるとも思った。滑り出しも好調でかなり受注を得て、ＭＵ３００はもう大丈夫だと私自身もそう思ったし、企業としてもそう思った。ところがこの結果です。成長していく民間航空機事業が、こういうところで止まっちゃうのは実に残念です。事業が長続きせず、実を結ばなかったので、いったいこれまでなにをやってきたのだろうかという思いにかられます」

不運が続いてＭＵ３００が撤退を余儀なくされた一九八〇年代だが、その時期、米航空機産業全体を見渡せば、なにも三菱だけが困難に直面したわけでもなかった。

もともと景気変動の波が大きく、事業経営の舵取りが難しいこの世界だが、一九七〇代後半に始まったアメリカ航空業界の規制緩和の波はそれまでにも増して大きく、八〇年代前半の大不況となって、主にコミューター機やヘリコプターを生産する小型航空機メーカーを襲い、受難の時代となった。

これら小型機メーカーはボーイング社やロッキード社といった巨大航空機メーカー（国防企業）よりはかなり規模が下回る中堅企業である。しかし、彼らは巨大航空機メーカーと同様の長い歴史をもっており、これまで何度も不況を経験しながらも乗り越えて発展してきたのだが、今度ばかりは違っていた。八〇年代半ばまでには、その主な小型機メーカーのほとんどが経営を悪化させて、巨大メーカーの軍門に下ったのである。

たとえば、一九八五年一二月、一連のコミューター機を開発、生産してきた歴史あるデハビランド・カナダ社は赤字続きでボーイング社に吸収された。同年末、小型機では世界最大のセスナ航空機社がゼネラル・ダイナミクス社に吸収された。セスナはピストンエンジンのプロペラ機を得意としてきたが、八〇年代にはビジネスジェットにも力を入れ、「サイテーション」は全米の六割強を占めるまでの勢いにあったが、それでも経営の悪化からゼネラル・ダイナミクス社の傘下に組み込まれてしまった。

さらに、一九八五年、コミューター機の有力メーカーであるガルフストリーム・エアロスペース社が米自動車メーカーのビッグスリー、クライスラー社に吸収された。

そして、MAIの身売り先であるビーチ社も実は一九八〇年、経営不振から、レイセオン社が全額出資する子会社となった。

一九八二年にはビーチ社の創設者であるオリーブ・アン・ビーチが引退したことで、名実ともにレイセオン社の経営陣に取って替わられた。ちなみにレイセオン社とは防空システムの「パトリオット」や各種ミサイル、エレクトロニクス、石油プラントなどを主な製品とするアメリカの巨大国防企業である。

バイ・アメリカンの壁

こうした例が示すように、最大の市場である北米における小型機メーカーの生き残りにはきわめて難しいものがあるが、九〇年代ともなると、それに替わってアメリカ以外の小型機メーカーが台頭して世界市場に進出することになる。

たとえば、カナダのボンバルディア社やブラジルのエンブラエル社などの新興勢力が、ボーイング社やエアバス社が生産しない一〇〇席以下の民間機、ビジネス機の分野に進出して著しい伸びを示し、またたくまに世界第三、四位の地位を獲得するのである。

ＭＵ３００以降、日本のメーカーで小型ビジネス機を開発して販売したメーカーは存在しない。三菱と同じく、富士重工がＭＵ２とほぼ同時期に開発して昭和五五年までに二九六機を生産し、そのうち一七〇機を輸出した四人乗りの単発軽プロペラ機ＦＡ２００、さらにはやはり富士重工が米ロックウエル・インターナショナルと共同開発したＦＡ７００なども一〇億円近い累積赤字を出したといわれ、その結果、生産・販売を中止し、小型機市場から撤退した。

日本最大の総合重工業で、航空機に関してもっとも経験とノウハウをもつ三菱重工が取り組んでもなお失敗に終わったＭＵ３００の顚末《てんまつ》は、日本のメーカーが飛行機作りを事業として成功させることの難しさを物語っている。

これまで、ＭＵ３００の事業経過を紹介してきたが、思わぬ米連邦航空規則の改訂や市場の読み誤り、取り巻く時代状況や経済状況の変動などから、事業経営の悪化、そして撤退にいたったのだが、問題はそれだけでもなかった。日本製の航空機が主な市場であるアメリカ市場に進出するときに直面する困難についてはあまり触れてこなかったが、今後の教訓として記しておくべきことがある。

数万点あるいは数十万点にものぼる部品で構成される航空機の機体メーカーは、主翼や胴体などの大物部品は自社で生産しても、エンジンやプロペラ、脚の大物をはじめ、その他のモーターやアクチュエーター、ポンプなどの油圧機器装置、電子機器部品、操縦系統の無線機やレーダー、計器類、シートなどの内装品といった数々の部品は、外部の部品メーカーから購入して組み立てるアッセンブリー産業である。航空機をアメリカ国内で販売するとき、米国製の部品が五〇パーセント以上組み込まれていなければならないといった決まりもある。

コストを削減するには、いかに安く部品メーカーや材料メーカーから購入するかにかかっている。ところが、日本の航空機産業は小規模で裾野も狭いため、どうしても巨大な産業を形成しているアメリカの部品メーカーや材料メーカーから購入することになる。

今日の自動車産業と似て、航空機産業も大きな部品メーカーが力をもっていて、価格決定の主導権を握りがちなため、あのボーイング社ですら、ロックウエル・インターナショナル社やハネウエル社といった部品メーカーが高く売りつけて、こちらが要求するコストダウンに応じないと不満をぶちまけているのが実状だ。

ましてや、日本の航空機メーカーが、これら米部品メーカーから少量を購入しようとすると、どうしても値段をつり上げられてしまう。それだけでなく、部品メーカーの本音からすると、「いつつぶれるか知れない日本の航空機メーカーだから、長期にわたる発注を期待できない」として、価格を安く抑えることをしない。

それだけならまだしも、かつて、日本車がアメリカ市場に大量になだれ込み、しかも故障もせず、品質も高いとして人気が高くなり、アメリカ車が売れなくなって、デトロイトの自動車産業に不況の嵐が吹き荒れ、失業者があふれた。このとき、ナショナリズムや身びいき、あるいは大国アメリカのプライドも働いて、日本叩きが起こった。

そうした感情や人種的な偏見とはいわないまでも、言語や商習慣の違いからか、足元を見透かして、自国の米機体メーカーには安く売るが、アジア人の日本には高く売りつけるという姿勢があった。

MU2の事業の際に、そんな実態を知った三菱は、MU300では白人の人間を雇って部品メーカーと値段交渉を行わせた。すると、それだけで価格がかなり下がったともいわれているが、それでも赤字であった。そんななかで、ビーチ社が利益をあげているところを見ると、機器や材料をかなり安く購入しているものと思われる。

MU300の事業で思い知らされたことは、「いい飛行機を作ることは難しいが、それでもなんとか作れることを証明した。しかし、それで利益をあげることは至難の業であることを教えられた」ということだった。

ホンダの軽スポーツ機への挑戦

昭和二七年に日本の航空機産業がGHQの許可によって再開が許されて今日まで半世紀が経過したが、この間、三菱重工や川崎重工、富士重工など、戦前から航空機の開発、生産を手がけてきたメーカーが戦後もこの分野に乗り出して活躍してきた。

ところが、小型機分野では、これらメーカーとは素性の異なるホンダが、およそ四〇年前から開発を手がけている。

一九九三年三月、カーボン繊維で作った機体の六人乗り双発ジェット機の試験飛行に成功し、以後、継続的に試験飛行を繰り返している。しかも、搭載する小型のターボファンエンジンも自社開発であるのは注目に値する。

創設者の本田宗一郎の精神であり夢でもある未知なる技術への挑戦の一つとして、小型航空機の開発に着手したのである。オートバイメーカーから出発して四輪車に進出し、長く業界第二位の位置を占めていた日産自動車を追い抜いて、トヨタに次ぐ地位を確保している。本業とは別に、二本足で歩行するロボット「アシモ」を開発して世に出すなど、遊びの精神に満ちたホンダが、軽飛行機に進出してもおかしくはないし、本田宗一郎の念願でもあった。

国内の航空機メーカーから人材を引き抜いたり、いまから四〇年以上も前、「ホンダは航空機に進出する」と宣言して、東京大学航空学科卒の学生を採用した。それが、ともに同学科から同期入社した現本田社長の吉野浩行と元同社副社長の入交昭一郎である。吉野は筆者のインタビューで語っている。

「航空機をやりたいと思って本田に入社した。航空機は自動車とかなり性格が異なるので、なかなか難しいところはあるが、必ず売り出すことになる。

もちろん、三菱さんがやったMU300などとは違って、ホンダらしく、もっとスポーツ性を前面に打ち出した軽飛行機になる。それも、一般の航空機メーカーがこれまでにやってきたような生産方式は採用しない。自動車で培った思い切ったやり方で、量産性も考慮したものになるだろう。期待していてほしい」

売上高が三菱重工の二・五倍のホンダは、経常利益では約五倍にもなっている（二〇〇二年度数値）。他の巨大自動車メーカーとは違って合併を志向せず、単独の自立路線を選択して、トヨタやGM、ダイムラー・クライスラーなどを相手に熾烈な開発競争を演じている。そのうえ、石油に代わる代替エネルギー車の燃料電池自動車やハイブリッド車など巨額の費用を要する開発や海外展開などで研究開発費、設備投資額が膨大な額となっていて、現在それだけで手一杯というべきであろう。

三菱重工のMU３００などの例からもわかるように、航空機分野へ進出するには、巨額の初期投資と、何年も継続することが予想される膨大な赤字に耐える必要があって、おいそれとは踏み切れない。もちろん、MU３００の失敗例は十分に研究しただろうから、なおさらである。四十数年前に進出を宣言しつつも、実現していないのは無理もないと思える。

だが、世界を見渡せば、異業種から数十人乗りの小型旅客機市場に参入して、この一〇年で急成長を果たし、いまやボーイング、エアバスに次ぐ世界第三位にのし上がったカナダのボンバルディア社の例がある。それまではスノーモービルなどを生産していた会社であったが、経営不振に陥った小型航空機メーカーを次々に買収して、これまでの航空機生産の常識にとらわれることなく、大胆で合理的な生産方式を採用して、一気に市場シェアを獲得している。こうした例からすると、ホンダも欧米の航空機メーカーを買収するなどして、小型航空機市場へ進出することも可能だろう。

ホンダに続き、トヨタも一九八〇年代から航空機の開発を進めてきた。トヨタ・グループの石田財団がプロペラ式の輸送機とヘリコプターを兼ねたチルトローターと呼ばれる垂直離着陸機を、米ベル・ヘリコプター社に協力して開発した。

一九九〇年には、小型飛行機の製造販売に乗り出すと表明。自製のエンジンを搭載し、自動車で培った空力技術や低コスト化の量産技術を生かしていくとした。

二〇〇二年六月には、アメリカで四人乗りのレシプロ単発機の実証試験機を試作して、このほど試験飛行に成功した。空力性能を高めるため、機体を炭素繊維の樹脂で一体成形しているのが特徴である。この試作機は、需要の多いアメリカの現地法人と共同で開発を進めてきたものだが、具体的な事業化のプロセスは発表されていない。

二〇〇二年三月期決算でトヨタは、日本の企業としてはじめて一兆円を超える連結経常利益をあげ、手持ち資金はきわめて豊富である。分野が異なるとはいえ、ホンダと同様に、アメリカでの自動車の現地生産は完全に軌道に乗って大いに利益をあげており、しかも経営ノウハウの蓄積やブランド力があるだけに、経営トップがその気になって決断すれば、いつでも小型機分野に乗り出すことができるといえよう。

第五章　ＹＸ／Ｂ７６７、偉大なるボーイングの下請け

次期民間輸送機YX計画

YS11の生産が中止され、日本航空機製造の解散が決定されたのが昭和四八年（一九七三年）だが、そのときから七年をさかのぼる昭和四一年頃、先のXC1計画が防衛庁で具体化し始めた。通産省としても、赤沢らの考えである軍民両用の可能性を探る意味でも、YS11の後継機の計画が浮上してきたのだ。トラブル続きだったYS11がやっとFAA（米連邦航空局）の型式証明書を得て、フィリピン航空などへの輸出も始まり、販売に弾みがついた時期だった。

先にも述べたが、一つの民間機を完成してエアラインに引き渡される段階になると、ただちに次の後継機の計画に着手するのがこの世界の常識である。日本航空機製造のYS11のように一機種しかなければなおさらである。初期投資が大きいだけに、後継機を開発することで、製品の品揃えをしてエアラインのさまざまな要望に応え、また既存機で得た顧客をその後も確保し続けるためである。

さらには、すでにYS11を完成させたことで、これに従事していた設計技術者らを遊ばせたり分散させることなく、後継機に振り向けることで、航空機メーカーとしてつねに一定の仕事を確保していく必要もある。

昭和四一年八月、航空工業審議会が開かれて、「次期民間輸送機のための研究」の調査がスタートした。翌年には通産省から二〇〇〇万円の調査委託費が認められた。昭和四三年三月には、学識経験者や民間各社の委員も含めて検討した結果、九〇席前後のターボジェット旅客機の案がまとめられ、開発費はYS11の三倍の約一五〇億円から一六〇億円と見積もられた。

昭和四三年度には、二億円の補助金が交付されて、日本航空機製造内にYS11の次に取り組む輸送機

「ＹＸ開発本部」が設けられた。市場調査や基礎設計が進められ、昭和四四年にはＹＸ計画としての「ＹＳ33構想」がまとめられた。案は三つあり、ＹＳ11の二倍から二倍半の座席数で、いずれもストレッチ型（細胴）である。開発費はＹＳ11の四倍強の二四〇億円、需要機数は国内が一〇〇機、海外が五〇機から一〇〇機と見込んだ。

（1）ＹＳ33‐10が座席数一一六。
（2）ＹＳ33‐20が座席数一三九。
（3）ＹＳ33‐30が座席数一四九。

さらには翌年、市場環境の変化を踏まえつつ海外調査などを行って新たに検討した結果、需要見通しからして次の二案が新たに追加された。

（1）ＹＸ‐Ｂ、Ｃ案として一五〇から一八〇席。
（2）ＹＸ‐Ｄ案として二〇〇から二五〇席。

これらのうち、現実味のあるＹＳ―33およびＹＸ―Ｂ、Ｃ案をさらに煮詰めるため、低公害でハイテクノロジーのエンジン候補を調査したが、適合する既存のものがないばかりか、機体開発のスケジュールからして一〇年後までに開発が完了するものも見当たらず、これらの案は白紙還元されることになった。Ｆ1のときと同様に、計画とうまく適合するエンジンが存在しないことからくる航空機開発の難しさを教えていた。

替わって、ＹＸ‐Ｄ案が浮上してきたが、このクラスの大型機ともなると、開発費は一桁大きい一〇〇〇億円規模の巨額になるため、国内だけでなく世界の市場を念頭に置く必要があった。しかも、日本が一国で開発することなどとても無理なため、国際共同開発の可能性が浮上してきた。

三菱対通産の激烈な議論

だが、この頃ともなると、ＹＳ11の赤字問題が表面化して、国会でも取り上げられて論議の的になっており、ＹＸの予算どころではなかった。特にＹＳ11の赤字は重大問題だとする大蔵省は、「（Ｙ）Ｓと（Ｙ）Ｘはパッケージ」と主張した。

これに対して、昭和四四年一一月から重工業局長に就任していた赤沢は、せっかく海外に売り込めるまでの民間機を苦労して作り上げてきたのに、「ＹＳ11で終わり、このあと日本の航空機工業としては防衛庁機だけで結構です、とするのはフィルムを一〇年逆回しすることになる」との考えで、ＹＸ計画に執念を燃やした。赤沢は、「ＹＳ11の赤字解消対策の一つの手段として、航空機工業振興法のなかの、日本航空機製造でもう一つ新しい仕事をすることによってその赤字を減らしていこうということと、赤字の返済の時期を延ばしていこう」とする、やや虫のいい戦略を提案した。しかし、財政当局である大蔵省はそんなに甘くはなく、猛反発があった。

「また大赤字の飛行機を作って、あとになってこっちに赤字処理をもってくるんだろう。そんなものつきあえるか」

ＹＳ11の赤字に対する大蔵省の批判は、先にも紹介したように業界にも向けられた。

「親方日の丸のコスト意識が希薄であって甘えがある」「寄り集まりの日本航空機製造は責任の所在が曖昧で、事業体としての体をなしていない」

ＹＳ11の計画がスタートしたときから大蔵省が問題だと指摘していたことが、やはり現実となったのである。大蔵省はＹＳ11の赤字処理が先であって、それが解決しない限りＹＸ計画の予算など絶対に認められないとの姿勢であった。

ＹＸ計画は暗礁に乗り上げてしまい、今度はＹＳ11の赤字処理とその責任の所在をめぐって、通産省と業界との間で激烈な議論が繰り広げられた。いわば責任のなすりあいであり、民間機プロジェクトに対する取り組む基本姿勢の違いだった。

特に業界のリーダーである三菱重工の牧田社長が通産省を正面から批判した。

「戦闘機をやれば、技術等の波及効果は大きい。しかし民間機の場合は、そういう波及効果よりも、むしろ、ビジネス的に成り立つかどうかが優先されなければならない問題であり、成り立たないものはやる必要はない。しかし、国が一〇〇パーセント保証するならばやってもよい」

牧田のこの発言そのものは一つの筋が通っているが、ＹＳ11の赤字が生まれた経緯を踏まえると、開き直りの感は否定できない。それにもう一つ、そもそもＹＳ11のプロジェクトを立ち上げた真の意図は、二次防と三次防の間に生じる仕事の谷間を埋める方策ではなかったかとする憶測がある。

創設したばかりで、よちよち歩きの防衛庁が進める装備計画は、予算規模も先行きの見通しも危うく、ましてや基盤となるべき防衛産業をいかに育てていくかといったことまではとても手が回らなかったし、立ち上がったばかりの航空機工業に継続的に仕事を供給できるほど長期的な育成計画は確立していなかった。

このため、二次防と三次防との間で仕事量が大きく落ち込んで、各航空機メーカーの工場の操業度を維持するのが困難であることがかなり前からわかっていたため、通産省と業界首脳が一体となって航空機工業の救済手段としてＹＳ11をでっち上げたのではないか。もしこのプロジェクトがうまくいって、瓢簞から駒が出て育つならそれは儲けものといった思惑から始めたのではないかというのである。

業界内では、「第二次防衛需要としてYS11および日本航空機製造は利用されたのではないか」ともささやかれた。業界首脳の本音としては、谷間を埋める役目を終えたYS11の生産はさっさとやめたほうがよいという思いがあったというわけだ。

牧田の発言は、かなりの仕事量が確保できる三次防が始まろうとしているいま、儲け仕事で人員も設備も手一杯になるのに、なにも赤字のYS11事業や、同じく赤字の恐れが十分に予想されてリスクも高いYXにまで無理して手を染める必要はない。国がすべてを保証してくれるというならやってもいいというものだった。

旅客機開発費の巨額化

ところがしばらくすると、かなりの仕事量を期待していた三次防は、先のロッキード事件によって対潜哨戒機が自主開発からP3Cのライセンス生産に転換してしまうなど、当初の計画が狂ってきた。だんだん縮小してきて、予想していた仕事量よりかなり少なくなることが次第にわかってきた。こうなると、いかにして操業度を維持するかが再び問題となって浮上してきた。航空機産業を取り巻く状況の変化に、牧田ら工業界のニュアンスも変わってきた。YXに関する強気発言の「国が一〇〇パーセント補助すべきだ」から、「多額の政府補助がないとできない」にトーンダウンさせたのである。

YS11の赤字処理やYXに対する姿勢の問題とは別に、この頃、世界経済は大変動の時代を迎えていた。戦後の世界経済の先頭に立って引っ張ってきた大国アメリカの凋落が始まったのである。長引くベトナム戦争が泥沼化して財政を悪化させたアメリカは、ニクソン大統領がドル防衛政策を発表した。いわゆるドルショックであり、為替は変動相場制へと移行して、日米間では、長く続いてきた一ドル三六〇円の固定交換レートから急激な円高へと向かった。

さらに追い打ちをかけるように石油危機が起こり、石油価格が四・五倍にも高騰して、世界経済を低迷させ、これを受けて航空機およびエアライン業界も停滞して、将来の見通しを立てられない厳しい時代に突入した。それと合わせてこの頃、自動車でいえばマスキー法（自動車排出ガス規制）が登場してきたように、航空機分野でも環境問題が厳しく問われる時代を迎えていた。

一九七二年、ＩＣＡＯ（国際民間航空機関）が航空機の騒音規制の基準を強め、排気ガスや安全性も厳しくなってきて、これに適合しなければならない民間輸送機は高度化が必然となった。加えて、世界的なインフレによって資材も人件費も高騰して開発費は大きく膨らむ一方で、先行きの見通しが得られなくなってきた。

こうしたあおりを受けて、米政府が英仏共同のコンコルドの向こうを張ってボーイング社に発注して進めていた国家プロジェクト、超音速旅客機ＳＳＴは、環境問題および燃費の悪さ、さらには開発費が予想をはるかに超えて巨額化することから中止となった。

続いてイギリスでは、ポンド危機や経済の停滞、いわゆる「英国病」などから、世界三大エンジンメーカーの一つロールス・ロイス社が倒産した。

こうした航空機を取り巻く環境の変化を受けて、世界のエアラインは、旅客の需要に見合う大型化、高速化、高性能化を求め、さらには、燃費がよくて運航効率も高く、しかも快適性を追求したワイドボディ機を望んだ。

こうなると、新しく開発する旅客機の原価は一気に高くなるが、かといって市場競争から販売価格は抑えざるを得ない。となると一機当たりの利幅は少なくなるので、その分だけ生産機数を増やして投資資金を回収しようとするため、損益分岐点が非常に高くなってきた。ということは、新機種の開発はこれまで以上に市場調査を綿密にやって需要見通しを誤らないようにしなければ命取りになる。

開発費の巨額化は安易に新機種の開発ができなくなって、中堅の航空機メーカーの合併や吸収が盛んとなり、国際的分業も行われるようになってきた。それだけ、新規の参入が難しくなってきたのだった。

ボーイングから共同開発の誘い

このような環境の激変に、ＹＸ計画案は二転三転して迷走することになる。

航空機工業はＹＳ11を開発した昭和三〇年代とは大きく様変わりして、数十億円の開発費でまかなえる時代ではなく、一桁も二桁も巨額になってきた。世界における航空機の需要構造が大きく変わってきたし、航空機産業も寡占化してきた。

このため、ＹＸ計画はまたまた変更された。国民の税金を投入するのだから、財政当局の姿勢として当然のことながら、日本の航空工業への補助金の出資について、慎重さを欠くわけにいかず、どうしても渋ることになる。これまでの案のように共同開発の際に五〇パーセント以上の分担割合を確保するといったことは非現実的であって、四〇パーセント以下にまで下げざるを得なくなってきた。

このような条件下に置かれた日本のＹＸ構想に対して、アメリカのボーイング社、ダグラス社、ロッキード社、そしてヨーロッパからはＢＡＣ社やフォッカー社から、それぞれ共同開発の提案が寄せられた。民間機メーカーの巨人、ボーイング社でさえも、取り巻く環境の激変に、巨額の資金を調達するのは難しくなった。それだけでなく、開発リスクを分散し、完成した機体を売り込む市場を確保する狙いからも、経済大国となって、日本航空や全日空などの日本のエアラインが大量の旅客機を購入するようになってきた日本を、共同開発のパートナーとして抱き込みたかったのである。

こうした状況に、昭和四六年六月、日本は木村秀政を団長とする学識経験者や業界代表などからなる海外調査団「木村ミッション」を欧米に派遣して、提案のあった欧米のメーカーとそれぞれ協議を行った。その後の検討を経た結果、一〇月に開かれたＹＸ開発専門委員会は「交渉の相手として、当面、ボーイングを第一順位とする」との結論を打ち出し、通産大臣に対して、「自主性を確保しつつ、大型機を含む国際共同開発を進める」等の答申を行った。

ダグラス社の提案では日本が下請けとして位置づけられていた。ロッキード社との共同開発はノウハウを購入せねばならないし、経営のトップがワンマンで独断的であり、日本が振り回される恐れが十分に予想された。ボーイング社は五〇パーセントずつの対等であり、交渉の過程でも対応に信頼が置けたのだった。三菱の担当責任役員である東條輝雄取締役も、これらのメーカー首脳と交渉した感触から述べている。

「ボーイングがいちばんいい、一致するかしないかは別として、ボーイングとなら腹を割って話ができる。とにかくそのなかではベストだ」

このあと、ＹＸプロジェクトに対する政府補助率やその形態、金額、さらには開発の主体は政府かそれとも民間かといったさまざまな事項について議論された。なにしろ、ＹＸプロジェクトの開発費が二〇〇〇億円近くかかりそうなのに、当時、日本の航空機産業の年間総生産額は一〇〇〇億円程度でしかなかったからだ。しかも、プロジェクトに参加して、いったん走り出せば、途中で引き返すわけにはいかないからでもある。

こうした議論と並行して、ボーイングとの間では、市場動向からしてＹＸ案が妥当であるか否か、さらに分担割合やそのほか種々の条件などについて頻繁に話し合われた。その結果、これまで日本が検討を進めてきたＹＸ計画は凍結し、替わって、ボーイング社が独自に計画を進めている７Ｘ７プロジェクトとの共同作業を前提とするとの結論に達した。

日本の分担比率が低下

一方、業界はリスクの高い開発事業に対する政府の補助率が一〇〇パーセント近く、あるいは、どんなに少なくても八五パーセント以上との要望を提出していたが、結局、七五パーセントに下げられる情勢となった。量産事業はさらに下回る五〇パーセントとし、事業主体は民間主導型と決まった。

同じ国家プロジェクトとはいえ、宇宙や原子力のように事業団を設立して開発すべきだとする案もあった。そのほうが補助率も高くなるが、民間旅客機は、宇宙開発事業や原子力のように未知の新しい研究開発ではなく、何十年も前から製品化されて出回っている。もともと補助金制度は、民間では手が出しにくい純然たる新規の研究開発を支援して産業の育成を図るという趣旨でもあった。

昭和四八年四月、航空機の機体、部品、材料、計器などのメーカー各社で構成する「財団法人民間輸送機開発協会（ＣＴＤＣ）」が発足した。同月、開発協会とボーイングとの間でＹＸ／７Ｘ７の共同開発を行うことを定めた第一次のＭＯＵ（了解覚書）が締結された。

ところが、このとき石油危機が起こり、中東戦争が勃発したため、ＹＸ／７Ｘ７のプロジェクトは再検討を余儀なくされて、しばらく中断することとなった。

ボーイング社はＹＸ／７Ｘ７プロジェクトとは別に、イタリアのアエリタリアとの共同開発事業も進めていた。ところが、需要環境が厳しくなってきたことから、二機種を進める路線は諦めて統合し、三ヵ国で一機種を開発する提案を出してきた。結局、米、日、伊の三ヵ国による国際共同開発とすることが決まった。

当初は日本とボーイング社との五〇パーセントずつのプロジェクトと銘打ってはいたが、両者の力関係、そしてイタリアの参加もあって、日本の分担比率は一気に下がって二九パーセント、ボーイングは五一パーセント、イタリアは二〇パーセントとなった。

実のところ、日本には五〇パーセントを負担する資金も人員もなかったからである。ジェット旅客機の開発・生産にどのくらいの人と金がかかるものなのかも考えずに、五〇対五〇の共同事業を主張していたこと自体がおかしかったのである。

昭和五〇年秋、来日したボーイング社のウィルソン会長が河本敏夫通産大臣を表敬訪問してトップ会談がもたれた。「笑わん殿下」の異名をとる河本は、三光汽船の実質的なオーナーであるだけに、ビジネスの交渉も心得ており、この事業に対する日本側の立場を明らかにして、「もし真に共同開発のパートナーを求めるなら、ボーイングは誠意をもって対応するように」と強く求めた。

ウィルソンはただちに「ボーイングは日本と伊も含め、共同でＹＸの開発に同意し、交渉担当者に対しより意欲的に交渉決着を促進するよう指示する」と約束した。

これによりプロジェクトはより具体化することになったが、またも取り巻く情勢は厳しくなってきた。Ｐ３Ｃや全日空へのトライスター売り込みに際して、ロッキード社やその代理店である丸紅が田中角栄首相や全日空幹部らに賄賂《わいろ》を送ったことが発覚して、ロッキード事件へと発展したからである。

加えて、航空機メーカーの母体となる総合重工業の屋台骨を支えてきた稼ぎ頭の造船産業を、石油危機にともなう未曾有の大不況が襲ったため、先行きの見通しが不透明となり、資金的余裕もなくなってきて決断ができず、またも足踏み状態となった。

それでも、通産省がまとめた昭和五一年度の予算要求では、総額一〇〇億円、補助率八五パーセントとして提出したが、結果は大幅に削られて、二八億円、補助率は七五パーセントに下げられた。大蔵省側から、「産業振興を図ることを目的とする政府補助金を国際共同開発に出資するには、あくまで日本側の自主性確保が不可欠な要件である」とされた。いわゆる下請けに近い形態では補助金は出せないということだった。

このため、ボーイング社との交渉では、この点が強く主張され、次のような日本側の自主性確保に関するメモランダムを締結した。
（1）全分野へ参画する。（2）日本の航空会社の要望を考慮する。（3）日本の持分比は二〇パーセントとする。（4）共同事業体を設ける。（5）販売に参加する。（6）機種名に日本側参画を表示する。

売れる飛行機、儲かる飛行機

ところが、昭和五一年一〇月にいたり、突然、ボーイング社の社長スタンパーが来日した。「市場の変化から、共同開発を予定している7X7とは別に、ボーイング社が独自に検討を進めている一五〇人乗りの7N7との関係から、あらためて両機を合わせて総合評価するため、開発のスタートを遅らせたい」と申し出てきたのである。いわゆる「スタンパー事件」である。

この動きは、長く続いてきた交渉が大詰めとなり、ボーイング社の本社が乗り出してきて本格的な検討に入ったことを意味していた。それだけに、その後の協議では、日本に対するボーイング社の交渉姿勢がいちだんと厳しくなってきた。

それは、ボーイングにとってこれまではウォーミングアップの期間でしかなく、基本構想作りは進めていても、社内的にはまだ検討段階でしかなかった。その意味では、これまで、一見、日本側が提示する案をかなりの程度まで受け入れる態度で対応していたのは、事業としての本格的な詰めを行っていなかったからである。社長が自ら乗り出してきたこのときはじめて、事業を現実化するためのシビアな本格的交渉が始まったのであり、日本側にとってはこれまで、甘い夢を見させてもらっていたにすぎなかったのである。

ひと頃のボーイング社が、SSTの開発中止やB747ジャンボジェットの莫大な開発費の出費とその販売不振などで経営が悪化し、さらには石油危機などにともなう不況から明確な先行きの見通しを立てられず、日本側に大きな分担割合を期待していたときとは情勢が変わってきたことも理由の一つとしてあった。

B727が史上最高の売れ行きを示して、ボーイング社の財務が急速に好転してきていた。さらには、SSTの中止によって、それまで投入していた巨額の開発費や人員を7X7に回すことができるようになって、強気の姿勢に転じたという背景もあった。

ボーイング社との協議の席上でスタンパーは、「この事業に一〇億ドルくらい投資してもかまわない」と豪語した。日本側が出資できる額とは一桁違っていた。しかも、ボーイング社が顧客であるエアラインと具体的な協議をし始めると、実績のない日本が対等な立場の共同事業体として参画することを不安視し、難色を示した。日本には金も人もないことがエアラインにもわかってきたからだ。このため、ボーイング社が開発事業を主導することを強く求められたのだった。

ボーイング社からすれば、「売れる飛行機」を作ること、しかも「儲かる飛行機」であることを最優先しなければならないのはいうまでもない。事業を成功させるためには、それまでの契約となっていた参加企業の全員が一致しなければ事が決められないようでは、利害が反する事項は妥協が必要になって、中途半端な結論に落ち着いてしまう可能性も十分にある。となると、結局はろくな航空機ができあがらないし、臨機応変で機動的なビジネス展開ができなくなってしまう。

矛盾だらけの補助金制度

これまでの交渉が長引いた要因の一つはそこにあった。交渉当事者で日本側のメーカー三社を代表する役員クラスの内野憲二（川崎重工）、東條輝雄（三菱重工）、渋谷巌（富士重工）らはこれまで、主任設計者として何機種も手がけてきたし、YS11の経験からも、航空機の開発は一社がリーダーシップをとって責任をもって進めなければ成り立たないことを十分知っていたし、ボーイング社の考え方がよく理解できた。

この三者は、業界がまとめた『YX／767開発の歩み』のなかの座談会「YXプロジェクトを回顧して」で率直に語っている。渋谷はスタンパーの考えを憶測する。

「まず自主性で。というのは、マイナーのパートナーの権益をとことんまで保証するというようになっていたでしょう。われわれが議論したときに。コンフィギュレーションもなにも、皆、全員一致ですから。リーダーシップのない開発などできないですからね。スタンパーさんが、『これじゃ、日本とやれない。でも日本とやるためには日本をリスクシェアリングにしなければ駄目だ』と決心しちゃったんでしょうね。スタンパー事件は起こさないようにと、いまもいつも言っているんだけど、スタンパー氏の言うのも一理あるんじゃないか、と僕はあの時感じたね。（中略）僕は無理はないと、そのときそう思いましたね」

政府には、ＹＸ／７Ｘ７が政府補助金を投入する航空機の開発事業であり、公共事業である以上、予算制度の名目からして、日本が主体性をもたなければ税金を使うことはできないという基本方針があった。ところがＹＸ／７Ｘ７の現実は、ボーイング社の呼びかけに応じて日本はこのプロジェクトに参加させてもらっている、いわば下請けに近い立場であるというのが実状である。そこに大きな矛盾があった。

政府補助金の性格から研究開発でなければならず、しかも、無駄金となるような使い方は許されない。国民の税金だけに、単に外国の企業を利するような使い方もまた許されるはずもない。となると、ＹＸは工業製品として実用化されている航空機で、しかも共同開発する相手は外国の企業であり、そのうえリスクも高いだけに、失敗すると無駄金を投入したことにもなる。

航空機の国際共同開発に補助金を投入しようとしたとき、さまざまな点で解釈に無理が生じる恐れがあるだけに、適用の仕方が難しい。見方を変えれば、いたるところで辻褄が合わなくなるし、裏と表との使い分けも必要になる。制約もともなうため、ＹＳ11でも起こったように、そのことで振り回され、結局はしわ寄せが現場に回ってきて事業そのものを危うくしてしまう恐れがある。

予算制度に制約されて

こうした点において、東條はＹＳ11やＣ１、ＹＸでさんざん苦労してきただけに、体験を踏まえつつ、率直に問題点を指摘する。

「ＹＸにしろＹＸＸにしろ、主体性がどこにあるかというと、決して日本にあるんじゃないんですよ。

日本に主体性があるのならば、勝手に筋書きを書いて、『これだけくれれば十分できる』、予算が削られれば、『われわれは計画をかように変えましょう』といえるんだけれどもね。こちらには主体性がないもんだから、いかようにでもふりまわされてるわけよ……(笑い)。

それなのに単年度予算だから、『お前はこれを使い切らなかったら云々……』とか、いかにもこちらに主体性のあるかの如く、国内で予算関係を扱われながら、われわれには主体性は全然ない。ですから、根本に矛盾があるわけですよ」

いくつもの企業が寄り集まり、しかも細かい分業体制で進めていく巨大技術としての航空機の国際共同開発は、一部門での設計変更が、さまざまな部門や企業にも影響を及ぼしてしまい、条件はくるくる変わってくる。それも土木などの公共事業とは違って、もの自体が技術的に精密でシビアであるだけに、個々の工事レベルでごまかすこともできない。

このため、開発段階ではどの部門においてもめまぐるしいまでの変更と調整の連続となる。となると、共同開発の相手であるボーイング社との約束事も頻繁に変わってくるが、予算制度の制約から臨機応変に対応できないで、ついていけなくなってしまい、たえずジレンマを抱え込んでしまうのである。

航空機はあらゆる面でハイテクそのものだけに、開発作業自体が大変なうえ、それ以前の手続き上のことで振り回され、暗礁に乗り上げたりして、つねに予算制度上で問題にならないような手や言い訳を考え出さなければならない。使い分けもしなければならないので、それだけ不合理でしかもきわめて効率が悪くなるのである。

補助金はもらいたいし、また、もらわなければ、とても民間だけでは資金が調達できないし、失敗したときの赤字負担が怖い。だが、もらおうとすると、このような制約が生じて足かせになる。そのジレンマは、これ以降も解消されることはなく、現在まで続いている。

そのうえ、一九九〇年代ともなると、自由貿易を阻害することになる過剰な政府援助を禁止するＷＴＯ（世界貿易機関）やＧＡＴＴ（関税貿易一般協定）による規制も強まって、助成金の割合も制限されることになり、後発国である日本が民間機分野に進出しようとするときのハードルがより高くなっている。

こうした日本側との協議やボーイング社内での総合評価の結果を経て、昭和五二年七月から行われた日米の交渉の席でＹＸ／７Ｘ７の提案が示された。

（１）事業の全責任はボーイングが負い、主導権をもつ。（２）従来の共同事業体（ジョイントベンチャー）から共同事業体制（プログラムパーティシペント）に変更する。（３）イタリアに対しても日本と同じ参加形態で折衝する。（４）のれん代（較差調整費）の支払いは不要。（５）日本は分担作業（リスクシェア）以外の技術分野と、その他の事業全般（マーケット、セールス、アフターサービス）にわたり参加する。

ただし、作業分担率については、ボーイングが七〇パーセント、残り三〇パーセントを日本とイタリアが分けることが示された。この結果、これまでの二〇パーセントよりさらに下がる工数比で約一五パーセントに決まることになる。

ボーイング社の姿勢転換により、従来の締結内容より日本側に不利となっており、権利が狭められてしまった。

昭和五二年九月二二日の第二五回政策小委員会は、これまで四年半近くを費やして煮詰めてきた交渉経過からして、日本側にとっては理不尽であるとしながらも、ボーイング社との力関係からして致し方なく、押し切られる形でのやむを得ない「現実的な選択」として受け入れることになった。

ボーイングが民間機開発のビジネスとして本格的な検討に乗り出し、利益を生み出す事業として成功を期して煮詰めた結果、ようやく落ち着いた共同開発の役割分担がこの数字であり、それは日、米、伊の実力そのものをあらわしていて、日本側の淡い期待や幻想が入り込む余地はなく、冷たい現実を思い知らされたのだった。

とにかくボーイングの技術部隊に入ること

たびたびボーイング社とトップレベルの交渉をこなしてきた川崎重工の内野憲二は正直に述べている。

「YXは、あの形に抑え込まれて、ああいうように収まったということであり、われわれがはじめ考えた趣旨と、最後にまとまった内容とでは大変な差があると思いますね。ですから、日本が取ったのではなくて、力でねじ伏せられたという感が強いのではないでしょうか」

三次防の縮小で、日本の航空機工業の仕事量が少なくなり、操業度の問題が生じてくる台所事情もあって、呑まざるを得なかった。四年半にもわたり検討してきたYXをもしこの時期、取り逃がしてしまえば、またも計画は迷走して、いつになれば実現の運びになるかわからなかった。

ボーイング社にしてみれば、経営が好転してきて、このプロジェクトに日本が参加しなくてもさしたる問題ではなくなってきた背景もあって、スタンパー社長は強気で、交渉の席で次のような持論をしばしば口にしていた。

「なにも日本を将来ボーイングの強敵にするような育て方をする必要はない」

まさしく、ボーイング社が現在も抱き続ける本音そのものである。

それでも、ボーイング社がすべてを担当するとしていた全体システムの設計や市場調査、販売、プロダクトサポートなどの分野にも日本が参加できることを認めさせた。これは、今後、日本が一から民間航空機を自主開発しようとするとき、学んでおかなければならない分野だけに、意味のある獲得ではあった。

「まだ不満はあると思うけど、契約上からいえば、普通の下請け扱いされても文句のいえない受注をやっているんですよ、内容的には。（中略）リスクシェアリングをやった見返りとして、相当程度全貌をつかめるような形で入っていったと思いますよ。これが功績だったと思っているんですよ」

東條はまた、国の補助率や単年度予算、補助金の性格からして使い方に制約があってリスクを負えず、しかも、その絶対額も少ない現実などを踏まえながら、今後日本の民間航空機の開発のあり方についても述べている。

「補助率が八五％から下がった時点で、われわれが耐え得るのは二〇％だろう。比率はどうであれわれわれが背負える範囲で参画しておいても、ともかく向こうの、たとえば空力であろうと、なんであろうと全部にわたって勉強しようじゃないか。私はそういう考えでした。

さらにその時点で、通産省は、イコールパートナーの五〇（％）じゃないと困るとかいっていましたが、これは政府側としても、予算にからむ問題等があったことだと思いますが、少なくとも私どものところでは、その時点で、二〇％でも三〇％でもかまわないという感じでした。とにかく（ボーイング社の）技術部隊に入ること。そして全部に参画できること。この点が大事だと思っていました。

工業の規模から考えて、開発は背負える範囲のリスクだけにして、勉強だけはできるようにすることが大事だと思っています。四九％か五一％かというのが大事じゃないと、私は思います」

三菱重工、川崎重工、富士重工の三社三様の利害や思惑、温度差があったし、心憎いまでのボーイングの駆け引きもあったが、それでも「寄らば大樹の陰」で、なんとかＢ７６７の開発プロジェクトに参画し、日本が民間機の開発・生産事業に乗り出すことになった。

振り返ってみれば、紆余曲折があって、日本側の三社間で、あるいはボーイング社との関係で何度も決裂寸前まで行き、危うかったプロジェクトだった。

それでも、川崎重工の内野、三菱重工の東條、富士重工の渋谷の三人がそれぞれの企業の担当重役で、かなりの決定権をもっており、また戦前から引き続いて航空機に並々ならぬ情熱を傾けてきた航空技術者だっただけに、三社が決裂あるいは脱落することなく、ここまでもってこられたといえよう。もし、この三人でなければ、YX／B767は実現しなかったかもしれない。その意味では、経営トップのリーダーシップがいかに重要であるかを教えているといえよう。

一三六人の技術者がボーイングへ

昭和五三年九月、「財団法人民間輸送機開発協会（CTDC）」とボーイングとの間で基本事業契約が締結され、自主性問題にも最終決着を見た。日本側とボーイング社との間で、最終的な基本事業契約書が調印された。ここに、昭和四二年からスタートしたYS11の後継機であるYXの開発が一一年半を経てようやくスタートすることになった。一つの民間機開発プロジェクトをスタートさせるだけで、これほどの紆余曲折と長い年月を要するのが、このビジネスの現実だった。それでも実現したのだからまだしも、一〇年間もさまざまな角度から検討し、概略設計を繰り返したのちに消えていく計画もざらにあるのである。

日本側の作業分担は日本の機体メーカー三社に割り振られ、前胴および中胴パネルを川崎、後胴パネルを三菱、主翼胴体間フェアリングを富士がそれぞれ担当して、最終組立ラインはボーイング社に設置

ジェット旅客機Ｂ767

することになった。

設計作業は昭和五三年半ばから始まり、翌年がピークとなったが、その頃、日本からは各社合わせて一三六人の技術者がアメリカ西海岸にあるボーイング社の本拠シアトルにあるエバレット工場に派遣された。彼らはボーイングの全体設計に参加した後、詳細設計は日本に帰ってから行うことになっていた。

この年の終わりには早くも試作機の製作に着手し、日本の三社が担当した部位は昭和五五年半ばには完成してボーイングに送られ、組み立てられた。

ＹＳ11の試作とは違って、一連の作業は順調に進んだ。まさに日本航空機製造とボーイング社との経験の差だった。初飛行は昭和五六年九月二六日に行われ、ＦＡＡ（米連邦航空局）の型式証明は翌年七月に取得した。このあと引き続いて、量産機の生産が行われ、現在も三菱や川崎、富士の工場ラインに流れている。

ＹＸ／７Ｘ７はＢ７６７と命名され、これまで八六〇機が生産されて世界の空を飛んでいる。

開発費の総額は二二四〇億円で、日本側はその一五パーセントである三三六億円を負担した。B767の量産は日本の航空機産業の売り上げに大きく貢献し、その後の国際共同開発事業であるB777なども加わって、それ以前は防衛需要が九割近くを占めていたのに対して、平成一二年には六割近くにまで下げている。機体メーカーだけでなく、油圧やエレクトロニクス関係の装置機器や材料のメーカーもボーイング社からB767の一連の製品を受注してこれを納入している。

YXX計画のスタート

B767の開発がひと山越した昭和五四年八月、日本は「一〇〇席クラスまたはそれよりやや大型」のYXX、次期民間旅客機の開発を検討することを決めた。今度こそ、日本が主導するプロジェクトにしたいとの思いが強く働いていたし、このクラス程度ならばそれが可能であるとの思惑があった。ちなみに、この計画案を最初に提案したのは、オランダのフォッカー社だった。このクラスならボーイングが乗り出してこないと判断したのである。このあと、一〇〇席から一二〇席クラス、あるいは一五〇席クラスといった計画案も浮上しては消えていった。

そうした過程で、ボーイング社から三五〇席クラスの双発旅客機を開発する事業への参加が求められた。B767プロジェクトにおいて、日本のメーカーは高い品質と定められた納期を守り、ボーイングから高い評価を受けていたからだった。

B747とB767の中間に位置するB777は、中距離および長距離用で、平成二年（一九九〇年）一〇月、米ユナイテッド航空からの発注を受けて正式な開発をスタートさせることになった。日本の役割分担はYXのときより五パーセント多い二〇パーセントで、参加する国内機体メーカーも二社多い五社で、三菱、川崎、富士、日本飛行機、新明和工業である。担当部位はＹＸよりやや多くなって、胴体の大部分、中央翼、翼胴フェアリング、主翼リブなどだった。日本側の主体はこれら五社や部品メーカーなどで構成する日本航空機開発協会（ＪＡＣＤ）であった。

またもボーイング社との粘り強い交渉がスタートしたが、日本はＹＸのときより一歩進めて、基本計画作りから各種の基礎試験や販売、エアラインへのプロダクトサポートまでも含めた全分野にわたって参画する事業形態を獲得しようと交渉を進めていった。

ボーイング社とのやりとりは、ＹＳ11、Ｃ1、Ｔ2などの開発を手がけてきた富士重工の鳥養鶴雄と、同じくＹＳ11、ＭＵ2、ＭＵ300などの開発を手がけてきた三菱の池田昭らが中心となり、シアトルに駐在して進められた。二人とも、若い頃から一貫して航空機の自主開発に執念を燃やしてきただけに、ＹＸＸでの経験が、やがていつか手がけるであろう日本独自の開発に役立つようにと、ボーイングのノウハウをできるだけ吸収できる参画の仕方を模索しながら交渉を進めていった。

Ｂ767では獲得できなかった重要な部分で、力のかかる翼の付け根（中央翼）を日本の担当とすることができた。その他、コックピットを除く残りの胴体のほとんどを担当することになった。開発費はＹＸの時の約三倍にあたる一〇〇〇億円にも達し、Ｂ767の実績が高く評価されていることを如実に示していた。開発の手順も、はじめてだったＹＸのときと違ってすでにボーイング社で経験していた者も多く、スムーズであった。

鳥養は述べている。

「ボーイングの懐深く入り込んで、彼らの開発の仕方や体制をつぶさに見てくると、世界のトップを行く航空機企業のスケールの大きさをいやというほど見せつけられます」

材料や風洞試験による空気力学などにおいて、彼らはふだんから基礎研究に基づく膨大なデータを蓄積しており、何十年の歴史を通してエアラインから得たプロダクトサポートのデータも豊富にもっている。それは日本が逆立ちしても得ることができない代物ばかりだった。

ネットワーク化するボーイング

ＹＸＸでは、ボーイング社と日本の機体メーカー各社が、八台のＩＢＭメインコンピュータでつながれた二〇〇〇台のワークステーションでネットワーク化されることになった。これらのシステムは「ＣＡＴＩＡ（カティア）」と呼ばれる三次元画像によるＣＡＤ（コンピュータによる設計）で、端末のどこからでも入力ができて、画面上で設計のやりとりができる。しかも、自由に図面をプリントアウトできる。組み立てた部品が互いに干渉したりすることはないかどうか、画面上でチェックもできて、現物を製作する前の段階で問題を抽出できるなどのメリットをもっている。

これにより、最初の基本設計はボーイング社のレントン工場で行われるが、詳細設計は日本に持ち帰り、コンピュータ上で海の向こうと自由自在にやりとりができるのである。

ところが当初、日本側はこの進んだＣＡＴＩＡの導入に逡巡した。世界を代表する航空機メーカー各社は、ＣＡＴＩＡまたはこれに類する三次元ＣＡＤを導入しているが、あまりに設備投資額が大きいからだった。

それはともあれ、平成六年四月九日、シアトルにおいてＢ７７７はロールアウト（完成）し、従業員五万人が参加し、加えて、マスコミ関係者など一〇万人も招待しての派手なセレモニーが行われた。「世界最大の双発機」とアピールされた式典では、ボーイング社の巨大さ、力強さばかりが目立ち、共同開発の担い手である日本の存在は陰に隠れた。

　そしていままた、Ｂ７７７に続くボーイング社の次期開発プロジェクトが始まろうとしている。冒頭で紹介した、エアバス社が開発をスタートさせた超大型機Ａ３８０を念頭に置きつつ、新たな方向性を打ち出すボーイング社のソニック・クルーザーの開発事業に、日本の機体メーカーは参加を強く要請されて共同研究に参画するのである。

　開発費は一兆円近くになるともいわれており、いつから開発をスタートさせるかは未定だが、日本側の負担額がＢ７７７よりさらに増える可能性は十分ある。しかし、日本がはじめて参加した国際共同開発のＹＸ／Ｂ７６７のスタートからすでに四半世紀が過ぎた現在でも、日本はボーイングの社の基本計画作り全般にまでは参加させてもらうだけの金も人も準備できない。部分参加、下請けの開発という範疇から脱するリスクを負えないでいる。

　この間、日本はこれら一連の国際共同開発とは別に、独自開発する一〇〇席クラスの旅客機、いわゆるＹＳ11の後継機であるＹＳＸに取り組み、調査を続けてきているが、いっこうに具体化はしてない。相変わらず、予算制度や補助金の問題を引きずりつつ、開発リスクの高さを乗り越える決断ができない。いまや日本の航空機産業の売上高は一兆円規模となり、かつて稼ぎ頭だった造船が衰退してしまった総合重工業各社にあっては屋台骨を支えるまでに、金額ベースでは発展してきたが、事態はなんら変わってはいない。

不気味な中国の航空機産業

だが、日本を取り巻く状況は大きく変わりつつある。

特に、隣に位置する大国、中国のこの数年における経済および技術発展には目覚ましいものがあって、日本の空洞化が一気に進みつつある。家電はもちろんのこと、ごく最近では自動車の生産でトヨタやホンダ、日産までもが中国への大々的な進出を決断して工場を建設し、やがては世界へ供給する輸出基地として位置づけようとする動きも出てきた。

中国の航空機産業はあまり知られてはいないが、その規模、生産量、従事者数ともに日本をはるかに上回っている。現在、中国軍の航空兵力は約四〇八〇機を保有していて、日本の五〇〇機の八倍にもなり、少なくとも数においては大きく上回っている。

中国の航空機産業はソ連とのライセンス生産から始まって次第に力をつけ、次世代軽戦闘機FC1、全天候型戦闘機F8II、超音速戦闘爆撃機B7など多数を自主開発し、ロシアの新鋭戦闘機Su27などをライセンス生産している。また、一九九五年には、ユーロコプターEC120を仏・独と共同開発して、すでに量産機の引き渡しを開始している。

民間輸送機ではターボプロップながら五〇席前後のY7、Y8、Y11、Y12を開発し、七〇席および九〇席クラスのリージョナル・ジェット機の開発も進行中である。ボーイングに吸収合併されたマクドネル・ダグラス社の民間機部門が開発・生産するMD82、MD83、MD90を下請け生産している。このほか、日本と同じようにボーイング社のB737、B747、B757、エアバス社のA320などの民間輸送機の下請け生産も行っている。これらの航空機を合計すると、これまでの生産量は二七種類、約六〇形式を手がけて合計一万四〇〇〇機となっている。

メーカーは一九九三年に国務院から分離した中国航空工業総公司が傘下にもつ二五〇近い事業所と三六の研究所、六つの大学を統括していて、合計約五四万人もの従業員を擁していたが、一九九九年七月、中国航空工業第一集団公司と中国航空工業第二集団公司の二つに分割された。WTO（世界貿易機関）加盟にともなう国有企業の改革を進めたもので、競争の増大と効率化を促進するためである。日本の航空宇宙部門の合計が二万六〇〇〇人であるから、実に二〇倍の規模である。これは、中国の航空機生産が人海戦術でこなしている現実があり、日本と比べて能率もかなり悪いのが現実で、工場を見学すると、やたら人の多いのが目につく。

一方、民間旅客機部門は、四〇の事業体からなる合計一万九〇〇〇人の従業員を擁する上海航空工業集団公司があって、その中核となる上海航空工業は一九八〇年、ボーイングのB707をコピーしたといわれる四発のY10を開発したことからスタートした。従業員数は六四〇〇人で、その約半分が一九八〇年代半ばから始まったマクドネル・ダグラス社の一連のMDシリーズを七〇機近く下請け生産してきた。

このほか、代表的な航空機メーカーには、西安航空機公司、南昌航空機製造公司、瀋陽航空機工業集団、ハルビン航空機製造公司、成都航空機工業公司、陝西航空機公司などがあり、いずれも従業員数が一万人から二万人クラスにも達している。

中国は巨大な民間機市場

中国は最近の目覚ましいばかりの経済および技術の急発展で自信をつけているばかりか、中ソの蜜月時代に、ソ連の支援を受けてスタートした航空機産業が、その後、独り立ちし、国家も強大な軍事力をもったことで、巨大な規模となっている。

そして、大いに注目しなければならないことは、国土が日本の二六倍もあって広く、人口も日本の一

○倍を超えていることだ。今後、さらなる経済発展と連動して、日本以上に航空輸送が発展することは間違いない。

二〇〇一年にボーイング社が発表した「最新市場予測――二〇〇一年中国市場予測」によると、今後二〇年間における中国の航空輸送量の成長率は世界平均の約二倍となる年平均九・三パーセント。ちなみにアジア太平洋地域は五・四パーセントである。また、中国における今後二〇年間の民間航空機需要は一七六四機（一四四〇億ドル相当で八割が国内路線向け）に達し、二〇二〇年までには二二〇〇機以上の航空機が運航し、アメリカに次ぐ世界第二の民間航空機市場になるとしている。

ボーイング社マーケティング担当副社長ランディー・ベイスラーは、「中国は世界でもっとも急成長を遂げている民間航空機市場の一つ」とし、ボーイング・チャイナ社のフレッド・ハワード社長も、「中国市場は、ボーイング社にきわめて大きな成長機会を提供している。ボーイング社が中国でのビジネスを開始してから約三〇年になるが、中国が保有する民間航空機の六四パーセントはボーイング社製である。われわれは長期的成長戦略に基づき、中国市場での製品ならびに航空関連サービスの拡大を目指している」と述べている。

ごく最近、日本の航空各社も中国の各大都市との間を結ぶ新たな路線を続々と開設していて、中国側からももちろん増えている。ということは、中国の民間機の機数も飛躍的に増えていくことを意味している。

そんな民間機の巨大市場としての将来性に早くから目をつけていたボーイング社は、中国進出が盛んだったマクドネル・ダグラス社を吸収合併したことで、さらに勢いづいており、エアバス社ともども、自社の航空機を売り込みやすくする意味からも、今後はこれまで以上に中国に対して、下請け生産を委託したり、共同開発のパートナーシップを求めていくことになろう。

両社のこれまでの基本認識では、品質、信頼性が日本などよりワンランク落ちるため、当初は、中国国内で使われる民間旅客機に限定して共同生産を行ってきたが、一七、八年に及ぶ経験と実績によって、いまでは世界のエアラインにも供給されており、今後の展開が注目されている。

ことに最近は、エアバス社が機種をそろえてきたため、ボーイング社との間で熾烈な販売合戦を繰広げており、そのため、利益幅が少なくなってきて、いっそうのコストダウンを図ろうとしている。航空機産業は自動車や家電と違って少量生産であり、人手がかかる労働集約的な性格が強いだけに、日本の作業者の一〇分の一以下の賃金である中国での生産は大きなメリットがある。近い将来、賃金コストの高い日本に見切りをつけて、中国に下請け生産を移し、それとともに、これまで以上に共同開発のパートナーとしての役割も求めていく可能性も十分予想される。なにしろ、近年の経済面・貿易面での米中接近、そして緊密化は、日本の想像をはるかに超えているからだ。

二〇〇二年七月、民間機生産ではこの数年で急成長してボーイング、エアバス、ボンバルディアに次ぐ世界第四位にのし上がったブラジルのエンブラエルは、数十席から一〇〇席前後の小型旅客機を得意とするが、このほど、中国航空工業第二集団と合弁で中国雲南省に工場を建設することで合意した。一〇〇億円規模の投資を予定しているといわれ、エンブラエルが五一パーセントを出資し、同社のＥＲＪ１４５（五〇席）を中心に生産する予定だが、注目すべき点は、他のアジア諸国向け輸出の拠点と位置付けていることである。

三菱重工はボンバルディア社との、川崎重工はエンブラエル社との共同開発および分担にともなう下請け的な生産もそれぞれ行ってきていて、民需の売り上げを伸ばしてきたが、今後は、中国とのコスト競争を強いられることになり、数年後には、厳しい局面を迎える可能性が出てきたといえよう。

家電のなかでもかなり高度な技術を必要とするVTRやカラーテレビなども現在すでに、全面的に中国に生産移転する動きが雪崩のごとく起こっている。さらに、自動車もこの動きに追随しつつあって、中国は世界の輸出供給基地となりつつある。

その意味では、一九九〇年代に入り、日本は防衛需要が減ってきて、それに替わって増えてきた民需としてのボーイング社やエアバス社、ボンバルディア社、エンブラエル社の民間機の下請け生産に頼ってきたわけだが、それも危うくなってくる可能性が十分にある。

そのとき、日本の航空機産業が危機に瀕することは間違いなく、躊躇に躊躇を重ねてきた民間機も、いよいよもって日本が主導する形で自主開発に取り組まざるを得なくなるであろう。そうでなければ、航空機産業の将来展望は見いだせず、衰退の道を余儀なくされるであろう。中国における最近の自動車生産の急成長ぶりと、技術全般の進展度合いを見据えるとき、その時期は意外と早いかもしれない。

これまで紹介してきたように、過去における日本の航空機事業においては、二重行政で足を引っ張りあったり、通産省（経済産業省）、運輸省（国土交通省）、防衛庁、大蔵省（財務省）などがバラバラで歩調が合わず、国としてまとまった総合的な育成方針を打ち出せないできた。

防衛生産においても、アメリカのコントロールの下でたえず振り回され、防衛産業としての航空機産業をどう育成して国防の基盤を形作っていくのかとする一貫した政策をとれなかった。

ところが、中国は政府共産党の支配と指導のもとに、国防生産も含めて国がバックアップして、総合的な政策を打ち出して計画的に進めていきやすいだけに、このような中央集権的な体制は、一面で巨大プロジェクトとしての航空機開発・生産には適しているといえよう。

しかも、中国は軍事技術を含めた航空、宇宙、ミサイル、原子力（核兵器、原子力発電）といったハイテク分野は、国防の観点から国家として民需以上に力を入れている。たとえば、二〇〇二年三月、「長征」2Ｆロケットで打ち上げに成功して七日間で地球を一〇八周した無人試験機「神舟3号」には、来年以降と予想されている有人宇宙飛行に備えたダミー人形が搭載されていて、人体への影響を確認したといわれている。

もし有人飛行が実現すると、ロシア、アメリカに次いで三番目の国となり、安価な「長征」ロケットを武器にした、衛星打ち上げビジネス市場への参入も本格化する様相である。このように、最近の中国における航空宇宙技術の発展には目覚ましいものがあり、軍事技術の発展も含めて国として大々的に取り組んでいるだけに、驚異的な経済発展による財政的裏付けと技術基盤の急速な底上げも加わって、ボーイングやエアバスとの共同開発事業、さらには自前で民間機を開発する動きが急である。日本の航空宇宙産業としては予断を許さない段階に達している。

こうした中国の条件を勘案するとき、ＹＳ11やＭＵ2、ＭＵ３００の例からして、日本が、民間航空機の自主開発および製造事業に本格的に乗り出そうとするとき、軌道に乗るまでにはかなりの年月が必要なだけに、そのことを見越して、早い時点から取り組んでおく必要があろう。

第六章　夢ははるか遠くへ、次期支援戦闘機ＦＳＸ

ジャパン・アズ・ナンバーワン

一九九〇年代後半からの実戦配備を予定して、自主開発がほぼ既定路線となって計画が進められていた次期支援戦闘機（FSX）は、理不尽ともいえるアメリカの政治的な集中砲火に遭ってつぶされ、この時点より一五年近くも前に開発された米ゼネラル・ダイナミクス（GD）社（現ロッキード・マーチン）のF16「ファルコン」を日米で改造する案で決着が図られた。

航空再開から三十数年を経た一九八〇年代後半のこのとき、紆余曲折はありながらも日本の防衛産業は着実に発展を遂げて、西側諸国では世界第五位の規模に達していた。「技術大国」と呼ばれるまでに成長を遂げた広範な民生技術にも支えられながら技術水準も向上させていた。

当初は、アメリカのおこぼれにあずかるF86のノックダウン生産から始まって、一連の米機のライセンス生産へと移行し、並行して自主開発も七機種ほど手がけたことで、着実に技術力をステップアップさせてきた。この間、米製の歴代新鋭戦闘機、F104J、F4EJ、F15J／Dなども逐次ライセンス生産することを通して、抜け目なくアメリカの最新技術も吸収してきた。

この延長上には、アメリカの第一線機にも比肩し得る「本格的な戦闘機を自前で開発」すると、防衛庁の自主開発派や航空機業界は願望も込めて青写真を思い描いていた。これまで三十数年の蓄積によって高めてきた一連の技術を基盤として、そのうえに新たな独自技術を加えて自主開発する、悲願としての最新鋭の支援戦闘機である。

F4EやF15などの本格的な主力戦闘機（重戦闘機）ともなると、開発費だけでも一兆円単位を必要とする。輸出が許されず、しかも、せいぜいが一〇〇機から二〇〇機程度しか生産しない日本では割高となってとても無理である。また、最新鋭の戦闘機を開発するために必要な基礎データやノウハウの蓄積について、日米間にはあまりにも大きな格差がある。投入する研究開発費も、一桁違っている。そのうえ、空中戦や要撃に必要な実践的ソフトデータはほとんどもち得ていないし、アメリカから提供を受けることも望み薄であるから、まともな重戦闘機は開発できそうにもない。

それに比べて、専守防衛という日本独特の戦略から生まれた支援戦闘機は、日本本土に上陸しようとする艦船や陸上部隊に対する攻撃を行うものだから、限定された戦闘シナリオの、比較的軽量小型の戦闘爆撃機になる。とはいえ、同じ戦闘機なのだから、本質的な意味においては主力戦闘機と変わりなく、日米間格差はやはり大きいものがある。しかし、日本の開発方式からして二〇〇〇～三〇〇〇億円程度の開発費ですむため、なんとか独力で実現できる、いや、ぜひとも実現したいと思っていた。

時代は折しも、日本の産業技術が飛躍的に発展して各種産業の競争力において、戦後はじめてアメリカを抜いたとまでいわれるほど絶頂期に達して、「ジャパン・アズ・ナンバーワン」ともてはやされたりしていたときだった。

半世紀以上にもわたって「自動車王国」の名をほしいままにして不動と思われてきたアメリカの自動車産業が、日本車の進出に押されてシェアを一方的に落とす「デトロイト不況」を現出させ、生産性、品質、技術の面でも日本が完全に圧倒するまでになっていた。

さらにはエレクトロニクスの分野でも、「産業の米」といわれる最新技術の象徴であるＩＣ（集積回路）の生産で日本がアメリカを脅かし、日米半導体摩擦を生じさせていた。アメリカの対日貿易赤字額は五〇〇億ドルにものぼっていた。

つねに欧米から後れをとってきた日本の航空機分野とはいえ、こうした日本の産業全体が日の出の勢いにある時代の余勢を駆って、ＦＳＸは自主開発を進めるのが当然と、防衛庁や航空機産業、あるいは国防族と呼ばれる国会議員らは勇ましいのろしを上げていた。

ところがいざ自主開発の正式決定を下そうとしたそのとき、日本側が描いたシナリオはアメリカの議会や商務省、各種業界などの猛反発に遭って、「戦後最大の日米同盟関係の危機」あるいは「日米安保の歴史を画する事件」へと発展する。

日本のＦＳＸ自主開発は、パックス・アメリカーナ（アメリカの力による平和）を標榜してきた大国アメリカへの挑戦と映った。それも、アメリカにとって最大の輸出産業で、しかも〝最後の砦〟といわれていた航空機産業への侵蝕を狙っていると受け止められたのである。

日本の国際競争力がそれほどでもなかった一九六〇年代後半までは、アメリカも経済力、あるいはあらゆる技術分野において絶対的優位にあっただけに、同盟国へ技術を移転することに寛大であり、鷹揚であった。それだけ余裕があって、Ｆ１支援戦闘機は、アメリカから圧力が加わることもなく、すんなりと自主開発することができた。ところが、一九七〇年代、八〇年代を経てアメリカの姿勢は徐々に変化して、このときにいたって一変した。

それは、航空再開から営々と技術を積み上げ、米機のライセンス生産が主流であった状態からの脱皮と自立を目指してきたこの三十数年の歳月がなんであったのかと思うほどの打撃だった。そしてこのことによって、日本の航空機産業が「いまだ戦後である」ことをまたも再確認させられたのだった。

これに加えて、日本のあり方自体も日米安保のもと、その後の一九九〇年代は、「戦略的パートナー」「同盟国」「相互依存」「インターオペラビリティ（相互運用性）の強化」「集団自衛権」の謳い文句によって、よりいっそうアメリカのコントロール下に置かれるはめになったのである。

一九八九年三月末の時点において、完全に敗北を見るにいたった「日米ＦＳＸ戦争」を、「失われた九〇年代」に起こった一連の歴史的な激変——ソ連をはじめとする社会主義諸国の崩壊によって長く続いた東西冷戦体制の終焉、続いて、規制緩和やＩＴ革命などの進展によるアメリカ産業の再生、東南アジア諸国の台頭、あるいは日米防衛体制において「集団的自衛権」が唱えられる時代への移行といった一連の脈絡のなかで、いま一度、振り返って検証してみるとき、日本の航空機産業の将来を見定めるうえにおいても決定的な意味を帯びてくる。

それではまず、ＦＳＸが米ＧＤ社のＦ16をベースとして日米で共同開発することに決まるまでの一連の経過を追ってみることにしよう。

防衛庁自主開発派の準備

すでに紹介した初代の国産支援戦闘機Ｆ１はコンセプトの曖昧さや予算の制約などから、高等練習機Ｔ2の焼き直し程度でお茶を濁し、中途半端な性能しかもち得ていなかった。このため、はやばやと役割を終えようとしていた。

戦闘機の自主開発に熱意を示す防衛庁内の「開発派」と呼ばれる空幕や技術研究本部は、それを十分認識しているだけに、Ｆ１の退役を見越して、すでに一〇年前から準備を進めていた。

ＦＳＸの計画に基づく開発予算が正式に認められるのは、現実的には開発が実際にスタートする数年前からである。ところが、最新鋭機に盛り込まれる先端技術の開発を、このときからスタートさせたのではとても間に合わない。基礎的な要素技術はかなり以前から、先を見越して研究を進めていなければならない。世界で通用するような最新鋭戦闘機の開発ともなると、基礎研究から実戦配備までに二〇年から三〇年近い歳月を要するからである。

これまで防衛庁が手がけてきた軍用機開発では、せいぜいが正式スタートの五年前程度からしか基礎研究の準備をしていなかったため、完成したものはその程度の水準のものしか実現できなかった。

しかし、次期支援戦闘機の場合は違っていた。ＦＳＸの開発計画が本格的に論議され始める昭和六三年（一九八八年）より一五年近く前の昭和四八年から、すでに「将来戦闘機に係わる主要技術研究」という名目で準備が進められていた。

とはいえ、この技術研究の名目は、次期支援戦闘機に焦点を絞って進められていたというものではなく、広い意味での戦闘機の新技術を研究することであった。しかし、防衛庁内の開発派は、なんとか九〇年代には最新鋭の戦闘機を実現させたいと意気込みに燃えており、次期支援戦闘機に照準を絞っていた。

「将来戦闘機に係わる主要技術研究」の中身を列挙すると、（1）戦闘機形状の研究、（2）複合材構造の研究（カーボン繊維などを使った主翼の一体成形など）、（3）ＣＣＶ（２８０ページ以降で詳述。操縦装置が飛行形態を定めた航空機）の研究、具体的にはＴ２高等練習機に手を加えてＣＣＶ機能をもたせた実験機で確認する、（4）将来火器管制装置（ＦＣＳ）の研究、（5）戦闘機搭載用コンピュータの研究、（6）機上用総合電子戦システムの研究、（7）航空機用慣性航法装置の研究、（8）ステルス技術（相手のレーダーで捕捉されにくい機体形状や電波吸収材などの技術）の研究などである。

これらの技術は、将来に登場してくる戦闘機にとっては不可欠な装備であり技術であることは、軍用機の世界では常識となっていた。

欧米の既存の戦闘機、Ｆ14、Ｆ15、Ｆ16、Ｆ18などにおいてはすでに実現されたものもあるが、開発された時期がかなりさかのぼるためにその水準は低く、より高度な技術の開発が世界のメーカーで進められていた。

次期支援戦闘機自主開発のムード作り

一九九四年頃から寿命を迎えリタイアしていくＦ１に替わる装備として次期支援戦闘機ＦＳＸが予定されたのだが、具体的な機種の明記はなく、（１）欧米機の輸入あるいはライセンス生産、（２）Ｆ４ＥＪなどの既存機を改造する、（３）自主開発する、この三つの可能性が考えられた。しかし、防衛庁内の基本的な考え方としては、（１）または（２）というのが暗黙の了解事項となっていて、いつものように、外国機の導入か自主開発かをめぐって、防衛庁内は二分されて反目しあっていた。

開発派が意気込んで基礎研究をすでに進めているとはいえ、Ｆ１の寿命から逆算すると、少なくとも完成までに一〇年を要するＦＳＸを、いまから開発予算を盛り込んだとしても間に合わないとの見方が防衛庁内に強かったからだ。ところが、開発派の制服組ががぜん巻き返しに出て一計を案じ、Ｆ１の耐用年数を見直して、飛行時間は「三五〇〇時間から四五〇〇時間に延長しても問題がない」との結論を出して、寿命が三年間延長されることになった。

航空機産業や財界などの後押しを受けて防衛庁の開発派が企図したこの地ならし作業が功を奏したことで、自主開発が可能となる時間的猶予が与えられ、空幕や技研はにわかに勢いづいた。

一九八五年に入ると、防衛庁内部ではＦＳＸが備えるべき条件を煮詰めるため、「ＦＳＸ国産開発の可能性についての検討」が進められ、来年度の予算要求に間に合うよう、三月末までにまとめられた。この案は秘密とされて公表されなかったが、のちに明らかとなった要求条件から推定すると、大まかな概要は次のようなものであったと思われる。

行動半径は八三〇キロメートル、最大速度はマッハ二・〇程度、エンジンは一発が故障しても安全な飛行が保てる双発、CCV機能および敵レーダーに捕捉されにくいステルス性を有する、兵装は対艦ミサイル（ASM）四発を搭載。

これらの要求性能は、F1よりはるかに高性能で行動半径も一・七倍になり、北朝鮮の平壌、さらには旧ソ連沿海州にまでも達する戦闘機が想定されていることになる。たしかに、重戦闘機F15には及ばないまでも、これまでF1などで定義していた支援戦闘機の概念を大きく超える高性能機を、防衛庁は狙っていたことになる。

問題はいかにして翌年の八六年度予算案にFSXの開発費を盛り込ませて、開発をスタートさせるかだった。そのためのムード作りをしようと、防衛庁はFSXの自主開発案の情報を意図的にリークした。各種メディアで盛んに取り上げられ、日本の航空機技術力はこれほど高まってきており、F15やF16などアメリカの現有機よりこんな高性能で最新鋭のFSXを自主開発できるまでになっていますと、かなり勇ましい記事が紙面を飾った。

たとえばFSXに搭載される代表的な装備あるいは技術、アクティブ・フェーズドアレイ・タイプのレーダー（遠方の敵機を早期に発見して攻撃する機銃やミサイルの管制に使用する高性能レーダー）やカーボン繊維による主翼の一体成形、小型高性能化した搭載コンピュータなどだが、その一つひとつを検討すると、かなり根拠の薄い、我田引水的な自慢話であった。ことに搭載されるコンピュータなどのエレクトロニクス技術は、進歩がめざましいだけに、一五年以上も前に設計されて部分的にしか改良されていないF15やF16などの既存機と比べれば、性能がいいのは当然のことである。本当にフェアな比較をしようとするならば、現在、アメリカが開発中のものを引きあいに出すべきであった。

さらにＦＳＸが軍事であり国防の問題だけに、ナショナリズムの色調を帯びがちで、ジャーナリスティックに「第二の零戦を作る」と豪語する発言が報道されたりもして、日米の過去の因縁を思い起こさせる場面もあった。

どの世界でも、予算を獲得するための自己ＰＲでは、バラ色の誇大広告宣伝で風呂敷を広げるのは常套手段であり、これまでの自衛隊機でも、世界の国々でも行われていた。「世界の最先端を狙ったＦＳＸ」といった文言も、そのたぐいである。だが、本音のところは、一五年近く前に設計されたＦ16と比べて、この間の技術の進歩を反映した程度の、部分的に新しい先端技術や装備を加えた程度の支援戦闘機が開発できればいいと思っていたのだったが、それも、防衛庁の研究開発費の額からして、しかたのないことだった。

アメリカ側の懸念と批判

こうした宣伝は思いがけずアメリカをいたく刺激し、彼らの危機感をあおることになった。ただでさえ、民生技術の水準や品質において優位に立ったと見られる日本が自信をつけてきて、なにかと驕《おご》りが見られるようになってアメリカは不快感を抱いていた。

さほど遠くない将来、日本は、優秀な民生技術をベースにして、アメリカが独占して優位に立つ数少ない分野である軍用機の国際市場に進出して、競争相手として台頭してくるのではないかという警戒感が、米商務省や米国防総省などの間に広がろうとしていた。しかし、米政府は内政干渉となるおそれもあるだけに、日本のＦＳＸ計画をあからさまに批判するわけにいかず、懸念を込めた牽制球を投げかけていた。

八五年六月二三日付の「朝日新聞」は報じている。

「日本が将来FSXを現在の支援戦闘機F1の後継だけでなく、F15に代わる世界トップクラスの次期主力戦闘機にしようとしているのではないか」

こうした日本側の姿勢に対して、アメリカ側は、日本がFSXを自主開発しようとする計画には無理があると批判し、その根拠として次の三点を挙げていた。
(1)せいぜいが一〇〇機しか調達しないのだから、一機当たりの生産、研究開発のコストが高くつきすぎる。
(2)コストを下げるためにたくさん生産して輸出するならば、日本政府が決めている武器輸出三原則に違反する。
(3)日米共同作戦を展開するうえでのインターオペラビリティ(相互運用性)が損なわれる。
アメリカ政府がもっとも恐れるのは、あからさまにこそ口にしないものの、日本がFSXの自主開発をきっかけとして、防衛面でアメリカから自立する動きを強めるのではないかということだった。それは、日本と同じ第二次世界大戦の敗戦国であるドイツをはじめとするNATO諸国がアメリカ離れを図って、独自の戦闘機「ユーロファイター」を共同開発する道を歩んでおり、これに日本も倣《なら》うことを警戒していたのだった。

八五年九月一八日に開かれた国防会議は「中期防衛力整備計画」(一九八六―九〇年度)を決定し、これには「支援戦闘機(F1)の後継機に関し、別途検討の上必要な措置を講ずる」との文面が盛り込まれた。

開発派の巻き返しによって防衛庁は、これまでの（1）ＦＳＸは外国機の輸入もしくはライセンス生産、（2）Ｆ4ＥＪの改造型、の二案としていた既定路線が白紙に戻されて、（3）自主開発、も加えられて、これら三案が同列に並んだのである。

半年間にわたる防衛庁の巧みな宣伝によって、また、これに歩調を合わせて航空機業界や国会議員らも意気込みのほどを強調して気勢を上げるなどしたため、広く一般にも、ＦＳＸは自主開発するのだという空気が醸成され、流れが形成されつつあった。防衛庁内でも自主開発でまとまりを見せつつあった。

しかし、ＦＳＸの自主開発を決定するための最大の難関は、民間機開発でもそうだが、これまでにも厚い壁となって立ちはだかった予算の決定権をもつ大蔵省をいかに説得し、了解をとりつけることができるかだった。

セレモニーとして外国機を候補に

八五年一〇月から防衛庁は正式にＦＳＸの選定作業を開始した。輸入もしくはライセンス生産の場合の候補として挙げられたのは次の三機種だったが、いずれも一長一短があった。

（1）一九七六年にゼネラル・ダイナミクス社が開発した最高速度マッハ二・〇のＦ16で、米空軍やＮＡＴＯ諸国やイスラエル、韓国などでも採用されている評価の高い戦闘機である。

（2）一九七八年に米マクダネル・ダグラス社が開発した最高速度マッハ一・八のＦ18で、米海軍やカナダ、オーストラリアなどで採用されている艦載機である。

（3）一九七四年に英、独、伊が共同開発した最高速度マッハ二・二のパナビア社製「トルネード」で、開発した三ヵ国の他サウジアラビアが採用している。

防衛庁は調査団を海外に送り出して、これらの機体メーカーを訪れて調査するとともに、選定に必要な資料を入手してきた。その結果、性能面では総合的に見てF16がもっとも適しており、しかも、日本が主力戦闘機として採用しているF15の四四億円と比べて価格が約三分の一の一六億円でかなり安いのは魅力的だったが、単発エンジンであることが安全性の面で懸念材料だった。

F18は、当初はかなりの有力候補と見られていた。米海軍の艦載機として開発されて、FSXとは一見性格が異なるように思われがちなF18だが、双発で、しかも広い主翼面積などはぴったりであった。ただし、実戦配備されてからもトラブルを発生させていたり、価格も高かったため、反対する意見もあった。

「トルネード」も価格が高く、しかもヨーロッパ製であることから日米のインターオペラビリティ（相互運用性）を強調するアメリカの批判を招くことは必至で、実現性は薄かった。

どの機種にしても完成から七年から一一年が過ぎており、設計されたのはいずれも十数年前である。ということは、この間の最新技術も盛り込んで、これから設計することが建前となっているFSXの要求条件からすると、CCV機能やステルス性などにおいて見劣りするのは当然だった。

三機種ともFSXの要求条件を満たさないことから、これらのメーカーはいずれも防衛庁に対して、既存機を改造する、にわか作りの能力向上型を提案してきた。このため、すでに日本が主力戦闘機として採用して国内でライセンス生産しているF15をFSX用に改造する案も検討された。この場合、性能面ではかなり満足のいくものができあがる見通しとなったが、問題は、ただでさえ高価なのが、改造でさらに高くなることで、これは予算面から見て不都合だった。

一〇ヵ月をかけてこれら四つの案を検討し、能力向上型の改造案を出させるなどして、それぞれのメーカーに期待をもたせたりしたのだが、実のところ防衛庁は、こうした結果をある程度は予想しており、外国機を採用する気はなかったのである。あくまで基本路線としては自主開発と踏んでいたのだ。にもかかわらず、セレモニーともいえるこうしたもっともらしい外国機の選定作業をなぜ行ったのか。それは大蔵省対策だった。

予算折衝するとき、必ず大蔵省から訊かれることがある。

「外国機を導入する場合の予算総額に比べて、自主開発ではどうなるのか」

このとき、防衛庁は大蔵省に説明できる比較データを手元にもっていなければならないのである。

日本側の甘い対米認識

このとき、海外の機体メーカーを訪れて協議したり、米国防総省とやりとりするなどして、いかにも導入する意志がありますと見せて期待をもたせ、騒がれて、ＦＳＸをより世界にアピールしてしまったことが刺激となり、のちにアメリカ側からの批判をより強める要因の一つともなった。欧米のメーカーは極秘の資料も提出して売り込みを図って期待していただけに、なおさら反発を生む結果ともなった。

「その気もないくせに、資料だけ手に入れる、汚いやり方だ」

もし早い段階で、ＦＳＸの要求条件を満足する外国の該当機種はないとの判断を明確に打ち出して、海外調査もすることなく、自主開発は防衛庁の強い意志であると表明して、事を進めていたならば、やぶ蛇にはならなかったのではないかとする見方もある。

だがこのあと起こるアメリカ側の猛反発は、日本にとってはじめての体験であり、防衛関係者が予想もしていなかったほど激しいものだった。すでに米航空機メーカーは国防総省や議員に働きかけて、着々と米機の導入を図るよう圧力を強めつつあった。こうした点に関して防衛庁や通産省、さらに日本の機体メーカーはアメリカの出方に対する認識がきわめて甘かったし、それどころか、そのような見通しをほとんどもちあわせていなかった。

かつてＦ１を自主開発するときには、アメリカ側からの抵抗がほとんどなく、スムーズに事が運んでいただけに、気楽に構えていたこともあった。さらには、アメリカが同盟国であるとする甘えから理解を示してくれるだろうとの大きな読み違えもあった。なによりも無防備で、米国防総省や米航空機メーカー、上院・下院議員らの狙いがどこにあるかなどについての情報収集すらも怠っていた。だから、アメリカからの反発と猛然たる巻き返しが起こって深刻な政治問題にまで発展したとき、防衛庁、通産省、日本の機体メーカーも、最初はただ呆気《あっけ》にとられている始末だった。

極東における軍事面では共同歩調をとり、日米関係は蜜月の関係にあると、日本側は思い込みがちだが、防衛庁と国防総省の意思の疎通はそれほど親密でもなく、理解の度合いも一部を除いては低くて、一方的な片思いであったことを思い知らされることになった。

別の表現をすれば、あくまでもアメリカが「主」で、日本が「従」の立場にある限りにおいて、はじめて成り立っている日米の同盟関係であることが再認識されたのだった。

日本はれっきとした独立国で経済大国でありながら、国防に関しては、かつての敵国で完膚なきまでに叩きのめされたアメリカに全面依存して、一方的な信頼を寄せる。この姿勢は、軍事学の常識からいっても信じられない。明治以降の百数十年の歴史を振り返るとき、日本の仮想敵国の順位は、時代時代においてくるくる入れ替わっている現実があり、まさにお人好しとしかいいようがなかった。

アメリカ側からすれば、日本は世界で唯一、真正面から戦いを挑んできた国であり、ことに日本帝国海軍は第二次世界大戦において互角に近い戦いを演じたのである。その歴然たる事実からして、アメリカにとって日本は、ロシア、中国、北朝鮮に次ぐ「仮想敵国」であり、いまだに警戒感を解くことは決してない。

その証拠には、アメリカのまことしやかな説明では、沖縄や厚木の巨大な米軍基地は、極東および西アジアの軍事的安定のためという名目になっているが、実際には、その大きな目的の一つとして日本に対する警戒がある。そのことは決して口にしないが、米国防総省では自明のことである。だから、日本でいかに激しい基地反対運動が起こり、巨額の出費がともなおうと、その規模を縮小したり、撤退したりすることはしないのである。

軍事戦略において日本はアメリカに対してまったく無防備な姿勢であり、これは独立国同士の関係とはいいがたいのである。その意味では、第二章で紹介した高山捷一が述べた「わが国の国防に関する国策は、よくいえば理想主義、悪くいえば人頼みのご都合主義と外国から見られている。軍事的にも経済的にも一国に依存しすぎると自由がなくなる」という指摘は的を射たものなのである。そして高山はフランスの国防政策を引用する。

「強大国に一方的に与《くみ》し、そのブロックに組み入れられることにより、国家意志の反映を妨げられることを否定する」

それは、日本の近・現代史を踏まえ、しかも、第二次世界大戦を経験してきた高山にとっては、きわめて常識的なことなのだろう。

日本を仮想敵国と見るアメリカの軍事的なスタンスが、兵器の導入においても如実にあらわれている。つねに米国製の兵器をライセンス生産させることで、日本をコントロール下におけると同時に、日本の軍事力の手の内を知り尽くしていて、いざというときの対応策がすべて事前にとれているから安心なのである。そのことがFSXにおいても実行されたのである。

だから、聞こえのいい言葉としては、日米の装備のインターオペラビリティ（相互運用性）という一見、合理性をもつかにみえる理由を掲げ、米国製兵器を導入すべきだと購入を強要してくるのである。これに対する日本の姿勢はといえば、アメリカが強要する米国製兵器の購入やライセンス生産を一度たりとも拒んだことはないし、拒むことは許されないのである。

これまた高山が強調した「手の内が知られていない質の高い独自の兵器によってはじめて抑止力を保てる」とする国防に対する基本的な考えとは大きく異なっている。

別の角度から見れば、伸長著しい日本の技術力に対するアメリカの警戒感は強くなってきていた。これまで圧倒的に優位な立場にあった航空機産業においても例外ではなく、アメリカのコントロール下から自立しようとする動きに神経をとがらせ、FSXにおいて過敏に反応した。だが、そんな彼らの反応に気づかないほど、日本人はお人好しで、アメリカに対して無防備であり、信頼を寄せていたのである。

米調査団の来日

こうしたアメリカの攻勢を受けて防衛庁は、これまでの方針である三つの選択肢のうち「国内開発」を改めて、単なる「開発」とする、日米共同開発の可能性も含める方向に転換せざるを得なかった。このため、一九八六年一二月、防衛庁は「ミスター技本」と呼ばれる開発派の旗頭である筒井良三参事官ら七人から成る「共同開発に関する調査団」をアメリカに派遣することになった。

調査団を手ぐすね引いて待ち構えていたのは、米国防総省国防安全保障庁が中心で、長官のフィリップ・C・ガスト中将ら約五〇人がズラリと顔をそろえていた。

両者の会談というより、「査問」に近い形で会議は進められて、日本側は計画しているＦＳＸの内容を事細かく問い質《ただ》されて、その実現可能性の裏付けや、すでに進めている基礎研究の内実まで論議が及んだ。

会議全体の印象として、アメリカ側は当初、日本が可能とする支援戦闘機の開発力に大きな疑問をもっていて、信用していなかった。ところが、ＦＳＸに盛り込むことを予定している要素技術、ＣＣＶやフェーズドアレイ・レーダー、複合材技術などの進み具合を知るにつれて、予想を超えるレベルの戦闘機を開発しようとしていることが明らかとなってきて、評価を改めることになったといわれている。

訪米前に調査団が予想していたアメリカ側の反応とは違ったが、それでも、米国防総省の評価を得て、筒井らは自主開発に自信を得て帰国した。しかし、その後の展開は筒井らの期待とは異なる方向へと向かうことになる。

翌年四月、各分野の専門技術者および制服組から成る米国防総省技術調査団（代表　ジェラルド・D・サリバン国防次官補代理）の一行一三人が来日して、防衛庁をはじめとして、日本を代表する機体メーカーの三菱重工やエレクトロニクス関係の三菱電機など民間各社を訪問した。

彼らは、前年、訪米した日本の調査団が自信をもって説明したＦＳＸに盛り込まれる技術や全体をまとめあげるシステム統合技術、警戒システムのソフト情報などがどの程度のものかを、自分たちの目で確認することが大きな目的だった。それと同時に、これらの技術水準やソフト情報を実際に確認することで、不足する技術やノウハウを指摘して、最新鋭のＦＳＸを開発することは非現実的であると説得し、そのうえで、米機の導入もしくは日米共同開発することを促す目的もあった。

米調査団は行く先々で、日本のＦＳＸ自主開発はリスクが高くて、日本側が試算している二〇〇〇億円の開発費ではとても収まりそうにないと強調し、Ｆ16あるいはＦ18を導入することを推奨した。もっと端的にいえば、日本側の戦闘機開発に対する未熟さ、甘さをあげつらってケチをつけ、米機を導入すればそんなことにならないですむと、自分たちの利益になる選択を押しつけようとしたのである。

これには、米調査団の意向を受け入れて望むところを拒否することなく見せた日本側としてはいささか不快感を覚えるとともに、米機を推すアメリカの姿勢がかなり強硬であることをあらためて感じ取ったのだった。

東芝機械の不正輸出事件

この調査によって、アメリカ側は日本の軍用機技術の水準がどの程度かをかなり正確に把握することができたといわれる。その評価の中身は公表されなかったが、調査団とのやりとりから推測すると、かなり進んでいる技術と、後れている技術の両方が混在しているが、当初、予想していたよりは高い水準にあることを確認したものと思われる。日本側がこのように推測した理由の一つは、この調査団派遣の前後から、日本のＦＳＸ自主開発に対するアメリカ内での批判がいっそう強まったからである。

その代表格は、対日強硬派で知られる共和党のジョン・Ｃ・ダンフォース上院議員、ロバート・Ｊ・バード民主党上院院内総務、ロバート・Ｊ・ドール共和党上院院内総務、民主党のロイド・Ｍ・ベンソン上院財政委員長の四人で、彼らは四月二一日、連名で中曽根首相に対してＦＳＸは米機を購入するよう求める公開書簡を出していた。

彼らからすれば、アメリカは対日貿易赤字が五〇〇億ドルにもなるほど気前よく、たくさんの工業製品を日本から買ってやっているではないか、航空機くらいはアメリカから完成品で買ってもいいではないかという考え方だった。日本のＦＳＸ自主開発阻止、米機の導入に向けたアメリカ国内の動きは加速し、米議会、米国防総省、米空軍省、通商代表部などから日本の国会議員、防衛庁、通産省、外務省などに圧力が加わり始めていた。

米調査団が訪日中の四月一三日、降って湧いたような事件が日本に突きつけられた。東芝機械がソビエトと取り引きした最新式の大型ＮＣ（数値制御）工作機械の不正輸出事件である。この工作機械がソビエトの原子力潜水艦の精密なプロペラ（スクリュー）加工に使われて、騒音の低音化に寄与し、このため、アメリカは探知しにくくなったと指摘して、これは明らかにココム（対共産圏輸出統制委員会）違反であると問題にしたのである。

この事件が起こるや、待ってましたとばかりに対日批判が一気に米国内で燃え上がり、ちょうど微妙な時期にあったＦＳＸがやり玉に挙がった。折からの日米貿易摩擦で、対日貿易の大幅な赤字に対する日本側の譲歩を要求していたアメリカ側は、この機を存分に利用することになった。

気がついてみると、もはやＦＳＸの自主開発をまともに口にすることができる情勢ではなくなっていた。防衛庁や通産省の関係者、日本の航空機メーカーも沈黙せざるを得ず、流れは大きく米機の導入へと向かわざるを得ない状況を生んでいた。絶妙のタイミングだった。

降りかかる火の粉を払えず

米議会のＦＳＸに対する批判は日本側の予想をはるかに超えるほど激しさを増してきた。

翌月末には追い打ちをかけるように米議会の一部から、リビアが有する生物化学兵器のプラント製造に三菱重工がかかわった疑いがあるとする情報がリークされた。さまざまな産業機械あるいはプラントを輸出している三菱重工だけに、いかなる形にしろ、嫌疑をかけようと思えばかけられないことはない。それだけに、三菱重工の幹部は震えあがり、これまでの輸出案件を総チェックする指示を出したが、社内はパニックに陥ったという。

これまでの例からして、ＦＳＸが自主開発されれば主契約者になるのは三菱重工であるのは自明のことである。次々に起こってくる事件や、アメリカの批判攻勢が日米防衛首脳会議に時を合わせて行われていることは明らかであって、仕組まれたかのごとく軌を一にしていた。

もはや三菱重工の関係者だけでなく、防衛庁、通産省、外務省も「ＦＳＸの自主開発は難しい」と見る向きが支配的となってきていた。自主開発を後押ししてきた通産省は、ただでさえ貿易摩擦が生じている半導体や自動車などの難問を抱えていて、このうえ、ＦＳＸを発端としてさらに問題を深刻化させることは極力避けたかった。そのため、急に黙り込んでしまった。なによりアメリカとの摩擦を嫌う外務省はいうに及ばずだった。

防衛庁内でも内局の高官はアメリカとの防衛上の摩擦はなんとしても避けたいとの思いが強かった。このため、勇ましく自主開発の旗を振り、都合のいい情報ばかりを流して誇大宣伝していた技本や空幕の開発派とは対米姿勢が異なってきていた。

さらには、自民党内でも、一九七〇年に防衛庁長官に就任して以来、一貫して自主防衛論を唱え、先頭に立って装備の自主開発路線を推し進めてきた中曽根首相でさえ、このときばかりは、「日米関係の重視」「日米摩擦回避」の「高度な政治的判断」を優先させて、これまでの姿勢を一八〇度転換させていた。

同じ自民党内の国防族と呼ばれて、つねに防衛費の大幅増額などを要求していた急進派からも、日頃の勇ましい発言は消えていた。そのうえ、急進派の議員が米議員や議会との特別のパイプをもちあわせているわけでもなく、アメリカに対してなんらかの働きかけを行って理解を求めるといった努力もなく、ほとんど国際性をもち得ていないことを露呈していた。もはや完全にアメリカ側のペースであり、日本側はただただ受け身で、次々と降りかかる火の粉すら振り払えないほどの防戦一方だった。

F16改造案に落ち着く

一連の逆風が次々と押し寄せるなか、防衛庁も含めて日本は自主開発の方針を貫くことはきわめて難しいと判断して、日米共同開発案に傾斜していったのである。

そして、防衛庁内では最終判断として、使う側のベテランパイロットらの結論を重要視して「トラブルの多い双発のＦ18より、トラブルの少ない単発のＦ16のほうが望ましい」とする意見を前面に押し出して、Ｆ16の改造案を選択することになった。当初はもっとも有力と見られていたＦ18が一気に後退したことに対して、防衛庁内および業界関係者からは首をかしげる反応が多く、Ｆ18を嫌う有力な人物の名が取り沙汰された。

ちなみに、東芝不正輸出事件はＣＩＡの調査による一方的な決めつけであるが、日本側には調査能力がないため、ただただ黙って追認するしか手はなかったのである。

この東芝機械事件は、アメリカの対ソ強硬派と対日強硬派が手を結んででっち上げた「一種の政治的事件」であった。この事件が明るみに出される前、国防省内では「東アジアの国防長官」と呼ばれている実力者のリチャード・アーミテージ国防次官補が、ソビエトの原子力潜水艦のプロペラ音が小さくなったのは、少なくともこのときより五年以上も前の「一九七九年から八二年にかけてのことだ」と公式書簡で明らかにしているのである。

日本が情報戦略において、CIAという世界レベルの強力な諜報組織をもつアメリカに対して完敗し、手も足も出ないことを身をもって知らされた東芝機械の「不正輸出事件」であった。アメリカは、今後も、自国の国益上不利な状況が起ころうとしたとき、いつでも同様な手口で有利な状況を作り出すことができることを実演して見せたのである。

ソビエトの軍事面での弱体化やその後の東西冷戦体制の崩壊によって、CIAは経済問題および技術戦略に比重を移しており、産業スパイ的な活動によってアメリカ企業の経済的、技術的な利益を後押ししていくことは自明となっており、この東芝機械事件はその一端をあらわしていた。

仮にも、これら一連の動きが対日強硬派の議員や国防総省、CIAなどによって仕組まれたシナリオだったならば、事はきわめて重要な意味をもっている。もはやこれ以後、日本が航空機技術を高める努力を行っても、一定水準以上の軍用機の自主開発は不可能ということになって、米機の導入一辺倒にならざるを得ず、日本の航空機産業の方向性を決定づけることになるからだ。

こうした防衛庁の結論をもって、栗原祐幸防衛庁長官は、八七年一〇月二日にワシントンで開かれたワインバーガー国防長官との日米防衛首脳協議に臨んだ。

紆余曲折のあった経緯や互いの主張を踏まえつつも、日本側が大きく歩み寄る形で達した結論は、なんとか日米両国の顔が立つ「F15またはF16を改造開発する」であったが、本命はF16であった。

栗原は協議後の記者会見で「いまの日米関係で取り得るギリギリ妥当な線ではないか」と述べて、度重なるアメリカ側からの強い圧力に屈服して大幅な譲歩をせざるを得なかった日本側の苦しい立場を表明した。

細部についてはまだ煮詰められていなかったが、アメリカ側は「米機の既存機をベースにした改造」ということで、国内反対派やメーカーを納得させようとした。日本側は改造幅をできる限り大きくすることに狙いを込めて、やはり国内の航空機産業を納得させようとしていた。

それまで日本のＦＳＸ計画に反対してきたアメリカの対日強硬派もおおむねこの決着を歓迎する受け止め方をしていた。その代表格のダンフォース共和党上院議員やバード前民主党上院院内総務らはそろって、「日本側の決定を歓迎する」との意向を表明した。

防衛庁とゼネラル・ダイナミクス（ＧＤ）社（Ｆ16）およびマクドネル・ダグラス（ＭＤ）社（Ｆ15）とのやりとりが行われ、詰められた両案の結果を踏まえ、一〇月二一日に開かれた防衛庁幹部らによる関係参事官会議で「ＦＳＸはＧＤ社のＦ16を基本にその改造型を日米共同開発する」と決定した。

これにより、もめにもめたＦＳＸ開発が約二年遅れでようやくスタートすることになったが、まだ曖昧のままになっていた日米共同開発での両国の分担比率については、お互いが都合よく解釈して国内の反対派に説明していたため、アメリカ側では懸念する声が上がっていた。

翌年六月、カールーチ米国防長官と瓦防衛庁長官による日米防衛首脳協議で、アメリカ側の分担比率を三五～四五パーセントとすることを決め、ＭＯＵ（了解覚書）が調印された。

この調印によって、日米両国の政府および防衛庁関係者、各メーカーらはいずれも、ＦＳＸの基本問題は解決したと見た。あとは実務者レベルあるいはＧＤ社と主契約者に内定している三菱重工とのメーカー間のやりとりが進められていったが、問題はここで終わらなかったのである。

ＦＳＸ計画への批判再燃

年が変わった一九八九年一月、なぜかアメリカの各メディアが思い出したかのように相次いで日本のＦＳＸ計画を批判的な角度から取り上げた。

まずニューヨーク・タイムズ紙が「日本と戦闘機の取り引きで敗北」（一九八八年一二月一七日付）との社説を掲げ、二ヵ月後にもやはり「日本に屈服」との社説を掲げた。八九年一月一三日にはＡＢＣテレビがニュース番組でＦＳＸ計画を取り上げ、批判的なプレストウィッツ議員らの発言が流された。一月二九日には、そのプレストウィッツ議員がワシントン・ポスト紙の日曜版に「日本への施し――なぜ七〇億ドルの航空機技術を差し出すのか？」と題する長文の寄稿が掲載された。

対日強硬派の議員ら五人がジョージ・ブッシュ新大統領に、「ＦＳＸ共同開発は日本側だけを一方的に利するだけで、アメリカにとってまったく不利なものでしかない。ただちに見直すべきである」とする書簡を送った。

これらのメディアや議員の主張はいずれも似ていて、「不当に安い代償でＦ16を売り渡そうとしている」「日本はＦＳＸ計画でＦ16の高い技術を手に入れて、これを民間機に生かしてアメリカの競争相手としてのし上がってくる」といったもので、大国意識の強いアメリカ人を刺激して不安感をあおる、いかにも素人受けする論調だっただけに大きな反響を呼んだ。

あまりに理不尽な要求に、防衛庁内でも不満が起こっていた。

「なにもすきこのんでＦ16の改造を望んでいるわけではない。それならいっそのこと、アメリカに替えてヨーロッパかイスラエルと共同開発すべきだ」

三年ほど前、イスラエルでも同じような問題が起こっていたからだ。イスラエルはアメリカから開発費の約半分を援助してもらって「Ｆ16を上回る運動性を備えた」高性能戦闘機「ラビ」の試作一号機を完成させて、内外の軍事関係者から高い評価を得た。

ラビはまだ開発途上であって、今後とも多額の開発費が必要となるが、アメリカはこの段階にいたって、開発費の大幅超過を理由に、援助を渋り、結局、開発は中止となったのである。ＦＳＸと同様に、「米軍用機と競合することになるイスラエルの戦闘機開発にわざわざアメリカが資金援助をするのはおかしい」とする一種の危機感から発せられた批判だった。

ＦＳＸとほぼ時を同じくして、韓国でも、次期主力戦闘機の導入をめぐって似たようなことが起こっていた。「ＦＳＸの息子」と呼ばれたこの問題は、韓国が次期主力戦闘機としてＦ16を選定して、一二〇機をライセンス生産することを決めたが、やはりこれに対してもアメリカが難くせをつけた。「競争相手を育てることになる」「四八機は完成機でアメリカから購入すべきだ」と要求を突きつけて呑ませたのである。

アメリカが得意とする輸出の稼ぎ頭である軍用機については、後ろから追い上げてくる国の台頭は絶対に許すなという、保護主義的あるいはテクノ・ナショナリズムをむき出しにした姿を鮮明にしていた。

こうした理不尽なアメリカ側からのごり押しに対して、日頃から、勇ましい発言を繰り返している日本の国防族議員と呼ばれるタカ派が集まる自民党国防三部会（国防部会、安全保障調査会、基地対策特別委員会）こそ、軍用機の自主開発を持論としてきたのだから、筋の通った論理で反論し、得意とする国防論と愛国の情を開陳して、正面から論陣を張ってしかるべきはずである。ところが、これといって目立った動きも発言もなく、まともに反論を展開したのは石原慎太郎が月刊誌「文藝春秋」（一九八九年三月号）に書いた「世界史の初舞台へ」くらいだった。

国防三部会の自民党議員らは「いったん白紙に戻すくらいの覚悟であたれ」といった勇ましい発言はしたものの、これは単なるポーズでしかなく、その声は小さくて内輪での不満程度にとどまっており、国際性をもち得る存在ではまったくなかった。

日本の航空機メーカー首脳も、当初は「これまで日米はうまくいっていたのに、理解に苦しむ」との受け止め方だったが、次第に苛立ちを募らせ、やがては落胆に変わり、「これほどまでにわれわれは譲っているのに」と、なすすべのない無力さを痛感していた。

日米交渉はその後も続いて両国の主張の調整が行われたが、日本政府はこじれにこじれたＦＳＸ問題に対して、とにかくまとめあげることを最優先し、防衛庁の要求を半ば押し切る形での大幅譲歩をして交渉をまとめようとの方針を固めた。

日本側の一方的な譲歩

平成元年四月二八日、日米間で最終的な話し合いがもたれた。その結果、合意文書が書簡の形で交換されて互いに確認しあった。

（1）生産段階でのアメリカ側の作業分担割合は総作業額の四〇パーセントとする。

（2）開発計画における技術移転に関しては、日本側はアメリカ側が希望するすべての技術をアメリカに移転させる。レーダー、電子戦装置、管制航法システム（火器管制用）、ミッションコンピュータのハードウエア以外の技術について完全に入手する権利をもち、また開発計画のなかの設計、原型機の生産、実験の各段階でアメリカ側の要員は無償でこれに参加できる。

日本側が譲歩した内容だった。なにしろ、アメリカはＦＳＸで日本が独自に開発したすべての技術を手に入れることができるが、アメリカ側の技術を日本側に流すことには厳しい制限が設けられた。先進国同士の合意文書としてはきわめて異例といえ、まさに「不平等条約」そのものである。

こうしたアメリカの姿勢もあって、日本がもっとも欲しかったソースコード、いわゆる飛行制御を司るコンピュータの最新プログラムについては、ブラックボックスの形でアメリカから購入するか、それとも自前で開発するかの選択になった。

中身を見ることができないのでは意味なしとして、日本はＴ２ＣＶ機で得た経験を生かして独力で開発することを選択したが、これによって開発計画が二年近く遅れることになり、開発費も増えることになった。

やがて日本がなんとか苦労してソースコードを開発し終えたとき、その中身の水準は別として、またもアメリカ側からの不満が上がる種になった。

「新世代の戦闘機を開発する力を日本につけさせてしまったことは、技術戦略として失敗した」

どちらに転んでもアメリカの反対論者は不満だったのである。

高くついた日米共同開発

日米共同開発は主契約者の三菱を中心として、アメリカ側のＧＤ社、サブ契約者の川崎重工、富士重工の四社が集まって共同設計チームが作られ、まずＦ16の改造設計から着手された。

ＦＳＸの開発作業は進み、平成七年一〇月、試作機が初飛行し、平成一二年九月、量産一号機が自衛隊に引き渡された。

当初、防衛庁が発表していたF16を改造してFSXを作るときの開発費は一六五〇億円で、物価上昇分を勘案しても二〇〇〇億円としていたが、いざ計画がスタートして三菱とGDの両社がすりあわせると、後者の見積額が大幅に増えて、一九九一年には二八〇〇億円とされた。実際に要した開発費の総額は予想をさらに上回る三二八〇億円となっているが、引き続き、トラブルの発生でその対策にも費用が発生しているため、実質的にはまだ金額が増えることになる。

日米共同開発に決まる直前の頃、防衛庁は自主開発ならば二〇〇〇億円であると、非公式ながらアメリカ側やマスコミに説明していた。これに対して、アメリカは「非現実的である。少なくとも六〇〇〇億円はかかる」と批判した。

たしかに、防衛庁が開発できると豪語していた世界のトップレベルの高性能の支援戦闘機でCCV機能やステルス性も備え、さらには、各種レーダーやコンピュータなどを自主開発するなら、アメリカが指摘するほどの開発費が必要だっただろう。

自主開発ならばこんなに安くできますと、低く見積もって二〇〇〇億円に設定していたのであろうが、これもまた公共事業などと同じで、プロジェクトが終了した段階ではじき出されてくる、実際にかかった総費用が、当初の見積もりをかなりオーバーするのはいうまでもない。これまでの防衛庁の開発プロジェクトの例からしても。

しかし、このような結果を見ると、かなり低く見積もっていたとはいえ、自主開発の二〇〇〇億円の一・六四倍にもなっていて、新規開発より既存のF16を改造した日米共同開発のほうが逆に高くなっている。そのうえ、F16はいまから四半世紀前の設計であるため、FSXは古い部分をかなりもっていることになる。これでは、日本側にとって日米共同開発は、仕事量が減ったことも含めて利するところがあまりに少ないといえよう。

ＧＤ社側からすれば「Ｆ16をそのまま買えばいいのに」との思いが基本にある。所詮は、日本のおつきあいで、頼まれたから共同開発に参加したというのが本音である。第一、完成したＦＳＸは日本だけで使われるのであって、アメリカ国内をはじめとして世界に売り込めるわけでもない。そんな戦闘機の開発に熱意をもって臨むわけもなく、どうしても緊張感が欠如するから、かかる費用も高くなるし、できるだけ金を引き出そうとの意図も働く。

たとえ、水増しした金額であっても、会計処理の制度や方式、費用の見積もり、算出方法も国内メーカーとは違っていたり、また、米国企業だけに日本のメーカーほど踏み込めず、チェックや査察が甘くなってしまう難点がある。

なにより、技術開発は高い目標に挑戦する意気込みと情熱をもちつつ挑まなければ、兵器としての戦闘機はいいものができないし、金額が膨らむのは世の常識である。

ちなみに、計画している調達機数の一三〇機を生産した場合のＦＳＸ一機の価格は、当初の五一・五億円（一九八七年価格）から一一九億円の二倍以上にまで高騰し、合計すると一兆五〇〇〇億円となって、主力戦闘機のＦ15Ｊ／Ｄに次いで日本の防衛史上二番目の額となる。高くてとても手が出ないとして候補機を断念したＦ15Ｊをも大幅に超える価格にまで上昇したことになる。結果から見ると、ＦＳＸはかなり高くついたプロジェクトであったといえよう。

このため、意気込んでいた日本側の設計者たちは、ＧＤ社の取り組む姿勢やその狙いを感じ取って、開発がスタートした時点で、すでに諦め顔であった。振り返ってみるとき、ＦＳＸを開発する当事者の技術研究本部や三菱など航空機メーカーからすれば、自主開発構想の発表時には、アメリカからこれほどの文句が出るとは思ってもみなかったのである。彼らの最大の関心事は、いかにして自主開発を大蔵省や国民に理解してもらうか、納得してもらえるかであり、それだけで頭がいっぱいだった。

日本の航空機産業はこんなにもすばらしい性能の支援戦闘機を開発できるまでに実力を上げてきました。だから、なにも米製戦闘機をライセンス生産する必要はなく、ぜひとも自主開発をOKして作らせてくださいと盛んに前宣伝したのだった。日本国内だけを念頭に置いたつもりの誇張しすぎた前宣伝が、意図に反して、海の向こうのアメリカを刺激することとなって、こんな誤算を招く大きな要因の一つになったことは否めないだろう。

日本のCCV研究は本物か

当時を振り返ってみると、数々の新技術を備えたFSXの構想が発表され、世界のトップレベルの戦闘機を作ってみせると勇ましい宣伝がなされたとき、筆者自身、「え、いつからそんな急に日本の技術水準が上がったのだろう。戦闘機の開発って、そんなに簡単かね」というのが正直な受け止め方だった。社内の同僚たちとも、そんな話をしたし、いつものように、いいことずくめの宣伝をしているのだろうと受け止めていたことを思い出す。

なんとしても自分たちの手でFSXを作るのだとする強い意気込みのあらわれとして、この誇張した姿勢があると理解していたし、その意気込みは同じ日本の航空機産業に従事する技術屋としては理解できたからだ。

防衛庁が「FSXがF16などより一時代進んだ次世代の戦闘機」と強調して大いに宣伝した、機体上の一大セールスポイントは、CCV機能、ステルス性、主翼一体成形の三点だった。

ＦＳＸ計画の前段階として技本が始めたＴ２高等練習機を一部改造してＣＣＶの実験機を作る研究が進められていた頃のことだった。筆者はＴ２のエンジンであるアドア（ＴＦ40）の技術を担当していたが、そのとき、奇しくも三菱重工から検討依頼があったことを思い出す。

ＣＣＶの研究で、アドアのアクセサリーギアボックスに、ある装置を追加して取り付けたいが、問題ないかどうか検討をしてほしいというものだった。その検討自体はまったく簡単なことだが、強度計算やインターフェースを検討するなどして、問題はないと返事をした。

それから数年して、ＣＣＶ機の飛行実験がたびたび報じられるようになった。やがてＴ２ＣＣＶ機は一応の完成をみたと発表され、欧米が開発したＣＣＶ機に勝るとも劣らない性能であると、盛んに宣伝されるようになった。

しばらくして正式発表された、「欧米の新鋭戦闘機に匹敵するＦＳＸ計画」の中核にＣＣＶ技術は位置づけられ、Ｆ16などとは次元が違う次世代機と強調され、急激に力をつけてきた日本の航空技術を象徴する成果としてもてはやされた。

この少しあとにＴ２ＣＣＶ機に関する論文が日本航空宇宙学会誌に発表された。すでに欧米で行われてきたＦ４、Ｆ８、Ｆ１０４、Ｆ16、ジャガーなど一〇機種余りのＣＣＶ性能をもつ実験機などとの性能や特性の比較がされていて、Ｔ２ＣＣＶの優秀性を自画自賛していた。

一概にＣＣＶ機といってもピンからキリまであって、いろいろな機能を指しており、その種類の多さに応じてのレベルがある。アメリカのＣＣＶ研究は一九六〇年代末から始まり、一九七三年からはＹＦ16（Ｆ16）を使って進めていた。そのあとの一九七八年からスタートしたアメリカのＡＦＴＩ／Ｆ16を使ったＣＣＶ機は、これら世界のＣＣＶ機のなかでもっとも多種類の機能をもっていたが、日本のＴ２

ＣＣＶはそれと並んでいるとされていた。しかしそのとき、筆者の目を引いたのは、その論文に記されていたＴ２ＣＣＶ機が行った実験飛行の時間数であった。たった数十時間でしかなかったのである。

筆者はそのとき思った。ＣＣＶ機能といえば、従来の航空機と比べて飛行の姿勢制御や運動性がかなり違っており、きめ細かいコンピュータ制御を駆使した革新的技術である。ひと言でいえば「操縦装置が飛行形態を定めた航空機」と説明されるが、それではピンとこない定義である。簡単にいえば、従来からの航空機の設計は主に、空力、構造、エンジンの三要素を主体として機体の形態が決まってくる。ところが、ＣＣＶ機では、これに操縦装置に基づく姿勢制御の要素が加わって設計が行われるのである。

従来の戦闘機ならば、上昇または降下しようとするとき、まず機首を上または下に傾けてからその動作に入るという滑らかな動きする。また、左右に旋回しようとするならば、まず機首を左右に傾けてからその動作に入る。

ところが、さまざまな方向に張り出した姿勢制御用の補助翼などをコンピュータによる操縦装置によって、その航空機の空力特性を大きく変化させるＣＣＶ機能では、まるでカニが横這いするような不自然ともいえるほど機体が極端に横移動あるいは縦移動ができて、それだけ応答性、俊敏性ときめ細かい制御ができるのである。

これは、パイロットが電気式のフライ・バイ・ワイヤによる電気的信号を介してさまざまな動翼を動かし、エンジンのパワーを変えて姿勢制御するだけでなく、航空機の速度や姿勢、負荷などを感知するセンサーからの情報も加えて総合的に処理するフライト・コントロール・コンピュータによって行う。

それだけ、戦闘機の姿勢制御が瞬時にきめ細かくできるので、翼や胴体の負荷限界のぎりぎりとなる飛び方や姿勢もとれて、その分、相手方の戦闘機より小回りが利き、俊敏で曲芸的な飛行ができるので、有利な態勢をいち早くとることができる。

フライト・コントロール・コンピュータは三台のデジタル式を使っているといわれ、その技術進歩と容量が飛躍的に高まったことでＣＣＶ機能が実現できるようになったのである。だから、ＣＣＶ機は技術的にかなり高度でしかも複雑なシステムを開発しなければならず、実験の繰り返しに基づく試行錯誤と改良の果てに一定の性能と信頼性が達成できるものであることは、専門外のエンジン屋にも想像がつく。その実験飛行がわずか数十時間で実現するなど考えられない。

Ｔ２ＣＣＶの研究は一九七八年から八五年までの八年間で六一億円を費やしたが、実験機は一機で、しかもこの程度の飛行時間と金額で、欧米のＣＣＶ機に並ぶ性能を開発し得たと宣伝していて、ＦＳＸの自主開発の目玉にしていた。

三菱重工も述べていた。

「本研究完成の暁には、世界トップレベルに到達する見通しである」

筆者は技術屋の勘として、日本が欧米の水準に追いついたというときの技術は、このくらいの飛行実験で実現できる程度の中身なのかと、まるっきり疑ってかかっていた。それと、Ｆ1などでも述べてきたが、日本が軍用機を開発しようとするとき、実戦も含めた運用形態を想定しながら、どれだけ煮詰めた要求仕様をもち得ているかも疑問だった。

こうした経緯からして、世界でもっとも進んでいるアメリカのＣＣＶ研究のＡＦＴＩ／Ｆ16と同じ多機能のＣＣＶ性をもち得ているということは、それを真似した（参考にした）のであろうと想像した。日本がよくとる手法だからである。

ＣＣＶのカナード方式は断念

一九九二年六月、三菱名古屋航空宇宙システム製作所の会議室で、ＦＳＸのモックアップ（実物大模型）の公開を前にして技術研究本部（技本）の開発官（兼空将補）松宮廉は豪語した。

「軽量小型の機体に、高機能を要求しているという点ではＦＳＸはまさに『平成の零戦』『現代の零戦』になり得ると確信しています」

だがこのあとの記者団とのやりとりでは、ＦＳＸが受けた批判に対する反論や釈明がもっぱらだった。

そして、この後公開されたモックアップには、防衛庁が大々的に発表していたＦＳＸにおいてＣＣＶ機能を十分に発揮するために必要とされていたＴ２ＣＣＶの胴体前部の両サイドに付いていた複合材で作られた小さな補助翼のカナードが消えていた。

モックアップの段階で早くも後退したＣＣＶ機能に関して、松宮は苦しい説明をした。

「カナードを取り外したのはＣＣＶを断念したのではなく、補完機能で目的を十分果たし得ると判断したからです。重量オーバーによる予定外の措置ではありません」

Ｔ２ＣＣＶで採用していた、カナードを用いて機体を左右に傾けずに旋回したり、旋回中などにおいて機首の向きを左右に変更させるダイレクト・サイドフォース・コントロールはとりやめて、主翼前縁フラップを三八パーセント増やし、動翼部のフラッペロン（後縁フラップの作動）も約三六パーセント増やして、後者とラダーだけを連動させることでＣＣＶ機能をもたせる方式に変更した。これとあわせて、機首の向きを上下に変更させたり、機首の向きを変えずに上下に機体を移動させるためのダイレクト・リフト・コントロールも先と同様に簡単な方式に変えられた。

ＣＣＶはグレードの低いものから高いものまでいろいろな方式があるが、カナードを用いるのはかなり高度になる。それをＴ２ＣＣＶ実験機で飛行試験を繰り返して、ＦＳＸに採用すると前宣伝していたのだった。ところが、実際の開発が始まると、さっさとそれはやめてしまった。それでは、いままでのＴ２ＣＣＶ実験機の飛行試験はなんだったのかとなる。

想像するに、Ｔ２ＣＣＶが真似した（参考にした）であろう多機能のＣＣＶ性をもつアメリカのＡＦＴＩ／Ｆ16はあくまで実験機で、いろいろと試験をしたが、ここで採用していた機能のすべてがそのまま実用機に使えるというものではなかったのであろう。

あるベテランの戦闘機設計者はＦＳＸについて批評した。

「完成したＦＳＸのＣＣＶは、適当なところでお茶を濁したというべきでしょう。これでは次世代の新鋭戦闘機とはとてもいえない。でも本当はＴ２ＣＣＶ自体が後追いの真似だったんです。アメリカでＦ16にカナードをつけているのがあるからやってみようか、となって数十時間飛ばして、ああそうか、わかったとなって実験は終了した。それでＦＳＸではＣＣＶをやれると発表した。でもＦ16が空中戦をやるとき、そんなものはいらないんだとなった。アイディアとしてやってみたが、アメリカはだめだとわかっていた。だからＦ２も結局はカナードがつかなかった」

航空自衛隊の元空将、佐藤守も、「ＦＳＸの目玉の一つの『ＣＣＶ技術』はその後削除され」た（「丸」二〇〇一年九月号）と述べている。

それでも、断っておかねばならないのは、日本がＴ２ＣＣＶ機のような先進的な技術を盛り込んでの本格的な実験機を作って飛ばし、データを集めたのは、防衛庁の歴史において、ほとんどはじめてのことだということである。そのための予算として大蔵省が六一億円もつけたのは、きわめて異例のことである。

アメリカでは当たり前のことだが、それくらい日本の防衛関係の研究費は少なくて、弱みとなっている。目に見えやすい実際の正面装備に予算のほとんどを割いているのであり、それがライセンス生産中心の自衛隊機を作り出している。

ステルス技術の水準

やはりＣＣＶ技術と同じく、ＦＳＸに適用される予定の代表的な先端技術として、ステルス性が挙げられていた。かねてからステルス性をもつ軍用機の重要性が強調され、アメリカで本格的なステルス爆撃機（Ｂ２）や戦闘機（Ｆ１１７）が試験飛行したことなどが報じられていた。

しかし、防衛庁でステルス性の本格的な研究や実験が行われてきたとの情報はほとんど伝わっておらず、ＦＳＸ計画で突如、登場したといってよい代物だった。アメリカも、このきわめて重要な技術は軍事機密として情報を洩らさぬよう厳重に管理していて、洩れ伝わってくる情報が従来と比べてきわめて少ない。

ステルス性といえば、ＣＣＶ機能以上に、簡単な技術ではないことは想像できる。やや難しい工学的な言葉で言えば「低可観測性」とも呼ばれるステルスの基本は、探知しようとしている敵方の発信源からのレーダー波やレーザー波がこちら側の航空機に反射して戻る量を極力少なくして捕捉されにくくすることにある。

そのための工夫として、Ｂ２のように形状全体や角が丸みを帯びた滑らかなスタイルの全翼機としたり、米空軍のＦ１１７のように機体形状をできるでけ多面体にしたりすることでレーダー波が垂直に反射して戻らずに分散させてやる。あるいは、複合材や電波吸収材などを使ったりしてレーダー波のエネルギーを吸収するようにする。さらには、高温となるエンジン排気ガスは高感度の赤外線（熱線）センサーで感知されやすいため、排気ガスに冷たい外気を混合して排出することで温度を下げてやる工夫などが施されている、

こうしたステルス技術は実際に実証機を飛ばし、さまざまなレーダー波やレーザー波を当てるなどしていろいろな形状や材料を試し、工夫と改良を重ねていって少しずつ効果を向上させていくしかないため、実験には長い時間を要する。ところが、ＦＳＸ計画以前では、防衛庁はこうした実証機はなく、予算も数億円程度で、成果は研究室レベルのものでしかなかった。

このため、Ｆ16を原型機として開発するＦ2では制約も多くあって、エンジンの空気取り入れ口あたりや、翼や胴体の一部に複合材を使ったりする程度のステルス性でしかなく、申し訳程度であって、ほとんど効果は期待できない。それでも、ＦＳＸ計画時にはステルス性を有するとして宣伝していたため、これも眉唾物だなと受け止めていた。

このように高度な技術の蓄積が必要なステルス技術について、それ以前と違って、アメリカは最重要の軍事機密として論文発表などの一切を禁止しているため、ノウハウが把握できず、日本は二〇年遅れているといわれている。

争点の主翼一体成形技術

さらには、日本（三菱重工および三菱レイヨン）が最大の売り物にしていたカーボン繊維を主体とした複合材による主翼の一体成形があった。この技術を実現したのは日本が「世界で最初」の触れ込みで、

GD社ももち得ていない技術のため、FSX共同開発でアメリカ側がもっとも欲しがっている技術と宣伝していた。

たしかに日本は、釣り竿やゴルフクラブ、テニスのラケットなど民生品にこうしたカーボン繊維を使っており、その生産量や技術においては世界を圧倒していた。しかし、特殊で高品質を要求される航空機用の強度メンバーとしてのカーボン繊維の一体成形となると、アメリカと比べてその技術的経験や蓄積は少なかった。まさに開発途上であった。

日米間でFSX問題が一応の決着をみた八ヵ月後の一九九〇年初め、技術屋からフリーのライターになったばかりの私は、いきなり、「週刊朝日」からの依頼で「未踏技術に挑む」の連載で五ページをもらって、一年近く担当することになった。日本の各種分野における最先端技術の研究開発状況を、それを担っている第一人者へのインタビューとあわせて開発現場を見学することで明らかにしていくレポートで、のちに『ハイテク開発の魔術師たち――未踏技術に挑む』（講談社文庫）としてまとめた。

このとき、果たして日本の技術は優れているのかとする論議の渦中にあったFSXの主翼一体成形がいかなるものかについて、早速、取材をして連載した。この技術はFSX計画のなかで日本がもっとも自慢としていて、「GD社も喉から手が出るほど欲しがっている」と宣伝されていたからでもある。GD社が欲しがったのは事実だが、だからといって、日本の主翼一体成形の技術がアメリカのすべての戦闘機メーカーより優れていたのではなかった。たまたまF16を開発したGD社の複合材技術が、同じアメリカの戦闘機メーカーであるマクドネル・ダグラス社やロッキード社より後れをとっていたため、欲しがったのである。そして、米国製のAV8B「ハリアーII」ではすでに実現していたのだった。

三菱重工でこの主翼一体成形の開発を担っていた技術者が、たまたま定年で退職したばかりだった。

その技術者とは、以前、ある航空技術の講演会で同じ講師として招かれていて、顔を合わせていた関係で、取材することができた。さらに、東京・世田谷区池尻にある防衛庁技術研究本部でこの技術開発の責任者である工学博士の太田眞弘部長にも話を聞いた。

最初、防衛庁に取材を申し込むと、学者タイプのこの企画部長は、「いま日米間でＦＳＸがセンシティブな段階ですから、あまりジャーナリスティックには……」との返事だったが、いたるところに赤線を引いた分厚いレポートを手にしながら語った。「つい最近までこの世界にいた前間さんですから、すでにある程度はご存じでしょうが……」と断りながら、開発経過や実験データの中身、これから解決すべき問題点などを説明し、質問にも率直に答えてくれた。

このあと、ＦＳＸの主翼より面積は小さいが、やはり一体成形を行っているボーイングの民間機用尾翼などの素材を供給しているメーカーの東レや横浜ゴムの現場を訪ねて見学した。そのほか防衛庁の技研が内部の報告会で発表した論文なども含めて検討した結論として、少なくともこの時点では、この主翼一体成形の技術もまた、ＣＣＶ機と同じようなレベルであると判断した。

薄いカーボン繊維の布（プリプレグ）を百数十枚もエポキシ系樹脂の接着剤で積層していってオーブンで焼き固めるのだが、これらの工程の現実は、細心の注意を払いながらの職人芸に頼らざるを得ない手作業が多くある。そういった面では日本が得意とするところであり、これから大いに伸びていく分野であるとは思われた。

だがそれだけに、層間剝離や品質面でのバラツキがどうしても生じるため、信頼性が確立しておらず、量産にはまだかなりの時間がかかる実験段階であって、内部欠陥の有無を発見する検査方法や経年変化にともなう強度の低下（耐久性）をどう保証するのかといったことも含めて、問題をかなり抱えていると見て、そのことをレポートした。

設計者は飛行機が好きでなければ

ＦＳＸの開発が進み、一九九五年一〇月、試作初号機のＸＦ２が完成して技術実証試験が開始された。一九九八年に入ってから行われた各種シミュレーション試験では、主翼の下部に対艦ミサイルを装着して飛行したとき、低い速度領域でフラッター（共振）が発生する可能性が明らかとなった。フラッターが起こると、設計で想定していた以上の負荷がかかるため、数十ヵ所に及ぶ主翼の補強が必要となった。

さらには、同年五月、立川の第三研究所で行われた、地上に実機を据えて負荷をかける静強度試験においても主翼の内部構造にクラック（ひび割れ）が発生し、ロッキード・マーチン社での同様の試験でもやはりクラックが発見されたため、補強の改修が実施された。一〇月以降に行われた試作機の各種飛行試験でも、ある飛行形態において、胴体や主翼、垂直尾翼、水平尾翼などの強度不足から何ヵ所もクラックが発生するなどして、補強の改修が行われることになったため、納入スケジュールがかなり遅れることになった。

たとえば、低高度高速飛行の領域で、急激な横転などを行うと、設計で許容されている９Ｇ（地上の九倍の重力）の三分の一から四分の一の値で、水平尾翼および後胴部分が強度不足であることがわかった。高い迎角をとったときにも、不安定な振動が発生する可能性があることもわかった。また、翼下あるいは胴下にドロップタンクを搭載して横転を行う際に、このタンクの取り付け部の強度不足となるため、燃料の搭載量を減らす必要が出てきた。

こうしたことから、当初予定していた急旋回するときの半径をより大きくとるなど、全飛行領域において危険が生じないような運用形態とする飛行プログラムに変更して制限を加えることになった。こうなると、格闘戦を演じるとき素早く有利な態勢をとることができなかったり、逆に、敵機からの機銃やミサイルの照準が合わせられやすくなることを意味しているために、不利な戦いを強いられ、空戦性（俊敏性）が劣ることになる。

詳しい原因については発表されていないので、この一体成形技術と直接的に結びつけようとは思わないが、主翼の強度と不可分なだけに関連していることは否めないであろうし、不具合の多さやその内容からして、経験不足からくるものといえよう。また、ＣＣＶ機能によってＦ16などとは異なる飛行形態でＧ（重力加速度）のかかり方も違った設計だったため、その影響の見極めや十分な実験がなされていなかったからであろう。

日本がＦＳＸを自主開発し得る根拠として大見得を切ったＣＣＶ技術やステルス技術、主翼一体成形技術などが、この程度の開発段階にある技術なのだと、その頃推定したことが、いまから見て間違っていなかったことをあらためて確認した。

先のベテラン設計者はこうした強度不足が発生した問題について、次のような見方を示した。

「結局、ＦＳＸはＦ16の改造設計ですが、そのとき、最初に戦闘機全体のことを考えておかないといけない。ＦＳＸでは主翼を大きくするわけですから、そうしたとき、その変更にともなってどこが影響を受けるかを、具体的な構造も含めて戦闘機の全体に波及すると受け止めて、問題が起こりそうなところを把握しなければならないが、設計の実際は分業体制だから、とかく、自分の担当している部分しか見ない傾向が強い。その範囲内だけで考えがちになって、コンピュータを使って設計すればとなる。それぞれ担当者がそうなると、どこか辻褄が合わなくなってくる。結果として、思いがけない箇所にしわ寄せや問題が起こってくる。

だから、航空機の設計は単に仕事として与えられた部分を一生懸命に設計しますとか、ただ真面目にやりますではやはりだめなのであって、飛行機が好きでないとだめです。好きならば、興味があって、あれもこれも知りたいから、他人の担当のところまで、そして飛行機全体のことまで考えるし、気になってくるのです。すると、FSXで起こったような強度不足の問題は事前に気がつくはずなのです。こうしたことは、何機種もの設計経験を積んでいれば気がつくことですが、日本の場合は、十数年に一回くらいしか新機種の開発チャンスにめぐり合えないから、こうしたことが起こるのです」

また、FSXのように主翼を大きくしたことで問題が起こった戦闘機がなかったかと、過去の事例や文献を事前に調べて、どんなところに問題が発生したり、落とし穴があったりするのかなどを把握しておく必要もある。たとえば、最近の例として有名なアメリカ海軍の戦闘機F18の例があって、FSXと同じように翼の付け根にクラックが発生してずいぶん苦労して手こずったが、それを乗り越えて完成させている。

「やはり、飛行機が好きで、日頃からいろんなことに目を配っていると、同じように主翼を大きくしたF18で悩み苦しんだ過去の実例が事前に思い浮かぶし、また、調べておかないといけない。いろんな箇所にどのような影響を与えるのかを応用問題として。それを、考えていませんでした、気がつきませんでしたというのは、やはり、狭い範囲の、自分の与えられた仕事の部分しか見ていないということなのです」

FSXの開発を担当した設計主任の神田国一は複雑な思いを吐露していた。

「自分としては二階建ての瀟洒な家をデザインするのがベストですね。ところが先に平屋が与えられましてね。これを二階建てにしなさいという。私たちはＦ16の設計者の本当のところまではわからない。それを図面や資料でくみとって再設計するようになったわけです」

名目は日米共同開発とはいえ、神田の言葉から推察できるように、ＧＤ社はベースとなるＦ16に関する肝心の設計資料や基礎データを日本側にあまり開示していないことを物語っている。そのうえ、心ならずも与えられた既存機のＦ16の改造では、新世代の戦闘機に衣替えしようにも、開発費の制限もあっておのずと限界がある。改造によって、できる限り性能を高めて、日本の防衛に適した支援戦闘機に作り替えたいと努力を試みる日本側の設計者にとっては、苦しい日米共同開発であったといえよう。

しかし、別な見方をすれば、傑作機として評判の高いＦ16がベースになっているのだから、おかしな改造設計をしなければ、失敗することはないといえよう。逆に、評価が高いＦ16だけに、下手な改造をすると、日本の技術水準が露呈する結果となって、どちらにしても大変である。

伝え聞くところでは、零戦などの戦闘機の空戦データが三菱重工にはたくさんあり、これらを活用してＦＳＸのフライトエンベロープ（飛行領域）を作るとともに、翼や胴体の負荷限界となるＧがかかる直前に、デジタルコンピュータによる自動制御で姿勢を変えられるプログラムを作って、限界ギリギリのきわどい飛び方までできる戦闘機に作り上げたという。

裏を返せば、それだけ、機体には極限的な荷重がかかるといえよう。また、戦前の戦闘機のフライトデータを使うところに、戦後においての実績の乏しさがあらわれているともいえるし、未知の挑戦をした結果、いろいろと問題を発生させてしまったともいえる。だが、そうした限界を狙う戦闘機に挑戦したことは、これまでより一歩抜け出ようとしたともいえる。

スクランブル任務ができず

主翼などの一連の改修がやっと終わり、当初の計画より四年遅れの二〇〇一年三月、青森・三沢基地の第三飛行隊に一九機が配備された。その後、運用試験を繰り返し、部隊運用に必要な訓練を経て、領空侵犯に対処する緊急発進のスクランブル任務を開始する予定だった。

そんな二〇〇二年春、東京新聞（三月二日付）は一面トップにでかでかと「空自F2レーダー不具合 緊急発進困難に」を報じた。F2戦闘機に搭載されている国産（三菱電機）のアクティブ・フェーズドアレイ・レーダーに重大な不具合があって十分に機能を果たさず、自衛隊関係者は「大幅な改修が必要」というのである。このため、航空自衛隊としては「パイロットの安全確保と戦闘能力の限界」を理由に、改修が完全に終わるまで、「アラート配備を延期すべきである」との意見書を航空幕僚監部に提出したという。

アクティブ・フェーズドアレイ・レーダーは、一〇〇キロ先の敵機や敵艦艇を捕捉できる高い探知能力をもっているといわれ、同時に多目標に対して機銃やミサイルを発射したりする高い火器管制能力をもつ、いわば戦闘機の目であり、頭脳の役割を果たしている。

アンテナを構成する数百あるいは数千個の放射素子からレーダービームを任意の方向に放射して電子的に走査し、敵機の方位や高度、速度などの情報を感知してコンピュータ処理し、火器管制装置などに指令を発するのである。

ところが、（1）探知距離が極端に短くなる現象が起きる、（2）相手機が画面から突然消える、（3）ミサイル発射に必要な自動追尾が外れる、などの複数の不具合が発生していて、使用に堪えず、支援戦闘機の重要な使命であって、年間一五〇件あるといわれる領空侵犯へのスクランブル任務が遂行できないのである。

しかし、防衛庁はこの件に関して、正式な発表をしておらず、今後の見通しやスケジュールについては不明であるが、改修が長期化することは避けられないようである。いずれにしても、支援戦闘機としての重要な任務を果たせず、仲間内である運用サイドの部隊がなんとか我慢して使う範囲を大きく超えて、「使えない」と突っぱねるほどの不具合だけに、事は重大である。

このトラブルは、機械装置などでよくある初期故障のたぐいではない。もともとの国産技術が未成熟で、十分な基礎研究や各種実証試験が行われないまま、見切り発車で実機に採用してしまった結果といえよう。その意味で、Ｆ２はいまだ開発途上にあるといえる。

ソフト情報も含めて、高度な技術を要するアクティブ・フェーズドアレイ・レーダーを日本が自主開発することはかなり難しいといわれていた。しかも、Ｆ15、Ｆ４ＥＪなどの戦闘機がライセンス生産だった日本は、アクティブ・フェーズドアレイ・レーダーの開発経験がほとんどない。

アメリカ側はそんな日本の足元を見て、Ｆ２用としてＦ16のアクティブ・フェーズドアレイ・レーダーの技術開示をせず、ブラックボックスで提供するとした。開発に必要な飛行制御と火器管制に関するコンピュータ・ソースコードの提供を拒否したのである。

このため、日本側はそれでは意味なしとし、自主開発か日米共同開発かでもめにもめたＦＳＸの経過からしても、「独自に開発する技術はある」と自信をのぞかせて大見得を切り、急ぎ自力開発に踏み切った。

すでに、一九八〇年代から自主開発を想定して研究を進めていたとはいえ、それはＣＣＶ技術などと似て、実用レベルとは次元を異にしており、水準は低かった。このため、かねてから専門家の間では、完成したアクティブ・フェーズドアレイ・レーダーの水準や信頼性については疑問が出ていて、特に日本が弱いソフトウエアとハードウエアとのマッチング、いわゆる現代の軍事技術でもっとも重要視され、難しいとされているシステム統合技術がどの程度の水準にあるかが注目されていた。

データと経験の不足

現代は、文献情報が氾濫しているので、かなり高度で複雑な工業製品や兵器でも、ハードウエアならば、ある程度の水準のものは開発することができるのだが、真に実戦に供することができる信頼性・耐久性の高い精度のものとなっているかどうかが問題なのである。さらには、コストだけではなく、防衛計画に支障をきたさない範囲の、一定の期間内に完成させなければならない。そこが難しいのである。こうした開発の進め方も含めて、先に述べた不具合は経験不足から生じたものというべきであろうし、時間も含めて基礎研究の不足、あるいは予算不足のあおりを受けたともいえよう。

すでにF2は二十数機が部隊に引き渡され、現在も三菱重工の工場では年産一〇機前後のペースで生産が進められているが、当分の間、実戦機としての機能を十分にもち得ていない「張り子の虎」の状態のままとなる。

こうした事例はライセンス生産で導入したこれまでの日本の各種外国機においても同様のことはあったし、諸外国でもしばしば起こっていて、その意味では、別段めずらしい例ではない。現実にはこうしたトラブルを克服していく過程において、真の意味で戦闘機開発の技術やノウハウが身につき、データが蓄積されていくことになる。しかし、アクティブ・フェーズドアレイ・レーダーの不具合は、重要な警戒待機任務が果たせないという点において事は重大であり、次元を異にする失態である。

ここで、この不具合に対処する防衛庁の問題性を一点、指摘しておきたい。それは、レーダーの基本性能が果たせないというこれほどの重大トラブルが、要素試験や技術実証試験、各種シミュレーション試験でも発見されずに部隊に配備されて、実際に運用試験を行った段階で明らかになったことである。

この原因は、誰もが思いつきそうで素人受けする、ソフトとハードのマッチングの問題であろうといわれそうだが、その次元だけにとどまるものではない、根の深い問題である。なぜなら、きわめて重要なレーダーの性能や機能を確かめるために何段階にもわたって行われてきた各種の試験が、実は技術実証試験にはなっていなかったということであり、そのこと自体がわかっていないほど、試験の内容や条件設定が曖昧で、いい加減だったことを意味しているからだ。

これはなにもアクティブ・フェーズドアレイ・レーダーに限ったことではなく、Ｆ２をはじめとする日本の自主開発の自衛隊機に装備される他の装置機器においてもすべて関係してくることだからである。

あるいは、技術実証試験で問題のあることがわかっていたが、遅れに遅れたスケジュールとの関係から、とりあえず、形だけでも部隊配備をして計画の辻褄を合わせ、そのあとでじっくりと改修をすればよいと踏んでいたのかもしれない。もし、そうならば、防衛庁の戦闘機開発に対する姿勢や体質がきわめていい加減で甘いものとなっているといわざるを得ない。

持ち駒が少ない日本の戦闘機の二大看板は主力戦闘機のＦ15Ｊ／Ｄと支援戦闘機のＦ２であり、その片方が任務を果たせないのでは、国防の根幹にかかわる重大問題として、欧米の主要国ならば議会で取り上げられて追及されてもおかしくない性質のものだ。

「日本の自主開発は難しい」と指摘したアメリカに対して、「自主開発する技術は十分にある」と大見得を切った手前、また、アクティブ・フェーズドアレイ・レーダーの性能自体が重要機密であるだけに、実態をあからさまにしたくない事情は十分に想像できるが、そんな次元の問題ではすまされないといえよう。

そこは、幸か不幸か、平和な国日本ならではの穏便な対応で緊張感もなく、いまだ、これといった防衛庁からの説明もない。それが日本の戦闘機開発の実状であり、水準であるというべきであろう。

日本の軍用機の技術水準は？

開発されたF2支援戦闘機がどの程度の性能に仕上がったのか、微妙なところは公表されていないし、自主開発した各種装備や技術がどの程度の性能や精度を有していて、宣伝した最初の性能を満足しているのか否か、真のところはわれわれ外部の人間にはわからない。

だが、F2を運用する側の航空自衛隊関係者である元空将の佐藤守はためらわずに言明している。

「『国産のFSX』計画は単なる『F16の改造計画』になってしまった」（『丸』二〇〇一年九月号）

しかし、二年前の二〇〇〇年に防衛庁と通産省が共催した「防衛産業・技術基盤研究会」の報告書にはこう正直に記されている。

「支援戦闘機F-2の日米共同開発を先頃終了したところであり、主翼の一体成形複合材適用や先進搭載電子機器等の採用など先進技術を結集しているが、米国等諸外国の最先端主力戦闘機技術と比較すると依然として較差がある」

完成したF2の飛行実験も繰り返してきた当事者の防衛庁が、恥を忍んで発表しているのだから、これが正直な日本の戦闘機技術の到達点であり、技術力なのであろう。この結果からすると、「最新鋭の戦闘機を作ってみせる」と豪語したＦＳＸの前宣伝が、なんとしても自主開発にこぎ着けたいがための演出であったことはいうまでもない。

軍用機に関する日本の最新技術の研究水準がどの程度で、とかく手前勝手で誇大な前宣伝とはどのくらいのギャップがあるものなのかを垣間見せてくれた例として、ＦＳＸは大変参考になったというべきかもしれない。あるいは、最新鋭の戦闘機開発がそう簡単ではないことを、このできあがったＦ２の現実から正確に認識しておく必要もあろう。

もちろん、当事者の言い分として、日米共同開発にならず、日本独自でＦＳＸを開発していれば、既存のＦ16の制約を受けずに、もっとすばらしい高性能の戦闘機ができたはずだとの主張もあろうが、先のＣＣＶやステルス技術、アクティブ・フェーズドアレイ・レーダーなどの実状からして、それはどうみても説得力に欠けるといえよう。

ＦＳＸは、なんとしても自主開発したいとする防衛庁や航空機産業が、まだまだ実用化の水準には達していない研究段階の自前の技術を、あたかも「開発に成功している」、あるいは「実用化は目前」と誇大宣伝して日米共同開発にこぎつけたといえよう。

実機による技術実証試験が不足

高度に専門的で最新の軍事技術は機密のベールに包まれているだけに、関係者以外はその中身をうかがい知ることができない。それだけに、こうした誇大宣伝はアメリカなどの兵器開発でもよく見受けられ、別段めずらしいことではない。

ただ、日本と違ってアメリカは、ＣＣＶやステルス技術、主翼一体成形技術、アクティブ・フェーズドアレイ・レーダーといった革新的な新技術をはじめて採用しようとする場合、いきなり、試作機や量産機に適用することはない。かなり以前から個々の基礎研究や技術開発が進められているのはもちろんだが、次の段階で、それらの新技術を適用した実験機を作って技術実証テスト（飛行試験）を何年にもわたり繰り返して性能や強度を確認し、改良に改良を重ねてから試作機そして実機に適用していく数階のステップを踏むのである。

たとえば、F15の後継となるアメリカのATF（先進戦術戦闘機）のF22の場合、FSXより五年近くも早い一九八六年に二社の競争試作として発注され、一九九〇年に原型機YF22が初飛行して、翌年四月に競合機種のYF23に打ち勝って選定された。

この年の八月からは本格的な開発に入るとともに、量産試作機（実験機）を九機製作して飛行実験を繰り返し、F22に採用する可能性のあるCCVやステルス技術、カーボン繊維の複合材技術、新統合型搭載電子戦機器装置、新型ミサイルなどの新技術の評価と確認を行っており、豊富なデータを蓄積して信頼性を高めていった。この実験機による飛行時間は合計四〇〇〇時間を予定していて、現在もまだ続けられているが、この間に改良を重ねてきている。

一九九七年九月にはF22の一号機が初飛行したが、一九九八年と二〇〇〇年にはさらに八機の量産準備試験機を製作して、量産機の生産に向けてより信頼性を増すための飛行試験がまたまた繰り返し行われており、米空軍への納入は二〇〇二年一一月の予定である。

当初の計画より大幅に削減されて、FSXの二・五倍の三三八機しか生産しないF22でありながら（最近ではさらに大幅削減されるともいわれている）、研究開発費が乏しい日本では考えられないほど桁違いの金と時間をかけて技術実証のための試験を重ねてきているのである。

日本では、ＣＣＶに関してはＴ２を改造した実験機を作ってわずか数十時間飛ばしたが、そのほかはほとんど行われず、実質的にはぶっつけ本番みたいなものだった。

たしかに、一九九六年三月以降に、飛行試験用の試作機ＸＦ２が四機完成して、飛行試験を行ってきたとはいえ、翌年にはもう三菱との間で量産契約が締結されて、量産がスタートしている。諸々の事情で開発着手やその後のスケジュールが遅れて、しわ寄せを食ったこともあるが、当然予想される技術実証試験（飛行試験）で出てくる数々の問題に対する対策、改良の作業が、量産機の生産とほとんど並行して行われているような拙速ぶりであった。

ＦＳＸの開発結果から明らかになったことは、「実用化が可能」と口にする日本の最新鋭の軍用機技術は十分な実証試験を経ていない、実用化以前の段階でしかない技術を指している場合が多いという事実である。日本の軍用機開発の実力はこの程度の水準であるということを十分に認識しておく必要があろう。

その点においては、同じ技術を指していても、豊富な基礎データをもちつつ実証実験を重ねて、膨大なノウハウを蓄積しているアメリカとはかなり差があることも知っておく必要がある。

さらには、先進技術を盛り込んだ最新鋭の戦闘機開発などでは、実験機によって技術実証テストを繰り返す段階を踏んで、そののちに、次のステップ、さらにその次のステップへと移っていく、欧米では当たり前の手順を踏んだ開発手法で進める必要性も教えている。技術が高度化して極限の性能を求める最新鋭機の開発では、時間も開発費も少なくて、ぶっつけ本番で神業的に完成させてみせる手法などないことも教えている。

日米共同開発は非生産的

ＦＳＸの開発費は当初見込みの二倍となる三二八〇億円がかかったが、いまなおトラブルの発生でさらに大幅に増える見通しだ。日本政府が認める予算、さらには現在の体制や基礎データの蓄積では、この程度の水準の戦闘機しかできないことも認識しておく必要がある。だが、改善のための作業は「フォローアップ」と称して予算もつけられて、精力的に日夜進められているし、一日も早くと格闘している技術者の姿も想像される。その努力が実って、部隊からの信頼を得る日が来ることを期待したいものである。

もちろん、こうした時間と金をかけての実験機による念入りな技術実証テストの必要性は、開発当事者である防衛庁や航空機メーカーがもっとも身にしみてよく知っているが、現実には、数百億円を超す単位の巨額の研究開発費が必要となる。ところが、日本の研究開発費は極端に少なく、また、財務省や政治家の理解がないために、認められないのが現実である。

こうなると、日本では最新鋭と誇れるような欧米の水準に迫る戦闘機の開発は無理ということになるが、今後の次期戦闘機の導入にあたっては、あらためて、自主開発かそれとも外国機の導入あるいはライセンス生産を選択するのかといった議論が、ＦＳＸの選定時と同様に、蒸し返されることになろう。

ともあれ、総合的に見れば、ＦＳＸはこれまで防衛庁が手がけてきた自主開発機のなかではめずらしく、かなり以前の十数年前から基礎研究に取り組んできた貴重な例であったが、結果から見る限り、前宣伝と比べれば、かなり期待外れというべきであろう。

一般の人間がハンドルを握ってその性能を容易に確認できる自動車やパソコンなどと違って、軍用機は軍のパイロットやメーカーの技術者しかその性能を知ることはできないし、性能が洗いざらい公表されることもない。さらに、日本は幸いなことに、イスラエルやアメリカのように中東戦争や湾岸戦争、ユーゴの紛争やアフガン爆撃で実際に軍用機が出動して爆撃したりすることはないため、その性能を実証されることもほとんどない。そのため、中国のことわざにある、矛と盾（矛盾）の関係のようにいろいろな言い回しができて、一般国民には幻想を与えがちである。

あわせて、今回ＦＳＸはアメリカからの強引なまでの横槍とごり押しで、ＧＤ社のＦ16をベースにした日米共同開発となって、実機が完成し、量産がすでに始まっているが、防衛庁関係者は語っている。

「ＦＳＸが日米の共同開発で決着したとき、また、これから防衛庁が新鋭機を開発しようとするとき、アメリカは必ずちょっかいを出してきて、圧力をかけてきて、今回と同じように『日米共同で』となる可能性が高いだろうと受け止めていました。その意味では、試金石となるＦＳＸの結果が注目されたわけです。

ところが、こうやって実際に日米両国で開発してみると、いろんな問題が出てきて、防衛庁内では、この方式はだめだという空気が広がった。いくら日本側が努力しても、開発費は膨らんでしまうし、アメリカ側はおつきあいだといわんばかりの人ごとで意欲が感じられない。あの技術もこの技術も日本側には出さないといわれて、制約されてしまった。

いくらアメリカの航空機技術が高いといっても、これではいいものを作ろうとしてもだめです。これなら、アメリカの完成機をそのまま導入するか、それとも一からすべて日本で開発する自主開発でしょう。いくら同盟国といっても、軍事技術の提供や開示はそんな簡単にはしてくれないし、当事者の企業からすれば、自分たちが苦労して、金をかけて開発した技術を、そう簡単にオープンにするはずがない。

もちろん、国防総省もそうです。当然といえば当然の結果ですがね」

ＦＳＸの日米共同開発によって、日本側は高い水準にあるアメリカの戦闘機技術を学ぶことができると期待した幻想はかなり裏切られたというべきであろう。それは、ＦＳＸをめぐって、アメリカ側からあれほどの批判が噴出したことからして、予想された結果でもあった。

二〇年に一回程度しか許されない新鋭戦闘機の開発機会が、日米共同開発という中途半端で釈然としない結果に終わってしまったが、一〇年後に訪れるであろう日本の主力戦闘機や次期支援戦闘機の開発を考えたとき、すでに基礎研究は進めておかなければならない。

米機の購入かそれとも自主開発かをめぐって、またも問題が再燃することが予想されるだけに、日本の戦闘機開発は設計技術の継承問題も含めて、前途はいちだんと厳しさを増すことになる。

エピローグ

国産旅客機は飛ぶか

軍用機生産は縮小に向かう

ＦＳＸの自主開発路線がつぶされた一九八九年前後、相次ぐ社会主義政権の崩壊で、半世紀近くに及んだ東西冷戦体制が一気にゆるみ、それ以降の一九九〇年代、各国の国防予算が大幅に削減されていった。

欧米の主要各国は、高額化して国の財政を圧迫し、頭を悩ませていた一連の軍用機の新機種開発を、これ幸いとばかりに中止したり、発注する生産機数を一挙に減らしたりして、既存機種を長く使う方針を打ち出したため、航空機産業（防衛産業）も規模の縮小を余儀なくされ、冬の時代を迎えたが、日本の場合はＦＳＸにおけるアメリカの対日強硬姿勢によってさらに深刻な問題が加わっていた。

ＦＳＸが日米共同開発で決着したとき、衆議院議員の石原慎太郎は、防衛問題では自らと近い立場にあった中曽根の変節を辛辣《しんらつ》に批判した。

「ＦＳＸについても中曽根首相はアメリカからの熾烈な圧力の前に妥協というよりも降伏に近い形で、相手の意のままの結論を出さしめた。それは所詮、氏自身が喧伝していた日本のもろもろの戦後体制からの脱却からはほど遠く、この国を依然としてアメリカの手の内にとどめ、その生殺与奪の権利を相手の意思にゆだねるという国家としての自主性に乏しいものでしかなかった」（「来世紀の余韻」）

ただし、石原のＦＳＸに対する認識は、防衛庁制服組の主張をそのままオウム返しで述べているにすぎず、日本の航空機産業に対する理解度も低いレベルでしかなかった。

中曽根はタカ派で知られ、「戦後政治の総決算」を掲げて、歴代の首相がなし得なかった防衛問題においても日米関係の見直しや、日本の自主性をより強め、自衛隊機も、「自主開発とすべきである」とする路線を事あるごとに強調していた。それだけに、日本の航空機メーカー首脳も「中曽根首相ならばなんとかしてくれるのではないか」と、ひそかな期待をもって見守っていた。

巷では「ジャパン・アズ・ナンバーワン」と騒がれていて、日本の航空機産業も拡大の一途をたどっており、初の国際共同開発プロジェクトに参画して国際舞台にさっそうと登場して、さらなる飛躍の可能性ものぞかせて追い風にあった。そのうえ中曽根が首相となったのだから、一世一代の好機到来と映った。ところが、その中曽根でさえも、「日米関係を損ねてはいけない」と述べて、まともな反論や筋論の一つも展開せず、完全に屈服し、半世紀近く続いてきた日本に対するアメリカの国防政策を一歩たりとも押し返すことができない現実をまざまざと見せつけられた。

日本の航空機メーカー首脳らは、公の場でこそ口にしなかったが、この時期において実現できないのならば、宿願の「本格的な戦闘機を自前で開発する」ことは今後ともほとんど不可能になったと受けとめていた。さらに、その延長線上にあった、軍用機の開発・生産において世界から「一人前」として認められる条件として、イギリスやフランス並みとまではいかないまでも、アメリカから一定程度の自立を果たして、まともな産業として発展していきたいとするシナリオが打ち砕かれ、さらなる発展は無理だと諦めざるを得なかった。

もちろん、軍用機の技術水準において、日本とアメリカの間にはあまりにも大きな落差があることは、関係者が日々身にしみて感じているところである。業界の専門家は、「そもそも『本格的な戦闘機』がそう簡単に開発できるなど、本音では思っていなかっただろう」と指摘する。それにしても、ＦＳＸでのアメリカの対応は予想外で、もっと包容力をもって日本を大目に見てくれると思い込んでいた航空機業界の関係者にとっては、ショックであった。

残された選択の道として、民需拡大へと大きく方向転換することを余儀なくされたのだった。それは、日本の航空機産業の戦後の経過を振り返るとき、防衛問題あるいはアメリカの極東戦略とのからみから、さまざまな制約や圧力を受けてコントロールされてきたが、その一方で、〝おんぶに抱っこ〟でアメリカに頼り、さまざまな援助を当然のように甘受することで、ここまで成長を遂げてきたことからいって、当然といえば当然の結果でもあった。

経済だけが一流であっても

日本の航空機産業の悲観論は、アメリカの力によってねじ伏せられたからだけではなかった。世界に誇る軍事技術ありと大見得を切った技術、すなわちＦＳＸ（Ｆ２）に適用した主翼一体成形やＣＣＶ、アクティブ・フェーズドアレイ・レーダーなどが、すでに紹介した程度の技術水準でしかなく、所詮、日本の戦闘機開発の技術は、アメリカやヨーロッパの水準とはかなりの格差があることを露呈した。欧米よりはるかに劣る、わずかな研究開発予算では如何ともしがたく、兵器開発はそんなに甘いものではないことを思い知らされたのだった。

一方、永野治や高山捷一、東條輝雄ら戦前の航空技術者らからすれば、規模こそ拡大させたものの、敗戦から半世紀近くにわたり、ひそかに思い描いていたであろう、アメリカから自立しての「夢をもう一度」の思いは、実質において果たせず、昭和二〇年八月一五日の敗戦を再び体験することになったといえよう。その意味では、国際性のなさや政治が二流あるいは三流であったことにおいて、戦前も現在も同じことを繰り返したというべきであろう。

第一章から六章までの事例で明らかにしたごとく、航空機産業（防衛産業）の強さや弱さ、さらには発展するか否かは、自動車や電気、鉄鋼といった民需中心の産業とは性格が大きく異なっている。日本の航空機産業の半世紀に及ぶ歴史を振り返るとき、単に経済だけが一流になっても、国際的に通用する政治力や政治家の力量、外交手腕や国際性、国防に関する国民の意識や理解、国論の統一といった国の総合力や一貫した基本戦略などがともなわなければ、これを発展させることができないことを物語っている。

いわゆる「エコノミック・アニマル」と呼ばれるほど経済一辺倒で、商売だけを最優先して、防衛問題や外交問題のほとんどを事なかれ主義で後回しにすることで、経済的繁栄を獲得してきた「町人国家」日本の基本姿勢では、航空機産業の発展は望めそうにもないということであり、国防と不可分だったのである。

現在、航空機産業が置かれた状況は、もっとも問題視されている硬直化した日本的システムや、なすべき改革の実行もできず、なにかにつけて先送りしてしまう日本の政治のビヘイビアや行政機構のそれと同質であるといえよう。それだけに、問題は根深いものがある。

その意味では、造船、鉄鋼、自動車、電気など、いずれの産業も世界のトップにまで発展を遂げてきたが、そのなかで日本の航空機産業は、成功したとされる他産業および経済大国となった日本の鏡の裏面をあらわしているといえよう。

防衛産業の仕事をいかに確保するか

それにもう一つ、航空機産業ならではのジレンマにも陥っている。それは、一九七〇年代後半から顕著になってきたことだが、航空機（軍用機）の開発費が二次関数的に高額化したことで、一九八〇年代後半以降、新機種開発がめっきり少なくなって自らの首を絞めているという現実である。

これに、東西冷戦体制の崩壊によるよりいっそうの軍縮が重なって、軍事大国アメリカ以外の国々では航空機産業を発展させることが難しくなって、ヨーロッパは統合の道を選び、世界的に寡占化、硬直化が起こっている。さらには、ロシアの軍事的弱体化もあって、軍事大国アメリカによる世界の一国支配が強まっている。二〇〇一年九月一一日の同時多発テロ発生以降は、さらにその傾向が顕著となって、ブッシュ大統領の軍事面での強気の姿勢が目立っている。

アメリカは自らのシナリオに沿って軍用機開発のイニシアティブも握り、日本やイスラエルなど同盟国が独自開発することをもはや許さない。FSXでのごり押しをさらにエスカレートさせ、意のままに従わせる圧力をいっそう強めている。しかも、日本政府や政治家に、この圧力を、政治交渉や外交努力で多少なりとも押し戻して、日本の自主開発路線を認めさせるような度胸も力量も到底望めそうにない。

一九九〇年代に入ると、さらにアメリカはたたみかけるように日米の防衛（軍事）技術協力のいっそうの推進を打ち出した。「FSXはやりすぎだった」との反省もあって、ソフトなアプローチではあるが、アメリカの軍事技術の研究開発に利用できる日本の優秀な民生技術の提供を要求し、水面下では戦域ミサイル防衛（TMD）など共同研究が盛んに行われるようになっている。

これもまたFSXにおいての姿勢と同じで、一方的に日本側に対して技術供与を強いて、日本の技術を吸い上げて取り込み、アメリカの軍事技術の発展に寄与させて、高額化した軍事技術の研究開発を肩代わりさせようとする狙いがある。

もちろん、日本側からすれば、技術および製品輸出の可能性が広がり、アメリカの最先端の軍事技術の研究にも参加できるというメリットがあることはいうまでもない。

取り巻く状況のこのような変化によって、一九九〇年代から現在までの日本の軍用機開発プロジェクトや、航空機産業の仕事量を確保するうえで大きく貢献する生産機種がめっきり減ってしまった。大物であるF2（FSX）の開発を除けば、一九九〇年代後半に機体三社がそれぞれ開発した「205B」「MH2000」「OH1観測」の各ヘリコプターがある。さらに、二〇〇二年六月に富士重工が試作機を完成させた新初等練習機もある。そして本書の冒頭ですでに紹介したように、次期対潜哨戒機のPXと次期輸送機のCXの開発が二〇〇一年にスタートし、二〇〇六〜〇七年頃に試作機が完成予定である。

F2も含めてこれら六機種を挙げると、いかにも日本の開発プロジェクトも多いかのように受け取られがちだが、三種のヘリコプターと新初等練習機は、いずれも価格が数億円程度と安く、F2の二〇分の一以下でしかない。生産量も年産数機程度と少ないので、二〇〇〇年代の航空機産業を支えるような大きな仕事には到底なり得ない。

PXおよびCXの生産が開始される二〇一〇年頃までの八年間くらいは、日本の航空機産業を支えるめぼしいプロジェクトといえば、一三〇機の配備を予定している先のF2の生産くらいしかないのである。

航空機産業が期待する次の大物といえば、二〇〇六年度から五ヵ年計画の次期防衛力整備計画で議論となるF4の後継機が対象となる。さらには、現在のF15J／Dの後継となる次期主力戦闘機FXであるが、F2での現実も含めて、軍事技術の基盤の脆弱な日本の技術力からして、従来と同じく自主開発は無理で、外国機のライセンス生産、または完成機の輸入になろう。

有力候補としてまず挙げられるのは、アメリカ空軍が二〇〇四年頃に実戦配備するATFのロッキード製Ｆ22である。だがこれは最新鋭機で、しかも注ぎ込んだ開発費が巨額だけに、ＦＳＸでのアメリカ側の姿勢からして、完成機をそのまま輸入しろとの圧力が高まるだろう。これまでどおりライセンス生産となっても国産化率はかなり下がって、日本の航空機メーカーは生産ラインを維持できなくなって、つぶれるか、吸収されるところが出てくる可能性がある。

先代の主力戦闘機Ｆ４ＥＪは、開発から一定の時間が過ぎていることもあって、国産化率が九〇パーセントを超える高率となったが、最新鋭だったＦ15Ｊでは、アメリカ側が最新技術やソフト情報の供与は拒否して、ブラックボックスが多くなったために、輸入部品（装置機器）が増えて国産化率は七五パーセントに下がった。

一九八〇年代後半から、アメリカはさらに最新技術の供与を渋る姿勢をより強めたため、Ｆ22のライセンス生産を許可するにしても、国産化率は五〇パーセントを下回る可能性も出てくる。主力戦闘機は日本の航空機産業の屋台骨を支える仕事だけに深刻である。完成機の輸入にしろライセンス生産にしろ、日本の航空機産業の仕事量は大幅に減ることになって、産業規模の縮小が現実問題となってくる。

世界一高価な日本の軍用機

となると、主力の武器は国内調達を原則とする防衛庁の基本方針からしても、国家の安全保障上まずいとの判断が働いて、航空機産業（防衛産業）を維持するためにも、もっと仕事量を確保できる機種の選定が必要になる。

ならば、ロシアの脅威も少なくなった現在、Ｆ16をＦ２に改造したように、Ｆ15Ｊ／Ｄを近代化する改造によって性能をアップさせ、搭載する電子機器や兵装も最新鋭にして衣替えする案が浮上してくる可能性が十分にある。この案ならば、改造にともなう一定程度の開発機会も得られ、しかも、国産化率は現在以上に確保できて、航空機産業の仕事量も確保できることになる。

続く、F2の後継機も、FSXの教訓からして、すでに基礎研究が盛んに進められていなければならない時期だが、またもアメリカからの圧力で自主開発がつぶされる恐れがあるため、防衛庁としてもいま一つ力が入らないのが実状である。

その一方で、いま下請けや部品メーカーの航空宇宙産業離れが進んでいる。自衛隊機では防衛予算縮小からコストダウンの要求が突きつけられ、防衛生産のうまみが失われつつあって、採算がとれなくなってくるメーカーが増えてきたからだ。

なかでも宇宙分野は顕著で、半導体部品をはじめとする国内の部品メーカー離れがもっと著しく、H2ロケットの重要部品の半数以上が製造中止となる。もともと一年に打ち上げる基数がせいぜい二、三基程度で、そのうえ、H2ロケットの国際市場への進出にも展望が開けず、先行きが不透明となったからだ。しかも、宇宙関係予算が大幅に削られ、外国のロケットや輸入部品との価格競争から、宇宙開発事業団が大幅なコストダウンを部品メーカーや下請けに対して要求しているからである。

これまでは、採算がとれなくても、「わが社は高度な技術と高品質が要求される航空宇宙部品を作っています」ということが会社の宣伝になり、カタログに載せたり、学生をリクルートするうえでの利点もあった。ところが、厳しい経済情勢下ではそんな余裕はなくなって、宣伝よりも実質的な採算性が第一となったのである。

生産量が少ないのは航空機も同じで、多い自衛隊機でも二〇〇機程度であるから、民生品と比べると、極端な少量生産となる。同じ部品でも民生品の一〇倍の価格でもおかしくないほど高額化している軍用機部品のコストダウン対策として、民生技術を積極的に取り入れるデュアルソース（軍民両用）の考え方を、アメリカに倣って防衛庁でも取り入れようとしている。ところが、コストダウンが進むほど、メーカーからするとますます防衛生産、航空機生産のうまみがなくなって、航空宇宙産業離れを引き起こすという皮肉な現象も見受けられる。このような部品メーカーや下請けの減少は、産業基盤の弱体化につながってくるのはいうまでもない。

このような状況となり、一九九〇年代以降における防衛庁の軍用機開発に対する考え方は、ほとんどが、国内の航空機産業の仕事量をいかにして確保するかを最優先する観点から、その発注形態が決定されてきたというべきであろう。

その一方、上昇の一途をたどるコストへの対策として、外国メーカーにも門戸を開放して、契約価格を下げようとする試みも行われている。たとえば、スイスのピラタスのPC7を破って富士重工のT3改が落札した新初等練習機である。

防衛庁の仕事をめぐる贈収賄や汚職、水増し請求などが相次いで批判され、調達方式を改革しようと、新初等練習機はめずらしく公開入札を行って、外国メーカーにも門戸を開いた。

結果は、自衛隊の練習機では実績の豊富な富士重工の落札となったが、ピラタス社は、最初は富士重工側がかなり高くて、勝てないとわかるや、信じられないほど大幅に価格を下げて受注したのは、選定のあり方が公正ではなく、説得力のある判断基準も示されていないとして、防衛庁に対して選定経過の説明を求めた。

やはり、防衛庁としてみれば、意思の疎通が図りやすくて、のちのちに実戦配備となったときに、きめ細かくて迅速な対応を期待できる国内メーカーのほうが得策との判断が優先したのではないかとの憶測を生んだ。

富士重工側はそれに対して、「今回の提案は、自衛隊の発足時から使っている『メンター』を改良したものだけに共通部分も多く、整備取り扱い、教育訓練などの面も含めて総合的に判断すると、コスト的にも安くなるはずだ。ピラタスの練習機は高性能だが、高級整備である。初等課程のこの練習機の目的からして、そんな高い性能は必要ないはずだ」と語る。

この受注劇から類推できることは、少なくとも、門戸を開放していなければ、かなり高い契約価格となっていた可能性が考えられて、それが当たり前とされていたのではないかということだ。

先のOH1ヘリコプターでは、従来ならば価格が圧倒的に安い外国機の輸入、またはライセンス生産であったが、自主開発とした。このため、世界の相場と比べて、防衛庁の購入価格は跳ね上がった。

さらに、PXやCXについても、PXの生産予定が八〇機程度で、CXは四〇機程度であるが、はたして、こんなに少ないのに、あえて自主開発とする意味があるのかとの批判が各所から出ていた。一機当たりの価格が跳ね上がって、F2と同様に、世界一高い軍用機ができあがる可能性がある。緊縮財政の折、そんな贅沢な予算の使い方で国民の理解を得られるのかとする批判である。

国民に是非を問う必要あり

たとえば、P3Cは搭載する電子機器や潜水艦探知装置だけを最新鋭にすれば、機体の性能は既存機のままで十分ではないか、欧米にはそうした考え方で進めている国もあるではないかと指摘されてきた。

こうしたまっとうな批判を十分に意識している防衛庁は、自主開発の理由づけとして、両機を共通化して同時開発することで開発費を抑えることができると説明したが、根拠に乏しいものだった。共通化するといっても、ＰＸは低翼機の四発エンジンで、ＣＸは高翼機の双発エンジンであって、あまりに違いすぎ、防衛庁自身も、共通化できる部分は少なく、せいぜいが主翼や水平尾翼の一部、コックピット内の一部装置などでしかないと説明している。

防衛庁の発表によると、両機の開発費の総額が三四〇〇億円で、共通化することによって節約できる額が全体の六から九パーセントにあたる二〇〇億から三〇〇億円であるとしている。開発費の一割にも満たない金額を節約するために、両機を無理に共通化して、ともに中途半端なものができあがる恐れも出てくる。防衛庁が打ち出したＰＸとＣＸを新たに自主開発する方針の理由づけは、世界の趨勢からするとかなり苦しい説明となっている。

防衛庁が自主開発路線を進めようとするとき、武器輸出禁止政策をとる日本の自衛隊機の生産量は限られるため、一機当たりの価格が極端に跳ね上がって、世界の常識的な相場からして、あまりにかけ離れた額となってしまう。新機種の開発機会が減ることに加えて、アメリカによって頭を抑えられた現在、防衛庁は国防上の観点から、国内調達が不可欠として、たとえ自衛隊機の価格が高額となっても自主開発を進めていくのだとするならば、ここらあたりで、その方針をあらためて国民に問い、理解を求める必要があろう。

そうでなければ、航空機産業への批判も高まり、その結果として、Ｆ１やＣ１の例にもあるように、表面だけをとりつくろったり、辻褄合わせの詭弁がまかり通って、またまた理に合わない、軍事的合理性に欠けた中途半端な軍用機が開発されたりして、結局は税金の無駄遣いを発生させることになる。

こうなると、日本の自衛隊機の開発・生産は航空機メーカーの仕事を作り出すためだけの、現状維持の公共事業と同じような性格となっていく恐れがある。業種としてはハイテク分野でありながらも、拡大志向のモチベーションは働かず、守りの姿勢に徹した産業となって活力を失っていく可能性が高まるのである。

このような状況に陥ってきた日本の自衛隊機の開発・生産は、現実問題として、防衛戦略面におけるよりいっそうの日米軍事協力の緊密化と相まって、これまで以上にアメリカに接近しつつある。メーカーからすれば、アメリカの巨大軍用機メーカーにすり寄って、連携を深めてグループ傘下の一員となり、互いが利益を享受する形態でしか生き延びることができない時代に入った。準大手の自動車メーカーと一面で似てきたともいえよう。

それに加えてもう一つ、軍事技術、軍事戦略の新しい動向が日米の緊密化をより強く促しているという側面もある。

RAM化によりいっそうの対米従属

その新しい動向については、本書では本題からややずれるために、簡単に触れるだけにとどめるが、エレクトロニクス技術、IT技術の急激な進歩を最大限に活用して、一九九〇年代半ば頃からアメリカがより強く打ち出して導入を進めつつあるRAMと呼ばれる軍事面における革命——リボリューション・イン・ミリタリーアフェアーズである。

一九九一年に起こった湾岸戦争において動きが顕著となってきた軍事衛星や偵察衛星、無人偵察機、GPS航法装置、各種センサーなどを多用する高度な情報収集システムを駆使した軍事作戦の展開が、このRAMに含まれ、陸海空の三軍を高度にシステム化、ネットワーク化した情報重視のIT（情報技術）化した装備体系である。

テレビのデジタル化やハイビジョン放送をめぐって論議されている既存テレビでの受信の可否と同様に、軍用機や各種装置機器、情報通信システムの方式や規格が共通化してはじめて可能となる軍事システムであり、攻撃方法である。

防衛庁も数年前からRAM化の方向に進みつつあるが、日本の場合、早期警戒機E2C、対潜哨戒機の潜水艦探知システム、主力戦闘機のソースコードといった最新兵器の頭脳となる情報処理システムはアメリカからの導入に頼っているだけに、米システムや方式をそのまま受け入れざるを得なくなる。また、日米安保条約に基づく共同作戦を展開するうえでも相互運用性が求められて、必ず日米間での情報システムの共通化、情報の共有化（データリンク）が必然となってくる。

その一方でアメリカは、FSXやF15で見られたように、ソースコードなどの軍事情報についてはブラックボックス化してその中身を開示せず、日本が独自性を保とうとすることに歯止めをかけて、手足を縛る動きをよりいっそう強めている。

いずれにしろ、軍事システムのRAM化は、最新兵器やソフト情報の面でアメリカに頼ることになって、日本の大きなアキレス腱となり、アメリカの支配がよりいっそう強くなって、首根っこを押さえられることになる。また、今後の防衛体制や軍事戦略上、情報が最重要となるならば、より多くの情報を有する国、アメリカがすべてにおいて主導権を握り、ブラックボックス化のエスカレートも含めて、日本はいま以上にアメリカのコントロール下に置かれることとなる。

航空機産業の再編はあるか

こうなると、日本の航空宇宙メーカーもアメリカ企業との提携関係の強化を謳い文句としながらも、より緊密度を深め、そのグループの一員として傘下に入っていくことが十分に考えられ、現実にその動きが始まっている。

あるいは、韓国や中国などの追い上げにあって地位を落としつつある同じ重工業各社の造船部門のように、仕事量や国際競争力の低下から、航空宇宙部門を別会社化して合併し、一社あるいは二社程度に合同する再編が求められよう。ちなみに、防衛庁向けの艦艇の仕事も、各社の造船部門もほぼ二社あるいは三社に集約されつつある。

アメリカを別としてヨーロッパの主要国を見渡せば、機体、エンジンともにほぼ一国に一社の体制が当たり前となっている。日本だけが、少ない仕事量でありながら、機体が大手三社と準大手二社、エンジンも三社で分け合っているという奇異な姿なのである。

三菱重工航空宇宙部門のトップである事業本部長の谷岡忠幸常務もためらわずに語る。

「日本は機体メーカーが五社あるが、これは多すぎる。一、二社に集約したほうが効率的でよりいいものが作れる」

こうした発言も含めて、日本の航空機メーカーが海外の航空機メーカーを買収するといった、これまでにない新たな動きが出てくるようにでもなれば、無風状態のこの業界も活気づくことが予想される。

とはいえ、造船部門でも、構造不況業種といわれ業界再編が叫ばれてから二〇年がたち、この一、二年になってようやく合併の動きが出てきた実状からすると、よほど追い込まれた状況にならないと、再編は難しいかもしれない。

その理由の一つは、重工業各社の一部門の将来への見通しがたとえ厳しくても、他の部門でなんとかカバーできるために、問題が先送りされるからである。それに加えて、現在のところ、重工業各社にとって航空宇宙部門は経営の三本柱の一つであり、社内の稼ぎ頭でもあるからだ。

軍用機の減少を民間機生産でカバー

ところで、自衛隊機の場合は長期的な国の防衛計画から一〇年先ぐらいまでの生産機数がほぼわかっており、より仕事量は減少する見通しで、人減らしも進んでいる。そのため、武器輸出が禁じられている日本の航空機産業としては、防衛需要の減少分を民需の仕事を増やすことでカバーしようとしてきた。一五、六年前までは、航空機産業の全売り上げに占める民需の割合が約一五パーセントでしかなかったが、いまでは三七パーセントにまで上がった。三菱重工では、五〇パーセントまで比率を高めることを当面の目標にしている。

民需の柱は、機体大手三社（加えて準大手二社）がボーイング社とB767、B777を下請けに近い共同開発で得た分担生産である。このほか、ボーイング社が生産する一連の旅客機シリーズ、B737、B747、B757の各部位（サブアッセンブリー）を製作したり、部品メーカーは部品を下請け生産している。

さらにこれら各社は、エアバス社のA300、A310、A319、A320、A321、A330、A340の各部位や部品の下請け生産も行うようになってきたが、その量は少なく、競争相手のボーイングに気を使って開発段階からの参加はしていない。もしエアバス機の開発段階から参加すると、ボーイングとの共同開発で得た技術やノウハウがエアバスに流れる恐れがあるとして、ボーイングが釘を刺しているからだ。

こうしたことは、自動車などの部品メーカーおよび系列企業でも見られるが、有力なメーカーほど、最近は次第に、どの契約企業とも等距離をとる方向に動いており、自立的な発展の道を選択しつつあるのが現実である。

このほか、最近では、数十席から一〇〇席前後のリージョナル機を開発・生産するカナダのボンバルディア社や、ブラジルのエンブラエル社との下請けに近い開発プロジェクトに参画して、やはり分担生産を行っている。

三菱重工がボンバルディア社のＣＲＪ９００（八六席）など六機種で、川崎重工はエンブラエル社とエンブラエル１９０（一〇〇席）など四機種で、それぞれ共同開発して分担生産を行っており、そのプロジェクト数はさらに増えつつある。最近、これらの売り上げが大きく寄与するようになってきて、ボーイング機の生産に次ぐ民需の第二の柱に成長しつつある。

このほか、エンジンに関しても同様な共同開発、分担生産を行っていて、その数は二〇種近くに及んでいる。日本の機体・エンジンメーカーは、日本が主導しての民間機・エンジン開発を現実化（決断）できないだけに、こうした数多くの外国機の共同開発や下請け生産を次々と取り込むことで、少しずつ民需の仕事量を増やしてきたのである。

高く評価されている日本の民間機生産

その一方、日本の生産技術や品質は高く評価され、納期もコストもきちんと守る仕事ぶりは絶大な信頼を得ている。いまや日本はボーイングにとって不可欠な存在となっている。エアバスからも、もっと参画してほしいと、事あるごとにラブコールを受けているが、だからといって自ら民間機を自主開発する立場になれるわけではない。

スノー・モービル（雪上輸送機）メーカーだった異業種のボンバルディアが旅客機分野に参入したのはいまからわずか一六年前である。いまでは数席から一〇〇席クラスまでの十数機種を開発して、現在の受注量は手に余る千数百機にものぼっていて、繁忙を極める世界第三位の旅客機メーカーに成長した。従業員数は約六万人、二〇〇一年の売上高は一兆三〇〇〇億円にものぼり、日本の航空機産業全体の売り上げを三〇パーセント近く上回っている。これに第四位のエンブラエル社が続いているが、ほぼ同じような受注量を確保している。

ボンバルディアが旅客機分野に参入した頃の日本は、とっくの昔にＹＳ11の後継機構想をぶち上げていたのであるが、逡巡に逡巡を重ねて開発の決断ができず、今日にいたっている。

それでは、日本とボンバルディアとは、なにが異なるのか。ボンバルディアは経営不振に陥った国営のカナデアを買収して、旅客機製造分野に参入したのがきっかけだった。このあと、やはり経営不振にあったアイルランド、アメリカなどの中堅クラスの名門小型機メーカーを次々に買収して規模を拡大させ、これまでの航空機生産の既成概念にとらわれず、合理的で大胆な生産体制を確立したことが、今日の成功に結びついたのである。

ボンバルディア社のマイケル・グラフ社長は、サクセスストーリーをもたらしたものは「起業家精神である」と言い切る。

「ボンバルディアは創業家が議決権の六割を握るファミリー・ビジネス（同族経営）だが、利益の出る事業と判断すればリスクを恐れず、決断が早い。何を隠そう一〇年前（一九九一年）、当社として初めてリージョナルジェットを作ると決めた時は必要な開発費用がボンバルディアの時価総額の半分にも達する金額だった。そのおかげで今は毎年のようにジェット機やプロペラ機の新型機を登場させ、小型機ブ

ームの勢いに乗って畳みかけるような展開ができている」（「日経産業新聞」二〇〇一年一月一七日付）
日本のＹＳＸ計画における姿勢とはまったく逆であった。
エンブラエルの場合は、国営企業として以前から細々とながら航空機を開発・生産していて、つねに赤字にあえいでいた。ところが、一九九四年の民営化を機に大変身して、合理的な経営に徹底して、強気の路線を突っ走り、今日の地位を手にしたのである。

アジア版エアバスの可能性

日本では、幾度か好機がありながら、十数年が過ぎてもいっこうにＹＳＸ構想が実現しそうにない歯がゆさもあって、これに替わる提案として航空関係者の間から誰ともなく「アジア版エアバスの可能性を検討すべきだ」として、アイディアがいくつか出された。

航空旅客輸送量の伸び率が世界の平均よりも高いと予測されているアジア地域に適した航空機を、日本やアジア諸国の政府およびメーカーが共同して開発すれば、民間機ビジネスを展開していくうえでもっともネックになっている市場（受注）も確保できるのではないかという考え方である。

具体化した動きは二つあった。

一つは、一九九七年度から通産省が日本航空宇宙工業会に委託した「アジア地域対応型航空機等研究開発調査（ＡＣＡＰ）」で、日本と比較的良好な関係にあるアセアン諸国に対応する民間機開発のための種々な条件や機体仕様の調査検討を五年間にわたって行ったものである。島国が多くて高温多湿の自然環境条件にある東南アジア諸国で使用するに適していて、需要が見込まれる航空機の仕様を絞り込んで、需要見通しを立てようとする狙いだった。

三年間にわたる調査から出された結論は、「アセアン諸国固有の顕著な仕様要求は見いだせなかった」とされた。見込まれる需要機数も新規事業を立ち上げるに十分な数には達しない見通しとなった。

もう一つは、二〇〇一年一〇月に、このACAPの取り組みと似た動きが、思わぬところから降って湧いたように起こってきた。アジアを代表する首都あるいは大都市の間で新しい都市外交の組織、「アジア大都市ネットワーク21」が結成され、この会議の席上で、「中小型ジェット旅客機の開発促進」事業が取り上げられたのである。

「ネットワーク21」の開催趣旨は、「アジア地域の頭脳であり心臓である大都市が、強固なネットワークを形成し、共同で事業に取り組むことを目指すことにより、アジアの繁栄と発展を目指す」であった。活動も「従来の親睦や友好、姉妹都市にとどまらない。実際の事業を共同で展開して、実質的な効果を狙うものである」というものだった。

東京、デリー、クアラルンプール、ソウルの四つが共同提唱都市となり、これにアジアの八都市が加わって、東京で設立総会を開いて結成したのだった。

本会議では、「自動車排出ガス対策」「国際観光振興キャンペーン」など、取り組むべき一五の共同事業が決定されたが、その一つとして「中小型ジェット旅客機の開発促進」があった。

この旅客機の共同事業に参加を表明したのはデリー、ジャカルタ、東京、ハノイ、クアラルンプール、台北の六都市で、バンコク、マニラ、シンガポール、北京、ソウル、ヤンゴンは加わらなかった。

石原都知事の提案

この構想の出所は、自主開発か日米共同開発かでもめたFSX問題で、アメリカを鋭く批判した石原慎太郎東京都知事であった。かねてから、欧米の航空機を輸入するしかない日本のふがいなさを辛辣《しんらつ》に批判し、「独自の民間機を開発するくらいの気概があってもよいのではないか」と発言していたことの具体化であった。この構想の実現に向けた作業を担当する東京都知事本部の青木博之は、その後の取り組み経過について語った。

「今後、急速な航空需要の伸びが期待できるアジア域内路線をターゲットとして、アジアの地域的特性に適合すると考えられる中小型ジェット旅客機の開発を進めることで、アジア各都市の産業活動や技術開発、相互交流を振興して、世界の第三極としてアジアの存在感を高めていこうという狙いです」

「アジアの存在感を高めて」と強調するところが、いかにも石原知事らしいが、現実には、青木も述べているように「東京をはじめとするアジアの各都市自体が航空機開発に関する直接的な権限や資金、事業主体をもつものではないので、事業内容としては、プロモーションが主体となる」という。

いわばアジア諸国の取り持ち役であり、旗振り役を買って出ようということであって、機会あるごとに共同アピールや各国政府への建言、販路の開拓、業界などへの働きかけを行って、「共同開発を促進させる気運を醸成していくことにある」というのが本旨のようだ。

この「ネットワーク21」が実際にスタートしたのが二〇〇〇年八月で、まだわずかな年月しかたっていないので、「中小型ジェット旅客機の具体的な仕様を絞り込むまではいたっておらず、いまのところ実体がない」と青木は実情を洩らす。検討委員会が二回ほど聞かれてはいるが、青木の話しっぷりからすると、石原知事の意気込みに押されて東京都が提案し、一五の共同事業の一つとして採択されはしたが、いささか専門外で荷が重く、現実性をもたせるような活動にまでは入り込めないのが実情のようである。

先に述べた通産省のACAPの取り組みと同様に、狙いは悪くないが、中国と韓国、インドネシアを除いては、アジア諸国にその実体がなく、検討がさらに進むと、難しい面がさらに明らかとなって尻すぼみに終わる可能性が十分にありそうだ。政治的利害がからんでくるとはいえ、中国や韓国を巻き込んでリーダーシップをとれない日本の外交能力の不足や信頼感のなさが、実現しない大きな要因の一つである。YSXをいっこうに実現できない日本の願望や焦りだけが、この二つの構想にあらわれているようだ。

「アジア版エアバス」の構想そのものは斬新なアイディアなのだが、エアバスにしても、参加各国の経済規模、技術水準がともにかなりのレベルで、同質性もありながら、解散や分裂の危機に何度も見舞われたことを考えると、なかなか実現は難しいといえよう。

次世代機の研究開発SST

日本の航空機業界は、YSXも含めた一連の小型機開発事業の可能性とは別に、一〇年後、一五年後を念頭に置いた長期的観点からの高い技術水準を狙った民間機の研究開発プロジェクトも進行している。その一つが、一九九六年から本格的にスタートしている「次世代超音速機技術の研究開発」である。文部科学省航空宇宙技術研究所（航技研）が中心となり、主要航空機メーカー（主契約者は三菱重工）も参画して進めている。

このプロジェクトの意図は、ボーイングなどとの旅客機の共同開発では、コンセプトを決める概念設計は彼らの専有事項であるため、日本はほとんど関与させてもらえない。もはやボーイングやエアバスが市場を支配するこれら中・大型の亜音速機の概念設計では、日本は手も足も出ない。ならば、これらを飛び越えて技術の水準がいちだんと高い、どこも実機開発の実績をもたない次世代SSTにおいて、この壁をなんとか打破したいというのが日本の狙いである。

現在、世界の空を飛んでいるSSTは、「コンコルド」だけである。これは二〇億ドルの開発費を投入しながら、当時の技術水準では燃費（経済性）の悪さだけでなく、騒音（衝撃波）、オゾン層の破壊などの公害問題もクリアできないために売れず、一六機しか生産されなくて事業としては完全に失敗だった。

日本が取り組む次世代SSTの研究では、「コンコルド」で克服できなかったこれらの課題をクリアすべく高い技術目標を掲げている。

計画目標と「コンコルド」の仕様および性能を比べると、マッハ二・〇は同じだが、経済性を高めるために乗客数は三倍の三〇〇席、航続距離はほぼ二倍の一万一〇〇〇キロメートル、長さは約一・六倍の一〇〇メートル、最大重量は約二倍の三六〇トン、騒音はB747並みで、排ガスNOx濃度は四分の一となっている。

アメリカはすでに一九九〇年代初頭から研究を進めていて、二〇〇〇億円を、ヨーロッパも五〇〇億円をそれぞれ投じてきている。ところが、需要予測は一〇〇〇機未満のため、世界で一機種しか成立しない。一方、SSTの開発費は二兆円以上と見込まれている。となると、最近の趨勢からして、この巨額のプロジェクトは国際共同開発にならざるを得ない。

このプロジェクトを推進する日本の狙いについて、航技研次世代航空機プロジェクト推進センターの坂田公夫総合研究官は、日本の航空機産業の将来に危機感を覚えながら次のように述べている。

「将来的にも日本の航空機産業をもり立てていくという観点に立てば、なんとしてもこのSSTの国際共同開発のメーンテーブルに着いて、システム全体の概念設計をする段階で一定の役割を担いたい。そのためには日本として、非常に特化されたポテンシャルのある技術を独自に開発したい。その一つが、機体の形状を決める空力の設計技術、二つ目が、きわめて重要となる要素技術としてのエンジンであり、複合材などの材料技術です」

費用も時間もかかる風洞実験に替えて、航技研が有する世界最大規模のスーパーコンピュータを駆使してのＣＦＤ（コンピュータを使った数値流体力学）解析技術による最適化設計を大幅に導入するのが一つの特徴である。「ＣＦＤならば日本も世界に名が通っているし、相当高い水準にある。これならある程度は通用する」と坂田は力説する。

だが、コンピュータによる計算技術やシミュレーション技術だけでは机上の設計であるため、これに加えて、二種類の実験機（実物の一〇分の一）を飛ばして、各種のデータをとって確認することで、信頼度を高めてやろうという計画だ。

主に機体と全体システムの開発を中心に進め、二〇〇四年までに二種類の実験機を飛ばす計画で、投入する予算の総額は約二八〇億円を予定している。

その第一段階となる固体ロケットによる実験機の打ち上げが二〇〇二年七月一五日、オーストラリアのウーメラ地上試験場で行われた。高度二〇キロメートルまで達して、その後、実験機を切り離して、マッハ二程度の飛行を行って、のちに落下傘が開き回収する。そうした計画で打ち上げ実験が行われたが、固体ロケットと実験機をつなぐボルトが点火後すぐに切り離されたため、打ち上げは失敗に終わった。現在は、失敗の原因究明が行われているが、その絞り込みと対策がとれれば、二〇〇二年秋に、もう一機の実験機で再度打ち上げが行われる予定である。

ＳＳＴの国際共同開発の着手は十数年後と予想され、ＣＦＤを武器にして日本の技術力を欧米に認知させ、概念設計に参画していくことはかなり難しい面もあるが、今後のトレンドを思い切って先取りした手法の採用だけに可能性もあり、前向きの挑戦ともいえよう。

最新鋭機の概念設計や開発では、いまだ世界の主要国に伍していけない日本だが、国際舞台で認知され、一定の役割を果たせるまでにレベルアップできるか、このプロジェクトが一つの試金石になろう。

しかし現実には、今回の失敗によって、「なぜ実現が一五年も後といわれる不確定要素の多いＳＳＴ研究に、日本があえて航空機関係の少ない予算を注ぎ込んで進める必要があるのか」「そんなに速く飛ぶ必要があるのか、需要はあるのか」といった批判も出ている。

だが、数十年単位の長い時間軸で航空技術の発展を振り返るとき、その進歩は壁にぶつかっていて停滞しているのが実情である。その意味では、今後ますます重要視されてくる環境問題を克服するための技術でもある次世代ＳＳＴの研究は、一般の航空機にも波及効果があり、長期的に見れば、ぜひとも取り組むべき技術課題であろう。

航空機産業の可能性はいかに

日本が現在取り組もうとしている主な民間機分野の開発構想や計画、量産状況を取り上げたが、一機の価格がわずか数億円程度の小型ヘリコプターを除いて、そのほとんどが欧米航空機メーカーの下請け的な共同開発あるいは生産である。

さらに、アジア版エアバス構想も当分は現実味をもちそうにないし、ＹＳＸも十数年迷走を続けている。ＳＳＴの取り組みもまだはるか先のことで、いずれの構想も現実性に乏しい。

航空機産業を支えてきた防衛需要の仕事量も減少傾向をたどり、今後ともそのトレンドは変わりそうにない。しかも、韓国や中国などの驚異的な経済発展によって日本の産業の空洞化が進み、さほど遠くない時期に、その波が航空機産業に押し寄せてくることは確実であるし、その兆候はあらわれている。

他産業の場合は、国内の量産ラインが労賃の安い中国に移転して空洞化しても、日本のメーカーはつねに現在よりも高度で付加価値の高い新製品の開発を目指すことができる研究開発能力や、豊富な設計ノウハウをもっている。ソニーやホンダ、トヨタ、キヤノンなど世界に名の知れたメーカーはブランド力もある。これによって製品を差別化することで生き延びようとしている。

ところが、日本の民間機生産のほとんどは、ボーイングやエアバス、ボンバルディアの下請け生産で占められていて、他産業のように、信頼を得ているブランドをもっているわけではない。自らの企画と戦略で次々と新製品を開発して市場を主体的に切り開いていく力も経験も実績ももち得ていない。

その点において、航空機産業は自動車や家電製品など日本の他産業とは根本的に異なっていて、それだけ足元は脆弱で、将来的にはきわめて不安定なのである。

たしかに、民間機は、家電製品など他の一般耐久消費財と違って人の命を預かり、高い安全性と信頼性が要求されるため、単に労賃が安いことだけを理由にして安易に発展途上国に生産ラインを移転しにくい。もし品質に問題があったり、事故が起こったりすると、エアラインや利用者からの信頼を失って、メーカーにとっては取り返しのつかない結果を生んで、命取りになる。

とはいえ、航空機の生産方式は他産業の製品よりはるかにマニュアル化、標準化がなされており、精度を確保してつねに品質が一定になるように治具も多用しているのが特徴である。それだけに、かえって発展途上国での作業がやりやすい面もある。

トップ企業三菱重工の変身

こうした将来における危機が予想されるにもかかわらず、日本の航空機産業の閉塞状況を突破して局面を打開しようとする動きや大胆な試みは、この十数年、ほとんど見受けられなかった。あえて挙げれば、戦前の時代も含めて業界のトップ企業として、つねにリーダーシップをとって、防衛庁も絶大な信頼を置いている三菱重工の最近の動きに、その答えが求められよう。

もともと、この業界は他産業と違って防衛庁向けがほとんどを占めていたから、行政指導もあって協調性が高くて横並びを「鉄則」としている。新規参入がほとんどなくて波風も立たず、寡占化されている官民一体の護送船団方式そのものである。

そんな業界だけに、リーダーの三菱重工もトップ企業としての余裕から、防衛庁や経済産業省の政策や意向をつねに汲んで、慣例化している機種の棲み分け（縄張り）をたえず尊重する姿勢で臨んできた。ボーイングと共同開発するにしても、政府の補助金が半分近くを占めているため、日本の大手機体メーカー三社の考え方の違いや利害がからんでも、時間をかけて調整し、つねに機体大手三社あるいは準大手を含めた五社でまとまって行動してきた。

ところが、防衛予算の縮小、自衛隊機の開発機会および生産量がかなり減ってくることが明確となってきた一九九三年、三菱重工は単独でボンバルディア社と組んで小型民間機「グローバルエクスプレス」（八席）の共同開発に着手した。

「合理化の鬼」と呼ばれた当時の三菱重工社長の相川賢太郎が、口癖のようにボンバルディアを「良い会社だ」「経営姿勢が良い」と評価していた。競争の激しい北米にありながらも、自前で民間機を開発・生産し、経営的にも独り立ちしていて、従来からの航空機生産の考え方にもとらわれず、徹底した合理化を行っていることも高く評価した。将来、三菱重工が自前で民間機を開発・生産するときに必要となるノウハウをボンバルディアから学ぶことができると見たのである。

一九九〇年代半ばともなると、三菱重工はさらに一歩踏み込んで、通産省および日本航空宇宙工業会が構想してきたＹＳＸ計画とそっくり重なって競合するクラスのボンバルディア機「ダッシュ８」（七〇から九〇席）の共同開発プロジェクトに参画すると発表して、業界に驚きを与えた。

ＹＳＸ計画を推進する通産省は、それと正面から競合する外国機メーカーの共同開発プロジェクトに三菱重工が参加することに強い不快感を示した。しかし、三菱重工からすると、自衛隊機の仕事量が減ってくる現実を前に、「構想が足踏みをし続けていて、いつになったら実現するかわからないＹＳＸより、当面する民需の仕事を増やすことのほうが重要である」というのが本音で、通産省の意向を無視したのであった。

三菱重工の谷岡常務は率直に語っている。

「三菱は中型機および大型機ではボーイングの、リージョナル機ではボンバルディアのパートナーとして共同開発を進めていく。日本が主導して開発する民間機ビジネスのプロジェクトはなかなか容易ではないから」

三菱重工が民間機を自前開発か

「ダッシュ８」への三菱重工の参画は、単に民需の仕事量を増やすという目先の狙いを超えて、さらに積極的な意味や戦略を見いだすことができよう。本書の冒頭で紹介した三菱重工の現社長である西岡喬が発言した「自力でなんとか（民間旅客機を）まとめあげるところまでもっていきたい」「二〇〇五年から二〇一〇年度には、航空機メーカーから機体を一括受注して完成機の技術を確立し、一〇年度以降には自社開発機の営業活動に入りたい」というシナリオを実現するためのノウハウを吸収する目的があるのではないかとする見方である。

もし、西岡の発言を額面どおりに受け取るならば、繁忙を極めていくつもの新機種開発を同時並行で進められないボンバルディアやボーイングが、丸ごと一機を開発するプロジェクトを三菱に委託するといったことを期待しているのかもしれない。

ただし、この業界は自身の競争相手を育て、結果的には敵に塩を送る行為となるような新機種開発の一機まるごと、そっくり他社に委託するほど甘くはないし、そんな例も見受けられないだけに、単なる社長の願望なのか。これについては憶測の域を出ない。

それより、三菱首脳の狙いは、ＹＳＸのプロジェクトが始まるとき、ＹＳ11のときのような、各社が対等な立場で参画し、つねに話し合いによる全会一致で物事を決め、生産も分担するといった受注形態ではなく、積極的に全体のまとめ役として、主契約者として三菱重工が名乗りをあげて契約を獲得し、リーダーシップを発揮して思う存分の力を振るえるよう、十分な経験と実績を積んでおくことにあるのではないか。これは、業界の横並びを排する三菱重工の次のような一連の動きもあって、同業他社は「再編を意識した行動か」と警戒を強めている。

二〇〇〇年五月、三菱重工はボーイング社との間で包括的提携を結んだと発表した。新型旅客機の開発や、すでにこの年の二月に合意した次世代ロケットの第二段エンジン「ＭＢ-ＸＸ」の共同開発、さらには、三菱重工が主導して民営化されることがほぼ決まっているＨ２ロケットなどの宇宙分野を中心に、幅広く事業協力を行っていくことになる。

これまで、個別の開発プロジェクトで、日本の航空宇宙メーカーが欧米の巨大航空宇宙メーカーと共同で作業を進める提携はあったが、包括的な提携はこの業界ではじめてである。

また、防衛庁の大型機開発となるCXは輸送機であるため、従来の棲み分けからして、川崎重工が受注するのが当然と思われていた。戦闘機を専門とする三菱重工は大物であるF2の主契約者となっていて、これまでどおり応札は遠慮するものと見られていた。ところが、その不文律を破って三菱重工が本気で応札したのである。さらには、陸上自衛隊の次期戦闘ヘリコプターでは、ベル・ヘリコプター社のライセンス生産を提案して、三菱重工は名乗りを挙げた。

投資家を惹きつける枠組み作りを

こうした三菱重工の一連の行動は、これまでの枠を一歩も出ない経済産業省や防衛庁の意向にそったやり方で進めていたのでは、今後の可能性はいっこうに切り開かれないし、国際ビジネスの現実から大きく取り残され、自らも衰退の道をたどることになると判断してのことだったに違いない。

一九九〇年代半ば以降、三菱重工は防衛庁や経済産業省、さらにH2ロケットでは文部科学省に対して、「利潤を追求する民（企業）と官とはおのずと立場が異なる」「政府のプロジェクトといえども採算性は問題にする」といった発言を公然と口にするようになって、官を突き放すような場面もしばしば見受けられるようになってきた。それは、もどかしさを感じていた業界横並びの協調体制を切り崩して、業界再編までも視野に入れた動きではないかとして注目されている。

もはや、経済産業省のやり方や、旧来からの日本の補助金制度や予算制度の枠内でやろうとすると、さまざまな制約が生じて、ＹＳＸのようなプロジェクトの実現はいつまでたっても望めず、世界の航空機ビジネスの現実にそぐわなくなってきている。

　業界の寄り合い所帯で仕事を受託して進めてきた宇宙開発事業団のＨ２ロケットでも同じ問題が起こって、ほぼ民営化されることが決まり、三菱重工が主導する方向となって、大胆なコスト削減が行われつつある。

　その一方で、三菱重工は大きな弱点として、莫大な開発資金を自力で捻出できない実情もある。高いリスクを押しての開発事業の決断ができず、やはり政府の予算に頼らざるを得ないのも現実である。

　これらの現実を踏まえつつも、「国家とともに歩む」三菱重工が、単に国家に追随する形態ではなく、グローバル化した新たな時代のビジネス環境のなかで、積極的な意味で民間が主体となって、一歩も二歩も先んじる姿勢で国をプロモートしていく。政治家も動かして、航空機産業や金融界もまとめあげていくような企業家精神に基づく決断と力量がなければ、長年続いた時代遅れの、横並びの護送船団方式から一歩も抜け出ることができないだろう。

　これまでのような政府省庁と企業の馴れあいや癒着ではなく、カナダのボンバルディア社やブラジルのエンブラエル社のように、銀行や投資家が民間機の開発計画に投資したいと思わせるような、国の資金や民間の資金をうまく活用できる魅力ある枠組み作りや、体制作りが必要である。そうした新たな動きが、この数年のちに現実化してくるか否かが、日本の航空機産業の今後の命運を左右することになろう。

　二〇〇二年二月、自民党は「自由民主党航空宇宙産業の振興を図る議員連盟」（発起人代表　額賀福志郎）を結成して、約八〇名が名を連ねたが、不幸なことに、防衛族はいても航空機産業について詳しい議員は一人もいない。与野党を問わず、議員のなかで航空機産業に関する専門知識をもつものや、使命感を抱いて汗を流すものもいない。

だが、人材不足は政界だけではない。省庁においても同様である。評価は分かれるが、かつて通産省でYS11プロジェクトを強引に立ち上げて先導した赤沢璋一のように、航空機産業の発展に並々ならぬ情熱を傾ける高級官僚も見いだせない。

これまで、自衛隊機の導入にからんで暗躍する自民党の大物政治家は何人もいたが、彼らが航空機産業に詳しくて、育成に熱心だったというわけではない。ただただ私腹を肥やすために航空機を利用しただけであった。むしろ、贈収賄事件や疑獄事件を起こして航空機産業に対する国民のイメージを低下させ、足を引っ張っていたにすぎない。このようなことが再び繰り返されるようでは、航空機産業の先行きも危ういものとなろう。

資金的にも国がバックアップして国家的な事業にならざるを得ないこの産業には、エアバスでもそうだったが、現実問題として、使命感をもって背後で支える政治家や高級官僚の存在も必要である。なにしろ、YSXクラスの民間機を開発するとなると、開発費や量産の立ち上げ費用、販売、プロダクトサポートなど、ひととおりの体制を整えるための資金総額は三〇〇〇〜四〇〇〇億円もの巨費が必要となり、一〇年近くも続くことが予想される赤字を覚悟し、オールジャパン体制で臨まなければならないからだ。

こうした航空機産業自身の変革と大胆な決断にもとづく局面の打開が求められている現在、プロローグでも紹介したように、官民が一体になっての三〇席から五〇席の小型ジェット旅客機を、二〇〇三年度から向こう五年間で開発を進め、試作機を完成させる計画が具体化しつつある。

今回の計画の特徴は、経済産業省も強調するように、「これまでのYXやYSXのように、単に業界全体が一体となり、一致協力して臨むというやり方よりも、この計画に強い意欲を示す企業または団体にお願いすることであって、その意味では、これまで経済産業省が進めてきた、業界全体の協調体制とコンセンサスをなにより優先していくやり方とはちょっと違ってきています。それだけに、民間の責任も問うつもりです」

YSXより小型で開発費も少ない分だけリスクも少なく、ハードルも低いので、着手しやすいというものだ。しかも、計画は二段階に分けて慎重に進めて、事業化が功を奏さなかったときに受けるダメージを少なくすることで、着手の決断をしやすくしている。これは、先に紹介した三菱重工が取り組んだMU300の事業展開と似ている。

まず第一段階は、とにかく二機の試作機（開発実証機）を作るまでとしており、もし、その間にある程度の機数の受注が得られれば、第二段階として商業生産に踏み切るというものだ。

さらには、この試作機を開発して第二段階に移ろうとする時期が、ちょうど川崎重工で進められていたPX、CXの開発（協力企業である三菱重工と富士重工も技術者が参加）が終わって量産に移る段階と一致するだけに、このとき、両機種に投入されたかなりの人数の設計技術者が余ることになる。

もし、この段階で、三〇席から五〇席クラスのこの試作機が注文を獲得し、商業生産に踏み出すことになると、どこの民間機メーカーでもそうだが、必ずシリーズ化することになるが、その場合、一クラス大型の七〇席、あるいは一〇〇席クラスの開発を狙うのが常識である。そうなると、先のPX、CXで余った設計技術者を、ちょうどこれらの機種の開発に振り向けることができるし、両機種の開発・生産のために投資した設備もかなり利用できて、開発費を削減できる。しかも、PX、CXは七〇席から一〇〇席クラスとほぼ重なる大きさであり、それは、十数年前から検討を進めてきて、今後とも検討していくＹＳＸが狙う座席数とも重なるのである。

さらには、経済産業省によると、この三〇席から五〇席の計画は国際共同開発の可能性も否定していないので、仮に、三菱が包括的提携を結んだボーイングと組んで開発するといったことが現実化するとなると、実現の可能性が大きく開けてくることになる。

中・大型機しか開発・生産していないボーイングは、近年、需要が急増している小型旅客機分野に進出したいが、生産体制やマーケットの性格が異なるため、本格的な進出ができないでいる。一方、すでに述べたように三菱重工もまた小型機市場に進出したいが、このクラスの民間機を独自にまるごと開発・生産した実績がないため、エアラインからの信用がなく、マーケットを確保できるか否かの見通しが得られないため、開発に乗り出す決断をできずにきた。

もし、ボーイングとの国際共同開発ともなれば、それぞれの弱点が互いに補われることになって、ともに念願の小型機市場進出が果たせることになる。三菱にとってはボーイングの実績を背景に、最大のネックとなっていたマーケットの確保がしやすくなって、開発にともなうリスクが軽減できる。

昨年末、三菱の西岡社長が述べた「二〇〇五年から二〇一〇年度には、航空機メーカーから機体を一括受注して完成機の技術を確立し、二〇一〇年度以降に自社開発機の営業に入りたい」とする言動に近い構想にもなっている。

また、ボーイングは近年、アウトソーシングの傾向を強めつつあると同時に、マニュファクチャリング（モノ作り）からソフト技術へ、さらには宇宙へと重心を移しつつある。この動勢もまた、ボーイングと三菱重工による小型旅客機の共同開発の可能性を後押しするものとなる。

もし、このような筋書きとなれば、中・大型機分野はボーイングとエアバスの二社が占め、小型機分野もまた、ほぼボンバルディアとエンブラエルの二社が占めていて市場が二分され、棲み分けられている現在の垣根が崩されることになって、民間機ビジネスの世界に一大波乱が起きる可能性が出てくる。

これまでの話はあくまで我田引水の仮定の話であるが、すべてがうまい方向にいくならば、シナリオとしてはかなり興味深いものといえるし、千載一遇のチャンスともいえるが、それは、日本の思惑どおりに事が進んだ場合のことである。海千山千の凄まじい駆け引きが演じられるこの世界だけに、そう簡単に事が進むとは思えないし、そんな甘いものでもない。

この十数年の小型機市場を振り返るとき、いささか決断の時期が遅く、一九九〇年代半ばから二〇〇〇年にかけての、小型ジェット機ブームという絶好のチャンスを失した観は否めない。

しかし、逡巡に逡巡を重ね、決断できなかった経済産業省および業界が、大きな一歩を踏み出そうとしていることは事実である。まだまだ流動的な要素もあり、ＹＳＸ計画では、いつも大きな関門の一つとなっているお目付け役の財務省が、これをすんなり承認するか否かの問題が控えている。

また、予算額が削られたり、すでについている調査費の継続といった程度の据え置きに終わる可能性もある。いささか、拙速の計画といった観もあって、将来の具体的な見通しが得られないことから、無駄金になるとして、これまでと同様に見送られる可能性も十分にある。

「現在の小型機市場をにらむとき、絶好のチャンスですから、このときを逃してはならないという気持ちです」と経済産業省の担当者は語る。

それはともかくとして、この計画において、ＹＳ11などの教訓や、ボーイングやボンバルディア、エンブラエルなどとの国際共同開発で身に付けた民間旅客機開発および生産のノウハウをどれほど生かせるか。さらには、この事業の中核を担ってイニシアティブを握ることは間違いない三菱重工が会社全体としてどれだけ本腰を入れてこの計画に力を注ぐのか、経営トップの姿勢を注視したい。

政府が開発費の半分を負担してくれるので、資金負担やリスクも軽減できるから、とにかく試作機だけでも作ってみましょうといった程度の甘い姿勢では、とても展望は切り開かれていかないだろう。さらには、現実問題として、また、経営陣のこの計画に賭ける意気込みのほどのバロメーターとして、当然予想される何年にもわたる赤字を覚悟しているか否かも問われることになるだろう。

また、PX、CXの開発で猫の手も借りたい川崎重工がどの程度の協力体制をとり、富士重工も含めた大手機体メーカー三社の結束体制をとるのか。両機種の開発・生産に必要であるとして、防衛予算で備える設備や試験装置などをどれだけ生かすかも重要であろう。

下手をすると、一九八九年頃に、科学技術庁航空宇宙技術研究所が中心となり、メーカーが開発生産を負って進めた短距離離着陸機の「飛鳥」と似たような、実験機を作って、試験飛行を行い、データをとっておしまいとならないとも限らない。

また、政府も航空機産業育成の観点から、金は出しても不必要の口出しはしないことが重要であろう。予算制度の制約をやたら押しつけたりして足を引っ張り、YS11の二の舞になったりすることは避けねばならない。そして、なにより重要なことは、メーカーの首脳がリスクを恐れず、起業家精神を大いに発揮してぐいぐい引っ張っていく積極姿勢で臨み、先行メーカーのカナダやブラジルにはない強みもまた大いに発揮すべきであろう。

たとえば日本の自動車メーカーが世界に進出してシェアを広げている強みである、きめこまかくて作業者の質も生産効率も高い生産大国の持ち味を存分に発揮し、故障の少ない高品質の製品を作り上げて、ユーザーの信頼を獲得していく姿勢である。また、世界の航空機市場で、今後の航空機需要がもっとも多いアジアに位置する日本の強みも生かすべきである。

不確定要素もある、三〇席から五〇席級の小ぶりの小型機とはいえ、大げさにいえば、ＹＳ11以来の国産旅客機の開発としてめずらしく、官民が足並みをそろえつつあるだけに、大いに期待して、今後の展開を注視していきたいものである。

日本の産業を見渡すとき、少なくとも航空機の開発・生産に必要な技術、たとえば各種金属材料や複合材料、油圧機器、エレクトロニクス、コンピュータ、工作機械、精密加工、それに効率の高い生産体制、質の高い労働力など人的、技術的、支える各種産業など、すべて世界の一級品なのだから、基盤はすでに整っているのである。

主要参考文献

「日本の航空宇宙工業戦後史」（日本航空宇宙工業会編　一九八七年）
平成十四年度版「世界の航空宇宙工業」（細谷孝利編　二〇〇二年　日本航空宇宙工業会）
平成十四年度版「日本の航空宇宙工業」（細谷孝利編　二〇〇二年　日本航空宇宙工業会）
「三菱重工名古屋航空機製作所二十五年史」（名古屋航空機製作所25年史編集委員会編　一九八三年　三菱重工）
「川崎重工岐阜工場50年の歩み」（川崎重工編　一九八七年）
「富士重工業三十年史」（富士重工業社史編纂委員会　一九八四年）
「ＩＨＩ航空宇宙30年の歩み」（空本史編纂プロジェクト　一九八七年　石川島播磨重工）
「日本ジェットエンジン株式会社社史」（日本ジェットエンジン株式会社編　一九六七年）
「防衛技術研究本部25年史」（防衛技術研究本部編　一九七八年）
「防衛生産委員会10年史」（経済団体連合会防衛生産委員会編　一九六四年）
「ＹＸ／７６７開発の歩み」（ＹＸ／７６７開発の歩み編纂委員会　一九八五年　航空宇宙問題調査会）
「航空工業再建物語――私の見た戦後三十年」（木原武正　一九八二年　航空新聞社）
「戦後産業史の証言３」（近藤完一　小山内宏編　一九七八年　毎日新聞社）

「名航工作部の戦前戦後史―守屋相談役『私と航空機生産』」（一九八八年 三菱重工）
「翼のある部屋――航空機武器課二十五周年記念作文集」（通産省機械情報産業局航空機武器課 一九七八年）
「機密兵器の全貌――わが軍事科学技術の真相と反省II」（千藤三千造他 一九五二年 興洋社）
「航空技術の全貌――わが軍事科学技術の真相と反省」上（岡村純他 一九七六年 原書房）
「日本戦争経済の崩壊――戦略爆撃の日本戦争経済に及ぼせる諸効果」（アメリカ合衆国戦略爆撃調査団 正木千冬訳 一九五〇年 日本評論社）
「『再軍備』の軌跡」（読売新聞戦後史班編 一九八一年 読売新聞社）
「日本再軍備――日本再武装を担当した米軍事顧問団幕僚長の秘録」（フランク・コワルスキー 勝山金次郎訳 一九六九年 サイマル出版会）
「私録・自衛隊――警察予備隊から今日まで」（加藤陽三 一九七九年「月刊政策」政治月報社）
「わが国の防衛政策――その実態と課題」（加藤陽三 一九八三年 日本教育新聞社）
「日本防衛体制の内幕」（海原治 一九七七年 時事通信社）
「戦後日本防衛問題資料集」第一～三巻（大嶽秀夫 一九九一～一九九三年 三一書房）
「防衛力整備計画と国防予算に関する研究」（経済団体連合会防衛生産委員会 一九六五年）
「よみがえる日本海軍」上（ジェームズ・E・アワー 妹尾作太男訳 一九七二年 時事通信社）
「防衛力整備問題に関するわれわれの見解」（経済団体連合会防衛生産委員会編 一九七六年）
「日本の軍事システム――自衛隊装備の問題点」（江畑謙介 二〇〇一年 講談社現代新書）
「シリーズ世界の企業 航空機・宇宙産業」（西沢利夫 前間孝則他 一九八七年 日本経済新聞社）
「ジェットエンジンに取り憑かれた男」（前間孝則 一九八九年 講談社）
「YS―11――国産旅客機を創った男たち 苦難の初飛行と名機の運命」上・下（前間孝則 一九九九年 講談

社プラスα文庫）
「戦艦ミズーリの長い影――検証 自衛隊の欠陥兵器」（小川和久 一九八七年 文芸春秋）
「兵器と文明――そのバロック的現在の退廃」（メアリー・カルドー 芝生瑞和他訳 一九八六年 技術と人間）
「空飛ぶ機械に賭けた男たち――写真で見る航空の歴史」（アレン・アンドルーズ 河野健一訳 一九七九年 草思社）
「日本の逆転した日」（柳田邦男 一九八一年 講談社）
「日米ＦＳＸ戦争」（大月信次 本田優 一九九一年 論創社）
「軍事化する日米技術協力」（藤島宇内 一九九二年 未来社）
「海軍航空技廠――誇り高き頭脳集団の栄光と出発」上・下（碇義朗 一九八五年 光人社）

各年度発行の出版物および月刊誌・新聞

「日本の防衛」（防衛庁）、「防衛白書」（防衛庁）、「防衛機器産業の実態」（機械振興協会・経済団体連合会防衛生産委員会編）、「日本航空宇宙工業会会報」（日本航空宇宙工業会）、「軍事研究」（ジャパン・ミリタリー・レビュー）、「ＷＩＮＧ」（航空新聞社）、「防衛技術」（防衛技術協会）、「丸」（光人社）

あとがき

振り返ってみるとき、一九八八年十二月末に、筆者はジェットエンジンの設計技術者として二十年余を送った石川播磨重工航空宇宙事業本部技術開発事業部を退職して、それ以前から心づもりをしていた文章を書く世界に足を踏み入れたのだが、ちょうどこの頃の日本の航空機産業がもっとも華々しい時代であったといえよう。

バブル景気による後押しもあっただろうが、業界は一方的な拡大基調にあり、機体、エンジンともに国際共同開発プロジェクトが実現して、世界の舞台に向かって力強く羽ばたこうとしていて勢いがあった。かなり先を走っていた欧米の航空機メーカーの後ろ姿が見えてきて、ようやく射程圏内に捉えたとする手応えを誰もが感じとっていたからであろう。

それから十四年近くが過ぎた今日、あらためて業界の関係者や開発現場の技術者、実績豊富なOBの航空技術者らを訪ね歩き、まとまった形で彼らの声を聞くと、その当時のような、はるか先を見つめる姿はどこかに消え失せていた。将来に向けての可能性や明確な目標を見いだし得ない現状への不満やつぶやき、歯がゆさや苛立ちばかりが聞こえてきたし、醒めた表情で語る諦めの言葉さえも耳にした。

この十年余、筆者はさまざまな先端技術分野や自動車、エレクトロニクスなど各種産業の現場をのぞき、技術者らに取材もして、雑誌原稿や、やたら分厚いノンフィクションばかりを十数冊ほどまとめあげてきた。

そんな経験を経てきた目で、あらためて航空機産業を見つめ直し、踏み込むと、他産業では当たり前であった〝通り一遍〟の取材にも口を閉ざしたり、当然、公表されていてしかるべき資料がオープンにされていなかったりの閉鎖性ばかりがやたら気になった。なにごとにつけても「極秘」と決めつける防衛庁を第一のお客さんとしてきたという特殊な事情があることは、かつての経験からも重々承知しているつもりである。

どんな企業や産業でもそうだが、より発展して拡大を図っていこうとするとき、それだけ社会的影響や広がりも大きくなるだけに、多少のリスクはあっても、自らをよりオープンにして風通しを良くするものだ。国民やジャーナリズムのさまざまな批判にも応え、あるいは論議を醸し出して、結果として広くアピールすることで、あらぬ誤解を解き、そのことで、社会的な認知や国民あるいは投資家の理解やコンセンサスを得る。そうした姿勢が結果として、より事業がやりやすくなって発展へと向かう実例はいたるところに見受けられる。あるいは、世は「宣伝の時代」であり、「プレゼンテーションの時代」であって、どの世界でも、過剰といいたくなるほどの自己アピールを繰り返して、より多くの人々に知ってもらおうと努力している姿が目立つ。ところが、この業界では昔からそんな姿勢はあまり見受けられない。

今回の取材では、あらためてそうした他産業との違いばかりが気になったのだが、それでも、数多くの方々から、航空機産業の現状や問題点をうかがうことができたことを感謝申し上げたい。また、この十数年間、折に触れてインタビューした著名な方々の証言も加わっているが、すでに亡くなった方々も多い。

本書に記したことは、特殊な部分の記述を除いては、この業界の関係者で、それぞれを担当してきた方々が、日頃、内輪では口にしてきたことばかりといってよいだろう。そんな当たり前のことすらも、この世界では、正面から語られてこなかった側面がある。

このような閉塞感に対してわずかながら風通しを良くする意味からも、ちょうど半世紀におよぶ戦後日本の航空機産業において、メルクマークとなった主要なプロジェクトを取り上げて内実を明らかにし、事実に沿った形で実態や問題点を指摘したつもりである。

かつてはこの業界に身を置いていた筆者が、やたらケチばかりつけているような印象をもたれるかもしれないが、これも、航空機産業の今後の発展を期待する思いからである。また、その可能性は大いに残されていると見ているからでもある。さらには、他産業とは異質で難しい要素も数多くあり、ハンディキャップもあるなかで、必死になってがんばっている関係者らが大勢いることを知っているからでもある。

だが、本書で指摘した数々の問題性や限界性を克服して、新たなステップへと踏み出すには、今日の日本が直面している構造改革の困難さとそのままオーバーラップしているだけに、至難の業であることは容易に想像ができよう。

筆者の基本的考え方は、少なくとも経済大国と呼ばれてGDPが世界第二位にある国においては、さまざまな点を考慮するとき、船舶や自動車、鉄道、航空機、ロケットといった、その国にとって不可欠な輸送手段や重要な社会インフラとなる工業製品は、原則として自国での開発、あるいは自国が主導する形での国際共同開発や共同生産が行われるべきだと考えている。さらには、根本的なところにおいて、自律性（主体性）をもたない技術開発は単なる「仕事」に堕してしまう恐れがあると見ているからだ。

本書では批判的なことばかり並べたてた傾向はあるが、その一方で、盛んになっている国際共同開発・生産事業を若い時代から経験してきた技術者らが、ごく当たり前として欧米巨大メーカーの関係者らと対等なやりとりをしている姿を目にするとき、一九八〇年代とは様変わりしたことを感じる。と同時に、グローバルな時代に対応する人材が確実に育ってきていることも確認する。

数十年前からそうだが、どこの総合重工業メーカーでも、新入社員の八、九割が航空宇宙部門への配属を希望したものだった。最近はその傾向が薄れてきたとはいえ、優秀で意欲的な人材がこの業界に集まっていることは事実であって、これは大きな財産である。

すでに指摘したように、日本には航空機産業を支える諸技術はすべてそろっているといって過言ではなく、経験不足やデータ不足はあるものの、もっとも重要な人材面において潜在的可能性を十分に備えているといえよう。

リスクをいとわぬ起業家精神の旺盛な経営者、投資家が輩出することを大いに望むし、民間の自発性と責任において事業を主導し、事が進んでいくことを期待する次第である。

その一方、欧米の例からしても、航空機産業が発展するには、現実問題として国のバックアップや環境条件の整備が必要なだけに、自らの役人としての生命を賭してかまわずと公言するくらいの情熱と執念をもった変わり者の官僚あるいは政治家が登場してくるようでなければ、これまた事業の現実化は難しいとも思う次第である。

本書を書き終えるにあたり、『YS11――国産旅客機を創った男たち』(講談社プラスα文庫)の取材で訪れた、東京国際空港(旧羽田空港)近くにある地味な倉庫のような三菱重工羽田補給所の風景を思い出す。

一九七三年、ＹＳ11の製造は中止されたが、世界の空を飛んでいる百数十機に対する交換部品の補給やトラブル対策などのプロダクトサポート（アフターサービス）は三菱重工が引き継ぎ、この羽田補給所が拠点になった。民間機ビジネスの約束事として、二機以上が世界のどこかで飛び続けている限り、こうした業務は続けなければならない義務があるからだ。

このような現実を見るとき、民間機ビジネスには安易に乗り出すことができないことを教えているのだが、先の三〇席から五〇席級のプロジェクトがもし実現の方向に走り出したとき、その機体もまたプロダクトサポートが必要になるのはいうまでもない。

そうしたとき、羽田補給所で二〇年にもわたり黙々と続けられてきた、ユーザー（エアライン）に対する地道な作業によって獲得した信頼とノウハウが大いに生きてくると同時に、四〇年前に開発されたＹＳ11の遺産が途切れることなく、かろうじてつながって引き継がれることになるのだろう。

本書では、自らの技術者時代も含めて、しばしば後ろを振り返りながら原稿を書き進めていくことが多かったので、執筆の過程ではさまざまな思いが去来して、行きつ戻りつの感もあったが、草思社の加瀬昌男氏の叱咤激励によって、なんとかまとめることができた。感謝申し上げたい。

二〇〇二年九月

前間孝則

写真提供（カバー・本文）　雑誌「丸」編集部・三菱重工／編集協力　有限会社インクス

日本はなぜ旅客機をつくれないのか

2002年10月30日　第1刷発行

著　者　前間孝則
装丁者　中島かほる
発行者　木谷東男
発行所　株式会社　草思社
〒151-0051　東京都渋谷区千駄ケ谷2-33-8
電　話　営業03(3470)6565　編集03(3470)6566
振　替　00170-9-23552
印　刷　株式会社共立社印刷所
カバー　株式会社大竹美術
製　本　大口製本印刷株式会社

Printed in Japan
ISBN4-7942-1165-1